2018

MANGO PLATE

망고플레이트
서울맛집 200

2018

MANGO
PLATE
망고플레이트
서울맛집 200

망고플레이트 엮음

minimum

일식·중식 맛집

세계음식 맛집

양식 맛집

제과·제빵 맛집

음료 맛집

MANGO PLATE

망고플레이트는 유저들이 주변 맛집 정보를 보다 쉽게 찾을 수 있는 검색 서비스와 매장 및 유저 데이터를 기반으로 한 식당 추천 서비스를 제공하는 맛집 검색 및 추천 서비스를 앱과 웹을 통해 제공하고 있습니다.

월 사용자 수 200만명, 다운로드 수 300만회를 돌파하였고, 월평균 4,000만건의 콘텐츠 노출 수를 기록하며 외식업계에서 압도적인 바이럴 콘텐츠 마케팅을 진행 하고 있습니다.

"왜 믿을만한 맛집을 소개하고 추천하는 서비스가 없을까?"

누구보다 맛집을 사랑하는 공동창업자 4명의 이 고민에서부터 망고플레이트가 시작됐습니다. 망고플레이트는 IT 기술을 통해 외식을 더욱 편리하고 즐겁게 만들기 위해 보다 정확한 식당 정보와 솔직한 리뷰를 바탕으로 신뢰할 만한 맛집을 추천하는 서비스가 되고자 합니다.

EAT, SHARE, BE HAPPY

HOLIC 홀릭은 누구인가요?

망고플레이트 홀릭은 누구보다 음식을 사랑하며 이에 대한 열정을 적극적으로 공유하고 활발하게 활동하는 유저들입니다. 언제나 퀄리티 높은 리뷰와 맛있는 사진들로 망고플레이트 유저들의 침샘을 자극하고, 새로운 신상 맛집을 소개해주기도 하는 망고플레이트 커뮤니티 내에서 영향력 있는 그룹이라고 할 수 있습니다.

홀릭 커뮤니티는 맛집을 사랑하는 망고플레이트 유저들이 오프라인에서도 만나 소통하고자 시작되었습니다. 빵생빵사인 홀릭, 맥주는 물론 와인에 위스키까지 두루 섭렵한 애주가 홀릭, 스시를 사랑해 한국에 있는 왠만한 스시 맛집은 다 다녀본 스시러버 홀릭, 밥은 굶어도 커피는 거를 수 없는 홀릭, '한국인은 밥심' 이라는 신념 하에 새로운 한식집을 계속 찾아다니는 한식러버 홀릭까지. 이렇게 다양한 홀릭들이 모여 어제보다 오늘 더 즐거운 홀릭 커뮤니티를 만들어 나가고 있습니다.

현재 홀릭은 매년 2번씩, 상하반기에 걸쳐 선정하고 있습니다. 홀릭으로 선정되면 6개월간 홀릭 뱃지를 달고 망고플레이트 앱 상에서 활동하게 됩니다. 2017년 홀릭 1기는 140여명이 홀릭으로 선정되었고, 2017년 홀릭 2기는 200여명이 선정되어 즐거운 먹방라이프를 공유해주었습니다.

맛집들은 어떻게 선정이 되었나요?

<2018 망고플레이트 서울맛집 200>에서는 2017년 망고플레이트 유저들에게 주목받았던 서울의 맛집 200곳을 소개합니다. 망고플레이트 홀릭과 유저들이 남긴 생생하고 솔직한 리뷰들은 음식 종류별로 엮어졌으며, 맛집은 총 50가지 음식 종류로 분류되었습니다. 각 음식 종류별로 대표적인 맛집 4곳이 선정되었으며 나열된 순서는 가나다순입니다.

소개된 맛집들은 각종 데이터를 기반으로 평가되었습니다. 유저들의 평점 4.0 이상인 곳, 유저들이 많이 방문한 곳, 유저들이 2017년 한해동안 리뷰를 많이 남긴 곳, 지점이 10개 미만인 곳을 최소 선정 기준으로 하며, 빅데이터 알고리즘 분석을 활용한 엄격한 절차를 통해 선정되었습니다.

책에 삽입된 모든 리뷰는 유저들의 동의를 구하였으며, 2017년 1월 1일부터 12월 20일까지 작성된 리뷰로 구성되었습니다.

식당정보와 리뷰의 내용, 유저의 닉네임은 2017년 12월 20일을 기준이며 변경될 수 있습니다.

최신 업데이트 정보 확인 및 더 많은 식당 정보와 리뷰는 **www.mangoplate.com** 에서 확인하실 수 있습니다.

이 책은 어떻게 보나요?

음식의 종류
맛집이 분류된
음식의 종류입니다.

사진
해당 맛집에서
유명한 메뉴, 외관,
분위기를 확인할 수 있는
사진으로 선별하였습니다.

리뷰
해당 맛집에 대한
망고플레이트
유저들의
리뷰가 삽입되었습니다.

주소
네비게이션을 이용할 때
매장과 주차장 위치의
거리로 인한 오차가
발생할 수 있습니다.

GPS 위치
지도로 위치를 찾을 때
사용할 수 있습니다.

영업시간
휴무일은 정기 휴무일만
표시되었습니다.
공휴일과 명절연휴는
전화로 문의하시기 바랍니다.

주차정보, 가격대 등의 보다 상세한 정보는
망고플레이트 앱과 웹을 통해 확인하실 수 있습니다.

유저들의 리뷰 중 해시태그, 자체 평점, 타식당 언급, 방송 프로그램 및 타업체에 대한
언급 등은 중략(…)으로 표기되었습니다. 금액은 제외되었으나 문맥상 중략이 불가능한
경우 물결(~)로 표기되었습니다.

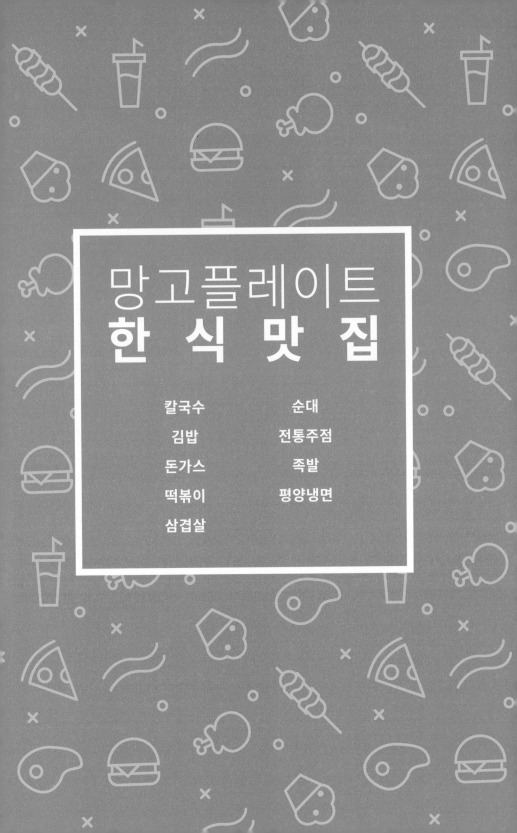

망고플레이트
한식맛집

(37.57815, 126.9861)

😊 Gastronomy 삼청동 가는길의 재동에 위치한 이북음식 전문점. 요새 이슈가 되고있는 헌재 바로 건너편에 있음. 만두가 들어간 칼국수인 칼만두가 유명하다고 함. 애피타이저(?)로 수육과 전이 섞여있는 메뉴를 주문함. 소고기 수육으로 새콤하게 무친 저민 오이와 같이 제공됨. 오이를 수육과 함께 싸먹는 형태인데 담백한 고기와 새콤하고 상큼한 오이가 잘 어울림. 전은 동태전인것 같은데 아주 부드럽고 촉촉함. 칼만두는 삼색의 세종류 만두가 들어가 있음. 국물은 보기만 하면 멀건 느낌인데 생각보다 감칠맛이 있고 물리지 않는 스타일. 고기육수 베이스의 국물임. 만두도 적당한 피의 두께감과 꽉찬 속이 밸런스가 좋음. 칼만두는 강렬한 맛은 아니지만 계속 땡기는 이북음식의 느낌을 잘 보여줌. 2017-02-22

😊 odds정 … 휴일이라 그런지 삼십분 웨이팅 끝에 들어갔음. 칼만둣국과 비빔면 파전 추천메뉴 위주로 시켰음. 칼만둣국은 진득한 사골육수는 아니지만 가볍지만도 않은 맛! 두개의 기본만두랑 새우가 들어간 큰 만두 이렇게 세개가 들어가있다. 비빔면은 (best)라 표시되어 있었으나 무튼. 칼국수 면으로 만든 비빔면이라는게 특징. 아주 맵지도 않은 괜찮은 매움(?) +안에 갖은 고기, 열무, 무절임 등 가득 들어있었음. 파전은 가격 생각하면 결코 싸진 않지만 안에 들어간 재료 생각하면 납득이 감. 알,굴,새우, 오징어 등 들어가서 매우 두껍고 밀가루가 거의 없이 마지막에 달걀물 입혀 나오는 모양! 아주 바삐 돌아가는 식당이라 대단한 서비스를 기대하긴 무리지만 기분 좋은 배부름을 남긴 식당 ㅎㅎ 2017-05-09

😊 Capriccio06 따끈한 만두전골이 정말 맛있었던 집. 주먹만한 튼실한 만두가 많이 들어있다. 만두는 고기와 해물 두종류였는데 고기가 더 맛있긴 했지만 둘다 속이 꽉차있고 간이 세지 않아서 간장조금 찍어 먹으면 딱 좋았다. 약간 슴슴한 간에 육수도 부담스러운 조미료 맛이 없고 깔끔했다. 버섯이랑 야채가 익으면 만두랑 같이 먹기 딱 좋았고 양도 푸짐 했다. 식사는 밥이나 칼국수중에 선택할 수 있는데 칼국수로 먹었다. 면이 특별하거나 하진 않는데 전골을 맛있게 먹어서 마무리 하기 좋았다. 밑반찬중에 김치가 참 맛있어서 같이 먹기도 좋았더. 부모님도 마음에 들어하셔서 가끔 같이 방문하면 좋을 것 같다. 2017-11-05

주소 서울시 종로구 재동 84-22 연락처 02-794-4243 영업시간 11:30 - 21:30(일휴무) 쉬는시간 월-금 15:30 - 17:00

Olivia Kim

YennaPPa

(37.56254, 126.9856)

모이모이짱

진보람

용임

😊 **불타는찐빵** 칼국수, 콩국수 둘 다 너무 맛있다! … 면, 밥 무한 리필 가능. 명동교자하면 역시 고기, 양파 잔뜩 들은 진한 국물과 마늘맛 강한 김치! 칼국수는 별로 좋아하지 않는데도 이 집은 너무 맛있다. 콩국수는 여름 메뉴로 나오는데, 정말 진한 콩국! 소금 따로 안 넣어도 하나도 안 비리고 싱겁지 않다. 국수 면발도 쫀쫀하고, 추천추천! 토마토나 다른 부가물은 넣지 않는데, 오히려 더 좋았다. (토마토 싫어함) 만두 맛집이 기도 한데, 칼국수에 기본으로 작은 만두 네 개가 들어있음. 2017-05-27

😊 **맛집사냥꾼** 한 세번 정도 갔는데 갈때마다 맛있게 먹구 나오는 곳! 진한 칼국수가 넘나 제 스타일이구 요 ㅠㅠ 첫 방문때 술먹고 해장한답시고 들어갔다가 속이 너무 안좋았는데도 맛있다구 후회 할것같다구 막 먹었던 기억이 ^^; 2017-01-27

😊 **YennaPPa** … 깜짝놀란 비빔국수 명동교자의 트레이드마크인 크로렐라국수도 예쁘지만 시지도 달 지도 맵지도 않은 기가막힌 발란스의 비빔국수가 놀라왔습니다 ㅎㅎ 게다가 맛있는 고기 고명은 저의 취향을 완전히 저격해 버렸어요.. 쫄깃 매콤 국수 한 입 먹고 고소한 다진고기고명의 오톨도톨한 식감 을 느끼면서 즐기게 됩니다 명동교자의 재발견 비빔국수 2017-07-16

😊 **야구소년.** 맛 자체는 호불호가 큰 부분이 많다. 마늘향이 가득한 김치. 걸죽하며 짜장면 같이 단맛이 강 한 칼국수 까지. 하지만 이제 50년의 역사가 넘어가는 곳. 그렇기에 이런 호불호가 강한 부분 은 명동교자의 농익은 색깔이다. … 명동의 맛 랜드마크. 2017-03-16

😊 **행복하자** 또갔다 명동교자. 주말에 비 엄청 오는 명동에서 유일하게 먹고팠던 음식, 만두와 칼국수. 여름 에 가도 맛나다. 김치는 마늘이 아주 강한 향이라 확실히 호불호가 갈리지만 나름 특색있다. 명 동에서 내가 애정하는 장소. 선불이고 음식 금방나오고 테이블 회전속도 빠르다. 여름별미로 콩국수 있는데 매번 도전해야지 해놓고 막상 가면 "….칼국수요"이러는 나ㅠㅠ 먹어보리라. 2017-07-12

주소 서울시 중구 명동2가 25-2 연락처 02-776-5348 영업시간 10:30 - 21:30

칼국수

임병주산동칼국수 (본점)

(37.48457, 127.0301)

이보나 … 구수한 느낌이 가득한 분위기다. 정신없는 주방, 빠른 서빙, 하루를 마무리하며 술한잔 기울이는 직장인들. 소소한 분위기 너무 좋당 ㅎㅎ 둘이서 칼국수 하나, 만두 하나 시켰음 먼저 만두 맛있당.. 왕만두! 만두피도 적당히 얇고 속은 알차고 안에 촉촉하고! 양도 많고! 아는 그맛이지만 알아서 더욱 맛있었음 >_< 칼국수는 면이 일단 수제로 만든느낌! 굵기는 일반 칼국수면보다 조금 더 굵음. 국물은 완전 시원하당 ㅠㅠ 굉장히 육수가 진하고 맛이 깊음! 같이 나온 고추 넣어먹으면 칼칼한 칼국수를 즐길 수 있음 아 그리고 김치가! 너무 맛있당! 항아리에 있는거 다머금! 김치덕후! 김치녀 (?) 가성비도 좋고 양도 많고 맛도 있고 >_< 추워지는 날씨엔 역시 칼국수가 체고시당 ('ω') 2017-09-15

Kristine.C❤ 왜 양재에 이런 곳이 있었는지 이제 알았던걸까요? 두명이 가서 손칼국수 둘, 왕만두 하나 시켰어요. 전 바지락을 원래 좋아라하는데 육수가 엄청 얼큰하고 면 양도 진짜 많아요! 겉절이도 맛있구요 :) 평소 김치를 엄청 잘 먹진 않는데 꼭 칼국수 먹을땐 그렇게 손이 가더라고요. 만두양도 꽤 많아서 다 못먹고 남은건 포장했어요~! 2017-08-07

얌얌 바지락칼국수가 먹고 싶어서 망플 보고 찾아간 곳 :) 애매한 시간에 가서 주차 공간도 여유있었고 웨이팅 없이 바로 식사했다. 바지락이 꽤 많이 들어있고 참 맛있다! 육수가 참 맛있다. 배부른데 계속 먹게 되는 맛 ㅎㅎ 면발도 적당한 편이다. 김치도 맛깔스럽다. 칼국수와 잘 어울린다. 만두는 생각보다 별로였다. 왕만두 스타일인데 만두피가 너무 두껍고 맛은 다소 평범하게 느껴졌다. 다소 애매한 위치(?)이긴 하지만 주차가 가능하니 바지락 칼국수 먹고 싶을 때 또 찾아갈듯!! 2017-10-18

송준현 칼국수 맛집이지만 난 콩국수 러버이므로 콩국수를 시켰음. 곱게 갈아서 정말 부드럽고 고소했음. 써 붙여놓은 것 처럼 백퍼센트 콩으로 만든 국물은 아닌것 같지만, 다소 비싼감은 있긴 하지만 요즘 이정도 하는 콩국수집도 찾기 힘드므로 만족. 2017-06-26

주소 서울시 서초구 서초동 1365 연락처 02-3473-7972 영업시간 월-금 11:00 - 21:30, 토-일 11:00 - 21:00

황생가칼국수

(37.5801, 126.9806)

😊 **야구소년.** 본인의 인생 칼국수, 만두집이라며 친구가 추천해준 곳. 추천받은지는 꽤 됐지만 워낙 종로엔 맛있는게 많다보니 돌아 돌아 이제야 갔다. 처음 맛 본 느낌은 간이 좀 있네 라는 느낌. 그리고 칼국수 답지 않는 구석이 참 많다. 너무 얇지고 너무 두껍지 않은 면은 휴게소의 가락국수가 생각나고, 진한 사골국 물은 갈비탕이 생각난다. 간이 좀 있는 편이라 자칫 잘못하면 전체적으로 가볍게 느껴질수 있는 집. 하지만 여기 제 공되는 겉절이와 백김치 그리고 따로 주문한 만두를 먹어보면 결코 가벼운 음식점이라는 느낌이 전혀 안든다. 왜 친구가 나한테 인생 칼국수, 만두집이라고 하는지 알것 같고, 우리나라 사람들 입맛에 딱 좋아하는 포인트만 골라 만드는 집이다. 2017-01-24

😊 **머큐리** 정석적인 사골칼국수와 만두를 내는 삼청동의 "황생가 칼국수". … 요 동네 일요일에 안하는 곳 많은데 장사해서 고마워요! 칼국수는 깔끔한 국물에 보드라운 양지고기와 표고버섯, 양념된 파고 명이 예쁘게 조화롭게 맛있었네! 기계로 뽑은 듯 균일한 면발은 선호하는 정도보다 더 익혀져 걱정했는데 끝까지 풀어지지 않고 맛있어요. 밀가루내 안 나는 거 보니 반죽숙성도 잘 된 듯 해요. 만두는 모양이 제각각인게 누가봐도 명백하게 손만두였어요. 한 입 먹으니 묘하게 익숙했어요. 냉동만두에서 돼지누린내랑 기름기 빼고 신선한 야채로 건강하게 만든 것 같단 생각을 했어요. 제품 기획할 때 여기 만두를 기준 삼았나 싶을 정도.보편적인, 사람들이 좋 아하는 맛 먹고나고 입이 마르거나 텁텁- 답답- 하지 않았어요. 그게 제일 좋았어요. 2017-08-20

😊 **Jessica** 칼국수 국물이 진했다. 만두국은 만두 자체가 맛났다. 오픈전부터 줄 서기 시작해서 금방 모두 찼는데 안동국시처럼 부드럽거나 걸쭉하지는 않았다. 함께 주시는 김치가 서걱서걱하니 맛났 다. 안동국시같은 부드러움을 좋아하는 나로서는 생각보다는 평범하다는 느낌이었지만 평균이상인듯! 2017-01-31

😊 **꼭행복해야돼** 칼국수 만두국 만두 다 맛있었음. 국물도 너무 맛있고 뜨거울때먹으니 더욱! 주차는 거기 앞에서 아저씨가 해줌. 만두피가 아주얇고 안에 속도 맛있음 2017-07-10

주소 서울시 종로구 소격동 84 연락처 02-739-6334 영업시간 11:00 - 21:30

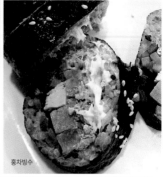

subing

홍차빙수

(37.58755, 127.0291)

eksk@.@

뚜...

고른햇살

최은정

😊 **맛난거먹쟈**

하 내가 진짜 김밥을 먹고 감탄할줄야. 감칠맛나는 김밥의 최고봉이 등장했습니다. 그거슨 바로 고른김밥의 참김(참치김밥)! 우선, 참치김밥 야채김밥을 포장해서 천천히 먹어야지 해놓고 한번 맛보고 빈 봉지만 남았어요.. 김밥을 평소 좋아해서 다양한 프리미엄(=부재료속재료빵빵)김밥을 먹어봐요. 근데 여기는 진짜 가성비도 그렇지만 감칠맛이 최고네요. 이제까지 먹은 참치김밥중 최고에요. 심지어 김밥의 지름도 큼!!b 왜 다들 여길 꼭 가보라고 했는지 이해가 가요. 근처간김에 여기가 아쉬워 포장을 한건데... 진짜 잘한 선택같아요. 한시반-두시쯤이었는데 고대학생들이 정말 많더라구요. 안에 자리에서 먹고 가려고 줄을 밖에까지 서 있더라구요. 하지만 전 김밥 포장이라 바로 사서 나왔어요. 개이득. 싸고 맛있고 빠름. 2017-03-08

😊 **eksk@.@**

고수의 맛이라기 보다는 정말 학생들을 위해 저렴히 푸짐히 판매해주시는 집 같아요. 참김만으로 감칠맛을 최대로 끌어냈다기보다는 감칠맛을 내는 재료 뭉텅이예역ㅋㅋㅋㅋㅋㅋ 김밥에 푹 익힌 흑미밥이 찰지게 씹히고 안에 야채류가 별로 없고 단무지, 우엉, 오이, 소시지, 볶은당근, 달걀, 깻잎한장이 딱 싸여있어서 씹히는게 한번에 딱 부드럽게 들어오는 것 같아요. 달달하고 고소하고 묵직하고 부드러워요. 애기들도 좋아할 대중적인 맛이예요. 크기도 커서 양도 꽤 되고, 가격도 싸고 절대 참치의 양도 적지 않아 맛 없기 힘든 맛이네요:) 찾아갈 정도는 아니구요 근처에 있다면 한줄싸서 다니면서 먹어도 좋은 것 같아요. :) 2017-05-19

😊 **진리지안**

여기는 맛이나 양이나 항상 한결같아서 너무 좋은 것 같다! 물론 가격도 한결같고..!!!! 치즈라볶이 + 토종순대 + 참치김밥은 진리 >_< 쫄면은 이번에 처음 시켜봤는데 그냥 무난평범한 쫄면 맛! … 진심 가성비갑 2017-09-26

주소 서울시 성북구 안암동5가 147-5 연락처 02-953-3394 영업시간 06:00 ~ 23:50

망고푸딩

서래주민

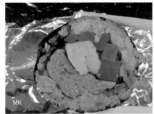
MK

빵쥬

(37.52522, 127.0498)

망고푸딩 청담동 주민센터 도시관에서 책보다가 종종 먹으러 갔던 마녀김밥에 부슬부슬 비내리는 점심에 take out으로 주문해왔다. 여전히 튀긴맛살로 맛낸 마녀김밥은 이 집의 대표적인 메뉴였고, 그동안 교리김밥이 추가되었다. … 교리김밥을 서울에서도 먹을수 있게 되었다. 여기다가 국물 떡볶이면 2명이 먹을만하다. 이집도 참 특별한게 있다. 정성이랄까 무언가 보통 김밥집과는 다른 먹이 있다. 2017-08-15

코코브루니 마녀김밥1, 참치김밥1, 떡볶이를 주문했는데 마녀김밥은 … 바삭바삭 튀김이 씹히는 맛이 일품이었다. … 마녀김밥은 튀긴 게살이라니. 참치김밥과 국물떡볶이는 그에반해 조금 평범했지만 마녀김밥은 정말 먹어봄직하다. 넘 맛있음! 2017-05-11

빵쥬 급하게 간단히 먹을곳을 찾다가 알게된 곳! 딱 좋았다 김밥은 튀긴재료 식감이 너무 좋고 간도 잘맞았음 떡볶이는 가격에비해 약소한데? 싶었지만 쌀떡볶이 느낌의 신선한 재료 맛있다! 2017-05-06

Miyoung JYP사옥에서 3분 거리에 있어요. 가격이 아주 착하지는 않지만 요즘 시중에 파는 김밥보다 훨씬 크고 실하네요. 시그니처라는 안에 들어간 어묵 튀김이 생각보다 괜찮아서 집에서 만들 때도 시도해보려고 합니다. 마녀김밥과 고추김밥 시켰는데 고추김밥은 생각보다 많이 매콤해요. 근처에 있다면 자주 들를법한 김밥집입니다. 단, 참기름을 좀 과하게 발라주시는 듯, 호일 벗기다가 손에 기름 범벅이... 2017-05-20

쫭뎅 한줄평/생긴건 평범, 식감은 특별한 김밥　맛/기대치 않았는데 넘 맛있었다. 특히 유부를 튀긴듯한 김밥..! 달콤하면서도 바삭바삭하게 어디서도 먹어보지 못한 식감이었다. 은근 중독성 있어서 하나먹다가 계속 집어먹다 한줄이 끝남.. 교리김밥 역시 맛있었다. 계란지단이 포슬포슬한 김밥이라 식감도 독특하고 안 물려서 좋다. 그냥 통계란 보다 이렇게 지단을 다져서 넣어 먹는게 더 내 취향인듯했음. 특히 아주 정갈하게 말려 있어서 주인분의 정성스러운 마음을 엿볼 수 있어서 참 좋았다. 2017-12-19

주소 서울시 강남구 청담동 124-11 연락처 02-547-1114 영업시간 월-토 08:00 - 21:00, 일 08:00 - 20:00

유되니

유되니

추억의도나쓰

구슬램

연희김밥 2.000

추억의 도나쓰

(37.56802, 126.9294)

😊 **추억의도나쓰** 줄서서 먹는 연희동 김밥집! 식사를 마친 후라서 매운오징어꼬마 김밥과 꼬마김밥만 먹어보았다. 점심 식사가 부족했기도 했고 김밥집인데 사람들이 계속 줄서서 기다리길래 얼마나 맛있는지 궁금해서 맛보게 됐다. 포장만 가능해서 길가에서 포장을 열어 맛보았는데 열자마자 고소한 참기름 향이 한가득 군침돌게 만든다. 매운오징어꼬마 김밥은 정말 맵다! 김밥을 얇게 말아서 약 네조각으로 썰어주시는데 한 조각 입에 물자마자 매워서 딸꾹질 할뻔했다. 매운걸 좋아하는데도 다 먹고나서 매운맛이 입안에 맴돌정도다. 그래도 또 먹고싶은 맛이다 ㅎㅎ 식사로 먹으려면 매운오징어꼬마김밥과 연희김밥이나 치즈김밥 정도는 같이 먹어줘야 양도 맞고 매운맛을 즐기기 더 좋을 것 같다. … 그자리에서 바로 말아주시니 뭔가 신선한 김밥인 것 같다. 계산대 뒤에서 네명 정도의 아주머니께서 열심히 뭔가를 하고 계신데 김밥 프로들이 모여있는 공장같은 느낌이다 ㅎㅎ 2017-05-14

😊 **Summer** 맛있는 김밥! 뭔가 거슬리지도 부족하지도 않게 딱 맛있게 먹었다. 기본 연희김밥과 산더덕김밥, 그리고 오징어김밥을 먹었는데.. 일단 이곳의 시그니처라고 할 수 있는 오징어김밥은 잠깐 영혼 가출.. 진짜 맵다! 매운거 좋아하는 친구는 또 먹고싶다고 했다. 인간일까? 하지만 맛있긴 했다ㅎㅎ 산더덕김밥이 맛있었는데 더덕의 약간 달큰한 맛과 식감을 좋아해서 가장 맛있게 먹었다. 가까운 곳에 있었다면 진짜 자주 사 먹었을듯! 2017-12-13

😊 **요롤로잉** 정말 곳곳에 있는 체인 김밥집. 적당한 가격대의 구성과 나름의 트레이드마크인 매운 오징어김밥이 추천요소. 프렌차이즈와 개인 영업 중간쯤의 규모와 가격. 길가다 보이면 한 번쯤 먹어볼 만하다. 중요한 사실 하나는 매운 오징어는 중독적이라는 것이다. 2017-09-27

😊 **송준현** 오징어김밥 더덕김밥 취향저격 당함. 지극히 개인적인 취향임을 밝힌다. 다소 맵고 집에서 싸준 김밥 같은 소박한 매력이 있다. 같은 소스를 쓰는거 같은데 오징어는 소스를 발라서 말리는지 꾸덕꾸덕한 식감에 혀를 자극하는 매운 맛이 가득 퍼지고 더덕은 살짝 매운 맛과 함께 풀내음과 더덕향이 가득하다. (하나는 매워서 하나는 향이 너무 쎄서 김밥 맛이 다소 날아가간한다) 하지만 난 저격 당했기에 또 먹으러 갈거야. 2017-12-12

주소 서울시 서대문구 연희동 129-3 연락처 02-323-8090 영업시간 06:00 - 19:00(일휴무)

(37.54482, 126.9704)

😊 은티

일단 묵직하고 두툼한 김밥의 그립감이 마음에 쏙 든다. 묵참! 묵은지참치김밥은 오잉? 묵은지에 참치??????였는데 생각보다 중독성있는 조합..! 뭔가 묵은지가 자극적이지 않으면서 마지막 아삭함과 깔끔한 마무리를 더해줌. 보통 김치였으면 오히려 텁텁하고 밸런스가 안맞았을 것 같은데, 묵은지 진짜 신의 한수 ㅠㅠ 확실히 그냥 참치김밥보다 질리지 않게 먹을 수 있다. 엄마김밥도 다른 프랜차이즈 김밥집 기본 김밥이나 야채김밥 생각하면 절대 안됨! 가격이 믿기지 않는 알찬 속을 자랑하는 김밥임. 숙대입구역 내려가서 학교 올라가는 길목에 있는데다 가격도 부담없어서 숙대생들의 쏘울푸드로 유명함. 찾아 가서 먹기까지 할 건 없겠지만 숙대를 떠나니 진짜 가끔 문득 생각나는 김밥이기는 함 ㅠㅠ 2017-12-08

😊 핑키뚱

찌니의 추천으로 가본 천원 김밥! 아 숙대생들은 행복하겠다 엄청 부럽눼... 묵은지 참치김밥, 크림치즈김밥, 직화제육 김밥 먹었는데 정말... 정말 너무 맛있다 전체적으로 많이 짜지도 않고!!!/// ㅅ/// 사장님 정말로 번창하시고 계속해서 장사해주세요 - 묵은지 참치 김밥: 베스트 오브 베스트! 묵은지와 참치가 이렇게 잘어울리다니.. 많이 짜지도 않고 너무너무 맛있다 - 크림치즈김밥: … 여기 김밥은 짠 느낌도 덜하고 안에들어있는 땅콩부스럼이 김밥의 맛을 더욱 더 고소하게 만들어준다 -직화제육김밥: 고기는 언제나 옳닭ㅋㅋㅋㅋ 맛있음 저렴한 가격에 아낌없는 재료들.. 그리고 김 위엔 주근깨마냥 무수하게 박힌 깨들... 넘나 맛있는 것! 셋의 순위대로 리뷰 적어봄.. 존맛탱 ~~~~!!!!! 2017-05-14

😊 jinee

최근 숙대생 사이 가장 핫플. 혜자에 맛도 좋음. 가성비 갑. 묵은지 참치 김밥. 일명 줄임말로 묵참으로도 불리운다. 김밥 반경이 캔뚜껑보다 큰 어마무시한 혜자스러움을 자랑한다. 김밥이 입안 가득 들어올 때 그 씹는 포만감이 굳굳!! 고소한 참치에 약간 백김치 느낌의 깔끔한 묵은지 의 조화... !! 묵은지가 킥인거 같다 ㅠㅠ 참치의 느끼한 맛을 잡아줘서.. 단점은 밥이 적어서 배가 빨릴꺼질 수 있음. 보통 지지고 혹은 컵라면 조화로 먹는다. 묵참 뿐만 아니라 직화 제육김밥, 크림치즈 김밥도 인기가 많다. 2017-04-10

주소 서울시 용산구 청파동3가 15-5 연락처 02-701-4417 영업시간 07:00 - 19:00(토휴무)

사모님돈가스

(37.54808, 126.92230)

😊 **주아팍** 달인의 돈가스로 유명한 사모님 돈가스! 그 명성이 무지막지했기에 부푼 기대를 안고 방문했어요. 평일 브레이크타임 끝나갈 쯤 맞춰가니 바로 들어갈 수 있었는데 그 뒤로 바로 웨이팅이 생기더라구요. 대표메뉴인 사모님돈가스를 주문하니 기본으로 부드러운 스프와 샐러드(2인당 1개 제공)가 제공됩니다. 스프는 아~~~주 짜그만 그릇에 얄~~게 나오는게 맛있어서 더 감질맛나네요.. 샐러드는 약간 참깨 드레싱같은 맛인데 정말 맛있어요. 돈가스는 사진에서 볼 수 있는 것처럼 굉장히 두툼한 고기인데 퍽퍽하지 않고 씹는 맛이 좋아요.(이빨이 보드랍게 들어가는 그 느낌) 소스는 약간 토마토소스 맛이 나는데 부드러워요. … 여긴 고기와 소스의 콜라보로 승부합니다. 함께 나온 통감자구이도 밥도 소스와 참 잘 어울려요. 매운 치즈돈가스가 기존 매운돈가스 대비 가격이 많이 높은 걸 보니 치즈가 왕창 많을 거 같아요. 다음에 도전해보고 싶어요! 2017-05-29

😊 **야구소년.** 일식 돈까스, 경양식 돈까스 딱 경계선에 있는 듯한 사모님 돈까스 6시 조금 넘은 시간 어느정도 기다림을 각오하고 갔지만 운좋게 기다린지 5분도 안 걸려 착석했다 (밥 먹고 나온 뒤 어마어마한 대기 줄을 보니 딱 6시 30분 직전이 마지노선인듯) 식감이나 맛의 포커스가 경양식 돈까스보다는 일식 돈까스에서 먹어본 맛이다 그 이유를 꼽자면 내 입 맛엔 소스와 돈까스 간의 조화 보다는 돈까스 자체의 맛이 독보적으로 느껴졌다 (근데 스프와 소스 그리고 통으로 나오는 돈까스 까지 누가 봐도 여긴 경양식) 소스는 개성이 느껴지는 소스지만, 큰 감흥은 오지 않았다 오히려 두툼하게 튀겨진 돈까스에 아주 큰 감흥이 온다 소스가 가득 올려진 돈까스의 맛은 괜찮다 맛있다 라는 소리가 절로 나온다 하지만 돈까스가 너무 두꺼운 탓에 소스가 이겨내지 못하는듯 하다 하지만 이정도의 돈까스를 튀겨내는 곳, 또 이 가격에 이렇게 대접받는 곳은 분명 몇 없다 소스 없이 그냥 먹어도, 또 소금에 찍어먹어도 충분히 넘치도록 맛있을 돈까스다 2017-03-25

주소 서울시 마포구 상수동 310-8 연락처 02-337-2207 영업시간 12:00 - 20:00(일휴무) 쉬는시간 14:00 - 17:00

아빠곰수제돈까스

모아모아짱 / 엘몬 / 어리모이짱 / 키다리아저씨 / Colin B

(37.49975, 127.0231)

치킨너만있으면 강남에 왔는데 난 돈까스를 좋아하는 사람이다 하면 여긴 반드시 가야함 — 돈까스를 그냥저냥 좋아하면 그래도 반드시 가야함 안좋아하는 사람이면... 돈까스를 시킬 수 있는 누군가를 데리고 가보면 좋음ㅋ 가격이 너무 저렴해서 좋은데 맛도 있고 양도 많고 여러모로 너무 좋은 곳. 치즈돈까스가 먹고 싶어서 시켰는데 같이 간 일행의 히레까스를 먹어보니 히레까스를 먹는게 더 즐거울 거란 생각 (금전적으로도) 양배추 샐러드도 개꿀맛. 강추임다 '3' 2017-03-03

행복하자 대박 맛난 가성비 좋은 돈까스집 발견! 돈까스 사실 별로 안좋아하는데 고기도 두둑히, 튀김은 바삭하게 치즈는 넘치게~ 들어있는 돈까스 전문점이다. 평일 퇴근후 6:30 경 도착했는데 바로 뒷줄에서 재료가 떨어져 마감됐다. 하루에 일정량을 정해놓고 파는듯. 샐러드, 밥 모두 양이 많다. 치즈가스는 여태 먹어본 것중 치즈가 가장 많이 들어가있는것 같아 대만족~ 돈까스 먹고픈날에 제일 먼저 생각날듯 2017-07-18

코코아코 강남역 영동플라자 1층 가성비 좋은 돈까스! 양배추샐러드도 푸짐하고 히레까스도 부드럽고 맛있어요! … 가성비가 굿! 요새 날씨가 더워서 냉모밀시키시는 분들이많길래 저도 시켜봤는데 냉면그릇사이즈로 나와서 양도 많고 시원해서 괜찮았어요! 2017-07-12

이건영 가격 대비에도 양이 푸짐하며 맛있다 처음 방문이어서 모듬으로 먹었는데 특히 치즈돈가스의 매력에 푹 빠졌다 치즈가 튼실히 튀김 속에 차 있어 흘러 내리기까지 한다 강남역 주변에서 가까우니 돈가스가 생각난다면 들려볼법하다 2017-07-01

홍초 갓빠곰 옛날에 강남에서 학원 다녔을때 부터 왔던 곳인데 오랜만에 와도 여전히 양도 많고 맛도 최고!!!1시반쯤 갔는데 마지막 남은 로스가스를 쟁취할 수 있었음 (히레랑 치즈는 진작에 다 떨어짐ㅠㅠ) 강남에서 이정도 가성비의 맛집을 찾을 수 있을지 의문임!! 꼭꼭꼭 방문해보시길! 2017-03-18

주소 서울시 서초구 서초동 1310-5 연락처 02-3478-9433 영업시간 11:30 - 19:30(일휴무) 쉬는시간 14:30 - 17:30

정돈(본점)

띵시

박지원

Alex★

띵시

박지원

(37.58181, 127.00110)

😊 **미루**
나만 못가본 그곳... 정돈에 드디어 다녀왔다 평일 오픈시간전에 갔는데도 줄서서 대기중이었다 이곳은 말이필요없는 맛집이다 크흑ㅠㅠ 등심이랑 안심 주문- 비쥬얼부터 걍 돈까스와는 다른 카테고리다.. 내 육즙 보세요!! 하고 누워있으니ㅋㅋ 돈가스보다는 고기를 먹은 느낌?? 육즙과 고기씹는느낌이 최고!! 삼겹살구이 먹을때도 이런 육즙은 잘 없는것 같다.. 감동감동- 밥도 맛있었고!! 레몬소금도 넘 좋고!!!! 양배추랑 소스도 넉넉히 나와서 넘 좋다! 등심이 씹을때 좀더 턱의 힘이 더 필요한데 뭐 둘다 좋다!!! 하나씩 시켜서 나눠먹거나 믹스메뉴가 좋을것 같다 스페셜? 프리미엄? 등심이 메뉴에 있던데 걔들은 또 얼마나 맛있는걸까... 2017-08-22

😊 **YangEun Sol**
인생맛집 등극 항상 가고싶었는데 갈때마다 웨이팅이 길어서 실패했는데 평일 오후 1시 넘어서 가니 15분쯤 웨이팅해서 드로감 등심 한조각을 입에 베어무는 순간 천국에 온줄 알았다 베어나오는 육즙과 기름과 고기의 부드러움과 소금의 조화까지 완벽했다ㅠㅠ 안심은 등심에 비해 약간 더 담백하고 기름기가 적지만 절대로 퍽퍽하지 않았다 그리고 배부를까 했는데 엄청 배불렀다ㅋㅋㅋㅋㅋㅋ 진짜로 내가 여태까지 먹었던 돈까스와 비교가 되지 않는 돈까스라고 칭하면 안될거같은 음식!! 신사동에도 생겼다는데 다음에 먹고싶으면 그리로 가봐야겠다! ⋯ 2017-07-18

😊 **eksk@.@**
맛있다 줄 수 밖에 없는 곳 인 것 같다. 그냥 어중간한 스테이크를 먹을바에는 여기 오겠다 싶을 정도로 돈까스가 아니라 스테이크 먹는 기분... 개인적으로 기름없고 부드러운걸 좋아해서 안심이 제일 맛있었고, 그다음 등심이 괜찮았다. 새우튀김은 맛이 특별하진 않으나 소스가 무지 애기입맛 취적인 맛이라 맛있게 먹었다. 특 목심돈까슨가? 그거는 오히려 별로였다 씹기가 힘들어서.. 부드러운걸 좋아하면 안심 등심을 시키시길~.~ 물론 다 맛있긴 했다. 양 무지많다... 짱맛있음...... 왕추천 2017-01-06

주소 서울시 종로구 명륜4가 107 연락처 02-987-0924 영업시간 11:30 - 21:00 쉬는시간 14:00 - 17:00

Seo Suyeon

짜니짜니짼잰

Alex★

Capriccio06

(37.51478, 127.01910)

🙂 **Capriccio06**　여럿이 방문하여 돈까스, 히레까스, 치킨까스 주문 했는데 겉으로 보면 구분이 잘 안된다. 두툼한 튀김옷의 집에서 엄마가 해주시는 돈까스 느낌인데 겉이 매우 바삭하게 튀겨져서 많이 느끼하진 않다. 고기도 두툼한 편인데 그만큼 튀김옷이 두꺼워서 고기의 식감이나 질이 많이 느껴지지는 않는듯. 양이 꽤 많고 깍두기랑 같이 먹으면 든든하다. 고기가 두툼하고 튀김옷이 얇은 쪽이 좋아서 취향은 아니었지만 무난하게 맛있었다. 등심과 안심은 고기 구분이 잘 되지 않는 정도 였지만 치킨은 오히려 얇고 부드러운 식감이라 신기했다. 2017-09-24

🙂 **모이모이짱**　튀김옷이 어찌나 바삭한지 진짜 빠삭한 느낌, 고기도 두툼해 맛이 좋고, 부드럽고 냄새도 없어요. 흰밥과 양배추는 별거 없는 맛인데도 돈까스 하나로 승부가 끝났다. 비후까스 찾기 힘든 요즘 그게 있다는 것만으로 맘에 들었으나 맛있기까지 해서 일행 모두 즐겁게 식사하고 나왔다. 낡은 테이블과 그릇들, 입구앞에 잔뜩 쌓인 고기와 튀김가루가 좋아뵈진 않았지만 재방문은 곧 하게될것 같다. 2017-07-30

🙂 **dany**　점심시간에만 2호점을 여는 곳. 그만큼 인기도 맛도 최고..! 제가먹어본 돈까스 중에서는 가아장 맛있었어요. 겨자를 돈까스 소스에 약간 섞어서 찍어먹으만 중독성 대박! 살이 오동통하고 바삭함이 끝까지가요. 생선은안먹어봤는데 그렇게 많이들 먹더라구요. 치킨이랑 일반은 진짜 최고맛있어요. 치킨 너무너무 부드럽구요. 일반도 쫄깃함 대박.. 바삭함 최고에요!! 포장도 정성스레 다 해주셔서 감사합니다만, 꼭 매장에서 그 뜨거운 맛 즐기길 추천 2017-03-03

🙂 **odds정**　모르고 먹었는데 망플 점수가 후하네요 그냥 돈까스 먹을걸 치킨까스를 먹음 가격은 비싸지만 양이 많은 편!혼자 먹으면 넘 배부름.. 사실 평범하디 평범한데 돈까스가 깔삼하다. 튀김옷도 부드럽고 고기도 탄탄해서 굿! 근데 사실 돈까스보다 깍두기가 더 맛있었다...살면서 이렇게 달달하고 새콤한 깍두기는 첨 먹어봄 ㅠㅠ 그리고 소스도 묽으면서 달짝지근해서 좋았음>_< 밥도 잘지은 느낌이 팍 들고. 돈까스를 밖에서 사먹는걸 안 좋아하지만 이번 돈까스는 꽤 값어치 하는 집이라고 인정하는 바! 2017-12-14

주소 서울시 서초구 잠원동 21-5 연락처 02-540-7054 영업시간 11:00 - 22:00

나누미떡볶이

도순

이진ss

하요미

지현

푸짐

(37.58374, 126.99790)

😊 **지현**
떡볶이 맛있어요!! 매콤달콤한 떡볶이가 떡자체도 엄청 잘 익은데다 쫄깃한 쌀떡볶이와 파 향이 어우러져서 정말 맛있었어요! 달콤매콤달콤 충분히 달달하고 먹을수록 매워지는데 오뎅국물과 참 잘 어울렸어요! 김밥도 알알이 큼직큼직하게 특별한 재료가 없어도 참 충실한 맛이었어요! 학생들한테 사랑받을만한 맛 2017-02-02

😊 **퐝뎅**
성대간김에 굳이 찾아가서 먹어본 떡볶이. 음 이것은 여고앞 판떡볶이의 가장 전형적인 맛이다. 매콤달콤한 바로 그맛.. 무엇보다 떡이 매우 쪼오올깃하다. 솔직히 소스는 다른 판떡복이와 별다를바 없는데 떡이 젤리처럼 쫄깃쫄깃하다. 그래서 맛있게 느껴짐. 그런데 무엇보다 오뎅이 정말 실하다. 같은 부산오뎅인데 대체 어디서 떼온 오뎅인지 진짜 두툼하고 튼실하다. 울학교 앞이었으면 제대로 단골되었을듯 하다. 너무 멀어서 아쉽.. 2017-03-30

😊 **dany**
이가 아플때 가버려서, 떡이 넘 쫄깃해서 힘들었을 정도에요ㅋㅋ 맛도 좋고 양도 적당하구 다시 가고 싶을 것 같아요. 신기했던 건 전 순대를 그~~렇게까지 좋아하진 않아서?(비교적..) 간이랑 요런 애들을 더 잘먹는데 순대가 넘 맛있어서 전투적으로 먹었구요. 역시 오뎅..캬 완전 맛있어요. 부산오뎅이 짱ㅜㅜ 개인적으로 김밥은 제취향이 아니라 담엔 떡볶이 오뎅 순대먹으려구요. 2017-11-24

😊 **스텔라 정**
달달매콤한 양념에 쫄깃쫄깃한 떡이 환상 궁합인 완소 떡볶이, 심심한 간이지만 자꾸 먹히는 김밥과 푹 퍼지지 않은 탱탱한 어묵꼬치가 환상인 곳 게다가 가격까지 너무나 착한 곳 대학로 갈때마다 들러야 할듯 2017-04-23

😊 **하요미**
명불허전!! 진짜 떡의 식감이 다한곳. 집앞에있으면 매일갈거같은 맛. 여기와서 추가주문 안한적없다 ㅋㅋㅋ 이번에도 다먹고 떡볶이 한그릇 더 시킴. 쫄깃쫄깃말랑한 떡볶이 넘 맛있어♥ 2017-08-01

주소 서울시 종로구 명륜2가 225 연락처 02-747-0881 영업시간 24시간 영업

루비떡볶이

(37.52464, 127.0376)

Jessic
분식이 너무먹고싶어 찾아보던 중, 평이 좋아 방문하게된 루비떡볶이. 요몇일 계속 떡튀순이 머릿속에서 떠나질않았는데, 만족했던 루비떡보끼!! 메뉴 선택을 놓고 전부 먹어보고싶어 고민을 했는데 결국 매운게 먹고싶어 매운오뎅, 모듬튀김, 순대를 선택. ㅠㅠ두명이간거였는데 세명이갔으면 진짜 김밥도 한줄 시켜서 먹었을듯.. 김밥을 못먹어서 아수웠어요. 매운오뎅은 칼칼하게 매운맛이라 계속생각날 맛이었고, 특히나 요즘같이 추운날엔 더더욱이!! 기본으로 오뎅국물을 주시는데 그것도 시원해서 맛있었고, 기본적으로 육수가 참 맛있었던듯해요. 튀김은 진짜 헤븐.. 정말 오랫만에 깨끗하고 바삭한 튀김을 먹어서 넘나 만족! 튀김만 먹었다면 금방 느끼했을텐데 떡볶이 소스랑 함께 먹어서 더더맛있었어요. 순대도 잡냄새없이 깔끔해서 좋았고 전체적으로 맛있게 만족하며 먹었네요 :'d 자꾸자꾸 생각날 맛이라 종종 갈듯해요! 2017-01-22

정민
우리 집 앞에 루비떡볶이 있었다면 맨날 포장해갈 것 같은 맛ㅠㅠ!! 떡볶이 떡보다 튀겨낸 새우깡이 떡볶이 국물에 빠지면서 나는 소리가 예술이고요. 너무 고소해서 새우깡만 계속 추가하고 싶어요ㅎㅎ 모듬튀김도 튀김옷이 정말 깨끗한 기름에 튀긴 맛이었고 안에 내용물도 푸짐해요. 실내가 너무 좁다는 점 빼고는 위생도 너무 좋고 새우깡 별미가 진짜 최고! 다음엔 매운오뎅 먹어보고 싶어요. 2017-07-25

Summer
술 먹고 지나가다가 들어간거라 일단 배가 불렀고, 취해있었다^.^.... 흐릿한 기억으로는.. (곰곰) 새우깡떡볶이 먹었는데 생각보다 매콤했다. 유명하긴 하지만 사실 별 기대가 없었는데 맛있게 먹었다 사실 위에 올려진 새우깡을 좋아해서 그런듯? 파삭파삭하게 씹히는 작은 아기새우들이 식감도 살려주고, 매콤함이랑 약간의 비릿한 향이 꽤 내 입맛에 맞아서 배부른데도 다 먹고 나왔다. 그리고는 3차를 갔다고 한다. 2017-11-01

sapiroth
맛있다. 새우떡볶이, 수제소세지김밥, 튀김 이집만의 아이덴티티가 있음
2017-07-13

주소 서울시 강남구 신사동 653-2 연락처 02-516-7147 영업시간 12:00 - 21:00(일휴무)

(37.50176, 126.99013)

😊 **투비써니** 정말 오래전부터 유명한 떡볶이집인데, 여전히 인기있는 애플하우스. 요즘에도 주말에는 1층까지 줄을 서있지만, 생각보다 줄이 금방 빠져요. 그리고 줄 서있는 동안 미리 주문을 하면, 앉자마자 나오는 무침군만두를 먹고 금방 기분이 좋아집니다. 비삭바삭하고 무엇보다 함께먹는 소스가 마약소스. 구운 만두인데 이런 식감이 날까 싶어서 진짜 구운 만두인지 여쭤보니 튀김만두라고합니다.ㅋㅋ 주문하면 이리 금방 나오는데, 어쩜 이렇게 바삭바삭한지.. 갓 튀겨 나오나봐요. 떡볶이 국물에 빠져있는 만두는 안먹는 편인데, 여기는 떡볶이를 대충 먹고 볶음밥 먹기전에 어느새 무침군만두 하나 더 주문해서 먹어요. 기승전군만두 같지만, 떡볶이도 볶음밥도 괜찮아요:) 예술의전당에 공연이나 전시회 보고 가기 좋은 곳! 그냥 막 무작정 가기도 좋은 곳! 2017-02-28

😊 **이보나** 구반포역의 즉석떡볶이 전문점. 방과후에 삼삼오오 모여서 올 것 같은 분위기를 풍긴다! 평일 점심에 갔는데도 사람들이 꽤나 많이 있었음! 둘이서 즉석떡볶이 2인분+라면/쫄면 사리+계란 하나 시켰습니다. 라면/쫄면 사리가 양이 엄청 많더라구요! 적당히 매콤한 맛이었고 많이 자극적인 편은 아니라 맛있게 먹었어요 :) 사실 여기는 무침만두가 맛있다고 했는데 배불러서 못 먹었네용 ㅠㅠ 다음에는 무침만두를 도전해봐야겠어용 2017-09-13

😊 **꼬몽** 여기 무침만두와 순대볶음은 이 동네를 한껏 인간답게 해주는 메뉴입니다 솔직히 떡볶이가 막 남다르진 않지만, 이 만두! 이 만두는 진짜 무조건 안 먹고 사진으로 함부로 맛을 예측하려 하지 마세요 먹어보면 여기까지 오는 사람들의 마음이 이해가 갑니다 왜 양념인데 눅눅하지 않고, 왜 단데 안 질리고, 왜 어떻게 이렇게 맛있을 수 있는지!! 떡볶이 덕후라 가는 곳마다 무침만두를 먹어봤지만 견줄 만한 곳도 찾지 못해요~ 만두 좋아하면 무조건 와보고, 아니면 만두 그 이상이니 그래도 와보세요 순대좋아하시면 순대볶음도 꼭!! 안 좋아하면 패스~ 만두나 순대나 다 먹고 나면 맛있게 먹어도 냄새가 나서 좀 그랬는데 여기는 전혀 그런 거 없어요 애플 하우스 만세~ 2017-04-10

주소 서울시 서초구 반포동 978 연락처 02-595-1629 영업시간 10:00 - 21:30

(37.55369, 126.9214)

😊 **백승연** 옆에 있는 라멘집을 가려고 했는데 오픈을 안해서 옆에있는 마늘 떡볶이 먹었어요! ㅎㅎ 페북에서 자주 보여서 궁금했는데 먹어보게 됐네용 ㅎㅎㅎㅎ 먼저 참치김밥은 특별한게 별로 없던것 같아요 ㅎㅎ 떡볶이는 제가 처음 먹어보는 맛이였어요!! 음...뭔가 고추장 고춧가루의 매운맛이 아니고 마늘의 알싸한맛? 으로 매워요! ㅎㅎㅎ맛있었어요 ! 그리고 튀김도 전체적으로 괜찮았던것 같아요!!ㅎㅎㅎ 저는 많이 기다리진 않았는데 제 뒤로 줄이 길어졌어용 ㅠㅠ12시도 안됐는데 웨이팅이 생기더라구요! 2017-07-09

😊 **정은주** 마늘 떡볶이는 대체 어떤 맛일까 궁금했는데 짱맛이다! ㅋㅋㅋ 혼자 먹어야해서 배달하자마자 반나눴더니 사진 모양새는 별로다ㅠ 면볶이를 주문하려했는데, 배달 할 시 불어버릴 수 있다고 비추하시길래 그냥 떡볶이를 주문했다. 역시 그러길 잘한 것 같은게 배달을 약 30분 만에 받았는데 배달 아저씨께서 나보고 12분만에 받았다고 운좋다고 몇번이나 말하셨다 ㅎ 떡볶이는 마늘맛만 나는게 아니라 너무 맵지 않으면서 매움맛이 나는 (?) 맛이다..ㅋㅋ 또 마늘이 달고 고소하다! 마늘 튀김을 국물 한 숟갈과 먹으니 최고다 떡은 밀떡 같은데 그래서인지 걸쭉한 국물과 더욱 잘 어울린다. 의외로 김밥과 튀김이 정말 맛있어서 놀랐다. 게살 튀김도 튼실하고 양파 튀김도 달고 맛있다. 만두는 생각보다 별로 ㅠ 크림치즈 김밥은 완전 호호호! 안에 크림치즈가 잔뜩 들어가 있어 부드럽고 맛있다. 안어울리지 않을까 했는데 정말 맛있다 ㅎㅎ 국물에 찍어먹는 것 보다 그냥 먹는게 더 취향이었다! 다음에는 가게에 직접 가서 면볶이를 먹어봐야겠다! 2017-03-11

😊 **김모찌** 떡볶이가 끌려서 갔는데 핫태하태(~　)~ 딱 저녁시간에 가긴했지만 한시간 기다렸어요ㅠㅠ 저랑 친구랑 다 떡볶이의 떡을 그닥 안좋아해서 면볶이ㅎㅎㅎ 우동면이 들어가서 맛있어요. 마늘맛이 강해요! 그리고 그다지 맵지 않음ㅎㅎ 통새우살김밥은 특별하진 않지만 떡볶이랑 잘 어울리네욤 한시간 웨이팅할 것까진 아니지만 먹을만해요ㅎㅎ 2017-09-11

주소 서울시 마포구 서교동 355-25 연락처 02-324-1107 영업시간 11:30 - 22:10

교대이층집 (교대본점)

(37.49215, 127.0129)

😊 가마니멍하니

… 시끌벅적한 분위기가 고기맛을 더 맛있게 만드는 것 같다. 테이블이 네모나게 붙어 있는데 이렇게 둘러 앉아 먹는 컨셉도 부담스럽지 않고 정겹게 느껴진다. 고기맛은 일품이다. 꽃삼겹은 부드럽고 고기맛이 풍부하다. 고기만 먹어야 고기맛을 더 느끼기에 좋다. 통삼겹은 명이나물이 진리!! 마늘도 겉은 바삭 속은 아삭 환상. 여기 불맛이 좋은가? 2017-08-12

😊 맛집은 나의 빛

고기가 정말 맛있어요.. 목살이랑 꽃삼 통삼 먹어봤는데 목살은 담백하고 두툼해서 좋구요! 꽃삼은 약간 차돌박이 같은 느낌, 통삼은 딱 기본 삼겹살인데 두껍고 육즙이 키야아 고기도 구워주시고! 먹는 법 설명을 간단히 해주시는데 와사비+명이 또는 갈치젓갈 찍어먹으라구 하셨어요! 어떤 방법으로 먹어도 고기 맛을 더 살려주는 조합! 굯굯 차돌철판볶음밥도 굯.. 솔직히 고기 먹고 다들 배 터지려 했는데도 다 먹었어요.. 누룽지 최고야 같이 나온 탕은 고기 먹다가 계속 타이밍을 놓쳐서인지 무난했던것 같아요! 다 먹고 나면 아이스크림도 공짜로 먹을 수 있는데 이게또 별미네용 +… 2017-08-25

😊 혀니이

너무 가보고싶었던 교대이층집!!!! 운 좋게 웨이팅 없이 앉을 수 있었어요. 앉자마자 테이블이 촤르르르륵!! 하고 셋팅됨 ㅋㅋ 고기는 처음엔 직원분이 직접 온도 재가며 구워주셨어요. 쑥 떡도 같이 구워주시는데 저걸 누구 코에 붙여! (∞ •ვ•) 했는데 잘라주시네요.. 근데 구워주시다 막 기다리세요!! 하고 안 오셔서 ㅋㅋㅋㅋ 알아서 구워먹었습니다.. 너무 힘들어보이셨음 ㅜㅜ 꽃삼겹 > 통삼겹 >> 통목살 순서대로 맛있었어요. (사실 다 맛있음) 직원분이 알려주신 여러 쌈 조합장 제 베스트는 역시 명이나물+와사비! 명이나물에 고기는 뭐.. 사랑이죠! 같이 간 친구들이 명이나물 안 좋아해서 너무 행복했어요 ㅋㅋㅋ 반찬은 다 괜찮아서 고루고루 손이 갔어요. 맑은 조개탕이 맛있었어요. 고기 먹다보면 기름진데 중간중간 개운하게 해주는 역할?! 차돌볶음밥은 반숙 달걀후라이와 날김이 함께 나와요. 고기가 넘 맛있어서 그냥 뭐- 수준이었는데 먹다보니 다 먹.. 소프트아이스크림이 마지막에 입을 시원하게 해주네요! 우유 맛 진한데 적당히 얼려진, 제가 딱 좋아하는 스타일의 아이스크림이었어요 ㅋㅋㅋ 분점도 있으니 아마 자주 갈 것 같은 곳. 추천! 2017-09-10

주소 서울시 서초구 서초동 1571-18 연락처 02-525-6692 영업시간 11:00 - 01:00

(37.56025, 127.0329)

쌤J 가고싶다 노래를 부르다 드디어 가본 땅코! 막상 가보니 생각보다 좁고 그냥 고깃집 같아서 실망하려던 차에 목살 먹자마자 깜짝 놀랐네요! 진짜 대존맛 원래 삼겹살을 더 좋아하는데 삼겹살 생각이 안날 정도로 맛있더라구요 안그래도 두툼한 고기를 큼직하게 썰어서 현란하게 익혀주시는데, 새송이버섯도 대박이었어요 명이나물도 많이주고 먹다보니 분위기도 술이 잘들어가는 것같고ㅋㅋㅋㅋ무튼 정말 만족하고 다녀왔습니당! 2017-04-20

모이모이짱 고기가 쫄깃하고 신선한 느낌. 직원분이 친절하게 잘 구워주신다. 구이판을 직접 제작한건지 이름이 찍혀 있다. 판에 고기거치대(?) 같은 공간이 있는데, 갓 구운 고기가 보온이 잘 되어 좋다. 찍어 먹을 양념이 다양해서 좋으나 독보적인 독창적인 그런 건 아니다. 의외로 버섯이 맛있다. ㅋㅋ 장사가 잘 되어 신선한 듯. 이 동네 인기 맛집인지 시끌벅적 손님이 많다. 언제 또 한번은 다시 가게될 것 같다. 2017-05-22

김모찌 명성만 들었던 땅코참숯구이를 드디어!! 식당이 꽤나 넓은데도 손님이 많네요! 그리고 장사가 잘 되고 손님도 많으면 아무래도 힘드시니까 불친절한 경우가 많은데 여기는 친절하세요^0^ 직원분들이 직접 구워주시는데 잠깐 담당직원분이 자리를 비워도 지나가던 다른 직원분이 봐주세요!! 뭔가 소외되지 않고 관심받는 기분이라 관종은 그저 좋네요　고기는 추천받아서 목살로 먹었는데 역시 맛있어용ㅎㅎ 같이시킨 비냉은 좀 아쉽지만 밑반찬들은 괜찮은편!! 2017-09-06

하요미 제발 드셔주세요 내인생 먹었던 삼겹살 중 최고 존엄. 추운 날 한시간 떨며 기다렸지만, 삼겹살 맛으로 충분히 보상받았음! 숯불에 구운 삼겹살! 두툼한 삼겹살에 불맛이 쏙쏙 베어있음! 아 매일먹고 싶은 맛.... 다 구워주시고 잘라주셔서 가만히 앉아 먹기만 하면 된다죠 2017-01-07

늅. 개인적으로 서울 최고의 돼지고기 구이집인 것 같아요. 서울 3대 돼지고기집으로 늘 꼽히는 곳이기도 하고... ...서비스로 나오는 콩비지도 잘 어울려요. 가게가 좁고 웨이팅이 긴 것도 모두 용서가 되는 곳. 2017-05-29

주소 서울시 성동구 행당동 298-55 연락처 02-2281-6908 영업시간 16:00 - 24:00

(37.52133, 126.889)

😊 **꽝뎅**　감히 단언하건데 내인생 역대급삼겹살. … 삼겹살 목살 항정살을 먹었는데 각 맛마다 특징이 뚜렷한게 너무 신기했다. 아 정말 돼지각부위마다 맛이 이렇게 다르구나. 다른집에선 그 경계가 애매모호했는데 여기는 맛의 요점정리가 확실하다. 삼겹살은 비계조차 아작아작 씹히는게 진짜 맛있다. 세부위가운데 삼겹살이 베스트. 안데스소금과 고추냉이에 찍어먹는것도 좋았다. 명이나물도 맛있긴했는데 솔직히 고기육즙을 간장이 가리는거같아 그냥 막판엔 소금에만 찍어먹었다. … 요새 숙성삼겹살 많이 등장하는데 여기만큼 숙성의 진가를 잘 발휘하는곳이 없는듯..이젠 누가 삼겹살집 추천하라면 단연코 여기다. 2017-02-26

😊 **모이모이짱**　아 정말 심하게 맛있는 고기식당! 이 곳에 다녀와서 몇 명한테 소개를 했는지 셀 수가 없다. ㅎㅎㅎ 일단 고기가 어떻게 이렇게 부드럽고 맛있고 심지어 잘 구워주시는지 설명하기엔 입아픈 잔소리인것 같고, "어서 한번 가보세요" 라고 말하게 된다. ㅎㅎ 정말, 이 집의 유일한&커다란 단점은 '우리집과 멀다.'라는 것이다!!!!! ㅋㅋㅋ 홀릭게더링으로 이 곳을 알게 되어 기쁘고 감사드립니다. ㅋㅋㅋㅋ 벽면에 '이제 동네에서도 맛있는 고기를 먹을 수 있다' 뭐 이런 내용이 적혀 있었는데, 주민이 매우 부러웠다. ㅎㅎㅎㅎ 옆자리 앉으신 홀릭 쟌느님과 함께 "고기를 팔면 사갈텐데!" 라며 맞장구 쳤다. 숙성의 달인답게 고기에서 실력과 정성이 느껴져, … 2017-03-08

😊 **지원쓰**　맛있는 고기집은 많았지만 아직까지 인생 고기집은 찾지 못했는데 바로 여기였다 ㅠㅠ 삼겹살은 늘 맛있는거지만 목살도 전혀 퍽퍽하지 않고 너무 부드러웠다 항정살도 진짜 감동적인 맛이었음 하나같이 식감이 다 너무 좋았다 그리고 원래 쌈장을 좋아하지 않는데 여기는 고추냉이, 마늘소금이 진짜 너어어무 잘어울린다 개인적으로 명이나물도 좋았구 열무?에도 고기가 잘어울려서 당황쓰.. 뚝배기리조또는 생각보다 평범한 맛? 입가심으로는 나쁘지 않았다 아직듀 여기 항정살 맛이 생각난다 하....구워주시는 분도 친절하고 넘 좋아따 가족들 데려가고 싶다 2017-02-23

주소 서울시 영등포구 양평동1가 13-18 연락처 070-4205-8433 영업시간 11:30 - 23:00 쉬는시간 15:00 - 17:00

주현수 / 핑키뚱 / 핑키뚱 / 서 / 핑키뚱

(37.52133, 126.889)

핑키뚱 육전식당이 유명해지기 전부터 근처 공단에서 일하는 친구가 극찬했던 식당!!! 가봐야지 가봐야지 하다가 드디어 가보았어요 일단 평가먼저 하자면 제가 먹었던 삼겹살중 가장 최고였습니다!!!!!!!! ^.^b 불판의 온도부터 체크하고 초ㅑㄱ 초ㅑㄱ 고기를 구워주신 친절한 알바분.. 처음엔 그냥 소금에 찍어 고기본연의 맛을 느껴보라고 하셔서 첫 입으로 삼겹살을 소금에 찍어먹어보았는데 육즙이 장난이 아니었어요.. 삼겹살엔 기름이 많아서 먹다보면 느끼해져서 삼겹살을 별로 좋아하지 않았던 저도 정말 감탄하며 먹었답니다! 추가로 시킨 명이나물에 와사비를 조금 넣고 고기와 함께 싸먹으면 더욱더 맛있게 먹을 수 있어요 추가로시킨 김치찌개는 찌개가아니라 김치찜같았지만.. 김치를 잘 못먹는 저도 먹다보니 은근 중독성이 생겨 엄청 먹어댔답니다? 육전식당.. 진짜 고기 최고.. 그리고 알바생들 모두가 너무너무 친절해서 기분좋게 고기 먹고 나왔어요 여기는 삼겹살은 정말 제 인생 삼겹살임! 2017-04-29

sapiroth 평일 늦은시간에 방문하였는데 웨이팅을 해야 한다고하여 놀람. 삼겹살이 맛있어봐야 얼마나 더 맛있을가하며 기다림. 테이블수가 많지 많아 더 오래기듯~ 착석하여 삼겹살 , 목살 주문. 정말 맛있게 먹음.. 삼겹살과 목살 둘다 강추. 지방이 있어서 삼겹살이 목살보다 맛있지만 목살도 고기질이 너무좋아 담백한맛. 명이나물과 싸먹으면 별미. 밑반찬들도 하나하나 다 맛있어서 사장님의 섬세함이 느껴짐. 단, 고기에 비해 된장찌개, 비빔냉면, 볶음밥은 맛이 떨어짐. 비빔냉면은 면이 너무가늘고 오래삶은듯 볶음밥은 치즈를 뿌려줌 늦은시간에 재방문할만한 식당 2017-02-22

JIN. 김종태 2시간을 웨이팅 하다가 9시가 넘어서야 들어갔습니다 2층 대기실은 에어콘에 시원해서 기다릴만 했지만 인간적으로 너무 오래 기다렸네요 목살은 등심같고 삼겹살은 티본 스테이크같습니다 고기 다 구워주고 서비스도 명성 비하면 좋습니다 고기맛도 훌륭합니다 명이나물과 와사비와 맛있게 구워진 삼겹살의 조합은 입안에서 신세계가 열린듯 합니다 화룡점정으로 볶음밥은 최근 먹은 것중에 단연 으뜸입니다 다만 아쉬운건 밋밋한 맛의 된장찌개.. 주차는 평일은 좀 힘들듯하며 주말은 근처 매장들이 문을 닫아서 근처에 주치하시면 될듯 합니다 … 2017-07-16

주소 서울시 동대문구 신설동 104-3 연락처 02-2253-6373 영업시간 11:00 - 23:00 쉬는시간 15:00 - 16:00

이진쏘

도토리강보

키다리아저씨

키다리아저씨

까항

(37.50371, 127.053)

😊 **망고푸딩** 왔노라 보았노라 먹었노라 순대국 최강맛집 농민백암왕순대에 점심시간에 방문했다. 40분의 웨이팅후 입성 정식을 주문했다. 후딱먹고 가는 순환이 빨라서 금방 사람이 빠지기도했다. 일단 순대국물을 맛본다. 깊은 순대국맛이 느껴진다. 손수담근 양념을 하신듯 진하다. 맛있다. +부추와 들깨가루를 넣어 먹으면 더 맛있다. 진하면서 개운한 이 맛은 징기스칸이 왜 순대를 좋아했는지 절실히 느낄수 있게 해주었다. 강남점은 안가봤지만 이보다 완벽할순 없다. … 지지를 치고 나온다. 2017-08-31

😊 **춘** 선릉쪽 출장을 온김에 점심에 방문을 하였는데 줄이 너~~무 길어서 포기하고 저녁에 방문을 하였습니다. 저녁에도 줄이 어마어마 하더군요. 쫄깃쫄깃한 이북식 찹쌀순대도 좋지만 이런 담백 부드러운 순대도 아주 맛있네요. 좀 더 찾아보니 용인에 위치한 백암이라는 곳 특유의 순대 스타일이라고 하네요. 병천순대처럼 백암순대입니다. 순대국을 시켰는데 안에 들어 있는 부속고기가 정말 푸짐해서 감탄했고 부속고기에서 잡냄새 누린내 하나 없이 맛있어서 또 감탄했고 찐한 국물이 역지지 않고 아주 얼큰하고 맛있어서 마지막으로 감탄하였습니다. 고기가 정말 많이 들어 있었고 국물에서 희미하게 한약재 향도 느껴지는 것이 저렴한 값에 보양식을 잘 먹은 느낌이었습니다. … 2017-03-21

😊 **써머칭구** 예전부터 가보고싶었던 곳!! 순대랑 수육 둘다 맛난다ㅜㅜ 근데 순대가 더 맛있움 속이 굉장히 알차다 국물도 서비스로 주셨는데 광주에서 유명한 오리탕과 흡사한 국물맛이라 싱기했다 암튼 맛남!! 가격도 괜찮은거같고 담에 또가야지~ 2017-07-27

😊 **김모찌** 선릉역에 이미 너무나도 유명한 순대국집!! 저도 이제야 가봤네용ㅋㅋ 순대국을 자주 안먹어서 비교는 어렵지만 이런 추운 날씨에 먹기에 딱이고 부속고기도 너무 부드럽고 맛있었어요! 같이 간 자칭 순대마스터는 돼지잡내가 나지 않고 굉장히 깔끔해서 왜 유명한지 알겠다고, 순대국초심자(=저)에게 추천할 만한 곳이라고 평했습니다ㅋㅋ 다만 웨이팅이 너무너무너무 길어요ㅠㅠ 테이블 회전이 꽤 빠른 편인데도 역시 유명한 집이라..ㅠㅠ 점심시간이 빠듯한 직장인이 가기에는 힘든 곳 같습니다ㅠㅠ 2017-12-12

주소 **서울시 강남구 대치동 896-33** 연락처 **02-555-9603** 영업시간 **월-금 11:10 - 21:30, 토 11:10 - 15:30(일휴무)**

(37.56543, 126.9953)

😊 **이진쓰** 순대모듬, 순대국밥 시켰어요!! 순대모듬에는 머리고기와 대창순대가 나와요!! 대창순대 고소하고 쫀득하고 부드러워요. 선지 맛 덜 날 줄 알았는데 그것도 아니어서 넘 만족스러웠어요!!! 머리고기도 꽤 실하게 주는데요. 머리고기 특유의 잡내가 아주 쪼끔은 있지만 그래도 이정도면 엄청 안나는 거라 생각해요! ㅋㅋㅋ간도 쓴 맛 없이 깔끔하게 퍽퍽해요! 퍽퍽이라는 말이 좀 그런데..그렇다고 부드러운건 아니고. 간 치고 부드럽다고 해야하나? 암튼 그래요. 순대국은 깔끔하고 담백해요. 진하지는 않고요. 여기에도 머리고기? 뭐 그런거 많이 들어있어서 좋았어요. 음 정작 순대는 별로 안들어가있었던 기억이! 암튼 깔끔하고 좋았습니다. 2017-06-11

😊 **머큐리** 오늘은 정식 … 둘!평일에도 식사시간엔 웨이팅 있는데 소주와 함께하는 분위기라 웨이팅은 기약없음 자리 없어 노상에서 먹었는데 바람과 소주와 사람들이 을지로 느낌 물씬났다. 부속고기서 냄새 좀 났지만 순대-간-머릿고기를 이 정도 퀄리티로 내는 곳이 없으니.추천! 모듬순대와 정식둘을 고민한다면 모듬 시키세요. 정식2인이 공기밥 차이인가 싶었는데 정식 2인에 나오는 그릇이랑 모듬에 나오는 그릇 크기가 다름!!! 정식이 모둠보다 양이 훨 작음(순댄 반찬이라기에 홀로 괜찮고 국물은 평이하기에 밥보단 소주가 어울린다!) 2017-09-26

😊 **늅.** 허름한 곳에 위치한 노포. 순대를 포함한 여러 메뉴가 있습니다. … 내장 못 드시는 분들은 미리 얘기하면 순대로만 차려주기도 하십니다. 순대는 감칠맛나고 쫄깃하구요. 자극적인 맛이 별로 없어 물리지 않네요. 내장 부분은 곱창이 상당히 부드러운 것 외에는 타 음식점과 별 차이 없습니다. 잡내도 조금씩 남아있어요. 노포에 유명세를 탄 집인데도 친절한 편이라 다음에도 기회되면 가보고 싶네요. 2017-04-11

😊 **Colin B** 줄 서 있다 생면부지의 이모님과 합석하여 한 그릇 뚝딱. '순대 정식' 메뉴의 알참. 술취한 분위기속 어색하리만치 정갈한 대창 순대의 맛. 부드러운 간이 유명 하다는데, 머릿고기에 막장과 생김치 올린 환상 조합이야말로 이집을 다시 올 이유가 아닐까. 2017-03-03

주소 서울시 중구 인현동1가 15-4 연락처 02-2275-6654 영업시간 월금 11:30 - 22:00, 토 11:30 - 20:00(일휴무) 쉬는시간 15:00 - 17:00

망고푸딩

이진쓰

이진쓰

KimJessica HyunMi

박지예

(37.54593, 126.9219)

😊 **이진쓰** 서울에서 맛보는 제주도 음식! 몸국, 고기국수, 순대를 시켰어용~ㅋㅋ모든 음식의 간이 다 적당해서 좋았어요. 몸국은 걸쭉한 고기국물에 모자반?이 들어가 있어요. 메밀가루가 들어가 약간 걸쭉한 편이라 밥 한 공기가 푸짐히 나오는데도 밥은 안먹고 국물만 엄청나게 퍼먹었네요.ㅋㅋㅋㅋㅋ육수가 진하지는 않았지만 정말 제일 맛있게 먹은 메뉴였어요. 고기국수는 뽀얀 국물에 국수, 고기고명만 올라가는데 완전 깔끔했어 요. 제주도 고기국수처럼 면은 부드러우면서 아주 사알짝! 쫄깃하고 맛있었어요. 다만 면이랑 국물이랑 따로 노는 느낌이랄까. 면에는 간이배지 않아서 부추나 김치 도움이 꼭 필요했어요. 순대는 부드럽고 쫀득했어요. 그리고 그 특유의 돼지?냄새가 살짝 났는데 그 냄새가 좋아요ㅠㅠ고추가 들어갔는지 매콤한 맛도 느껴지고요. 2017-05-02

😊 **망고푸딩** 전국 각지에 다른 종류의 순대와 찍어먹는 장이 다른것으로 알고 있다. 수도권은 소금, 경남 막 장, 전라 초고추장 등등. 제주는 무엇을 찍어 먹을까? 하는 궁금함에 설렘반으로 방문했다. 웨 이팅 라인도 제법되고해서 take out으로 주문하고 15분만에 픽업을 할수 있었다. 순대는 찹쌀순대에 일반순대피 이고, 순대 단면이 큰 편이었다. 쫀득하면서도 썰린 단면은 깔끔하고 정돈되 보여서 보기도 좋았다. 제주도는 여러 번 방문해 보았지만 제주도에서 순대를 따로 먹어본적은 없었다. 찍어먹는 장은 의외로 간장이었다. 별생각없이 찍 어먹은 간장에 코 끝부터 찔러오는 매운맛이 확~퍼져 나갔다. 부추김치와 갓김치도 나왔는데 갓김치도 진심 매웠 다. 순대는 맛있어서 좋은데 매콤함 조절만 잘 한다면 꽤나 좋은 조합이 될듯하다. 제주음식도 참 좋아하는데 이런 곳이 더 생기면 좋겠다는 바램이다. … 2017-08-06

😊 **은티** 가게 앞 테..테라스에 앉아서 막걸리랑 먹은 순대, 돔베고기! 실내에는 특유의 고기국수 기운이 있는 것같아서 밖에 앉는게 더 쾌적할 듯. 뜻밖의 순대가 냄새도 안나고 부드럽고 크리미 한것이 특이하면 서 맛있었다. 돔베고기는 고기 이즈 뭔들! 돼지 냄새가 난다는 리뷰가 있어서 걱정했는데 막상 냄새같은건 안났다. 웨이팅이 항상 있는듯! 2017-08-31

주소 서울시 마포구 상수동 337-1 연락처 02-337-4877 영업시간 17:00 - 01:00(일휴무)

(37.57119, 126.97473)

😊 **MJ** 오랫동안 가고싶다에 넣어두었던 위시리스트- 얼마전에 드디어 가봤습니다!! >_< 제가 순대국을 좀 좋아하거든요... 근처 직장인들이 인정하는 아재맛집이라고 하셔서 기대했던것 ㅋㅋㅋ 어중간한 시간에 갔더니 다행히 기다리진 않았어요! 그리고 기대했던 순대국은- 맛있었어요!! 순대국에 돼지곱창이 들어있는게 정말 이집만의 특색인듯 ㅋㅋ 전 원래 순대를 좀 더 좋아하긴 하지만 내장도 좋아하는데 여기 내장 맛있더라구요 ㅋㅋㅋ 밥은 기본으로 말아서 나오고 따로 달라고 말씀드리면 그렇게 해주시더라는! 칼칼한 스탈의 국물이에용 종종 가고 싶어질거 같아요! (+) 그후 재방문해서 야채순대도 맛봤는데(소자랑 대자있어요! … 국에 들어가는 거랑은 또 다르게 찰진(?) 나름 진짜 야채 많이 들어있는 풍부한 맛ㅋㅋㅋ 요것도 잘 먹었어요! 2017-04-15

😊 **참조기** 제일 좋아하는 순댓국 집. 순대보단 내장을 좋아해서 항상 내장국을 먹는다. 내장이랑 밑반찬 고추랑 양파 같이 먹으면 맛있다ㅠㅠ 밥 따로 달라고 하면 따로도 주신다! 사장님 되게 고우시고 친절하심ㅎㅎ 항상 사람이 붐벼서 언제 가도 정신없지만 만족스럽게 먹는곳! 2017-11-11

😊 **춘** 광화문 직장인 아재들이 정말 정말 좋아하는집. 28이었나? 20대 후반에 직장 선임분이 광화문 최고 맛집 이라고 데리고 가주면서 처음 알게 되었는데 그땐 이곳이 이렇게 맛있는 집인줄 몰랐습니다. 나이 앞자리 가 3으로 바뀌고 몇 해가 지나고 나서야 돼지 곱창 특유의 쫄깃한 식감. 곱창전골에서 느낄 수 있는 국물의 달콤한(?) 감칠맛. 많이 자극적이진 않으면서 얼큰~~한 국물맛. 그리고 토렴을 한 그 밥알 특유의 식감. 이 모든 것들이 조화롭게 느껴지더라구요. 정말 우후죽순처럼 생겨난 할매의 인스턴트식 순대국밥에 미각을 잃어가고 있을 때 즈음 다시금 찾은 이곳의 순대국은 "이게 바로 순대국이란다." 라고 말해주는 것 같았습니다. 기본이 토렴식이지만 밥 따로 시키면 따로국밥 형태로 줍니다. 그리고 순대만 들어있는 순순대탕도 국물이 워낙 얼큰하고 좋다보니 맛있습니다. 그래도 개인적으로는 곱창과 돼지 부속고기가 같이 들어간 순대국을 추천해주고 싶습니다. 참고로 여의도 화목순대국 이 본점인데 본점보다 맛있는 분점 케이스로 꼽히는 몇 안 되는 식당입니다. 평일 점심엔 주변 직장인들로 엄청 붐비구요.. 심지어 얼마전엔 평일 저녁에도 줄서서 먹어야 했습니다. 참고하시길! 2017-01-22

주소 서울시 종로구 당주동 40 연락처 02-723-8313 영업시간 00:00 - 24:00 영업시간 월~금 15:00 - 17:00

(37.52606, 127.0354)

😊 **Colin B** 이런 술집은 그냥 너무 좋다. 분위기가 깔끔하고 술집다울 정도만 어수선하다. 주막에서 낼 법한 토속적 메뉴 구성이지만 음식은 하나하나 정갈함이 느껴진다. 적당히 삶아진 보쌈과 술집 안주로 치부하기엔 퀄리티가 너무 높은 아바이 순대, 새콤한 양념에 미나리가 입맛 깨우는 한치 무침, 푸짐한 모둠전, 맛과 식감 모두 좋았던 육전까지 모든 메뉴가 다 만족스러웠다. 자체적으로 블렌딩했다는 (말은 멋스러운데 결국 이것저것 섞었다는) 하우스 막걸리는 밤맛과 요구르트 향이 묘하게 나는데, 과하지 않은 향과 농도로 맛있는 음식에 곁들이기에 딱 좋았다. 2017-05-17

😊 **Kristine.C♥** 정말 오랜만에 방문했어요ㅎㅎ 원래 모임있을때 자주갔는데 얼마전에 바앤다이닝 전통주편을 보고 막걸리랑 전이 넘 땡기더라고요!! 모둠전과 칼국수(김치/해물), 알밤막걸리를 시켰어요! 생각보다 칼국수 양이 많아서 둘이 엄청 배부르게 먹었다는. 그동안 보쌈, 전만 먹어봤지 칼국수 시킬 생각 안해봤는데 식사류로 딱이에요! 알밤막걸리는 언제나 맛있어요~~ 2017-03-18

😊 **망고푸딩** 안주 맛있다. 사람 많은 값을 한다. 푸짐하진 않지만 맛있다. 미나리한치무침도 맛있고, 수육 및 순대 맛있다. 내가 좋아하는 전통 피순대 느낌인데 부드러웠다. 반지하는 가끔 차량 플래쉬가 눈부신거 빼곤 추천 피카츄! 2017-07-07

😊 **JhY** … 양이 적을 줄 알았는데 생각보다 많아서 당황스러웠다. 결국 꽤 남김ㅜ 비싸고 화려한 매장들이 대부분인 압구정 로데오 근처에서 부담스럽지 않은 가격에 한식 안주와 15종류 정도의 막걸리가 있다. 만두 모둠전 대 두부김치 제주막걸리를 주문. 가성비는 모둠전이 좋았지만 개인적으로 두부김치가 더 맛있었다. 두부도 큰거 잘 구워서 나오고 볶음김치도 짜지 않고 고기도 들어있어 막걸리 안주로 딱. 재방문시 보쌈과 알밤막걸리를 먹어봐야겠다. -병 막걸리는 … 작은 주전자에 800미리 기준이라고 본 듯 -테이블, 의자는 넓어서 좋음 but 다른 층은 안 가봤지만 1층 화장실...도대체 왜 변기가 계단 위에 있는지 모르겠다 좁고 불편 -사람이 은근 많은데 오픈~19시까지만 예약가능함 2017-04-10

주소 서울시 강남구 신사동 645-11 연락처 02-548-1461 영업시간 11:30 - 02:00

(37.55643, 126.905)

😊 **준영** 막걸리집에서 이렇게 행복했던건 처음이에요ㅠㅠ 안주도 대박 맛있고 막걸리도 미쳐요ㅠㅠㅠ 떡갈비는 어느정도 곱게 간 스타일인데 진짜 쫀득한게 너무 신기했어요! 최근에 먹은 떡갈비 중에 탑!! 메밀전병은 평소에 먹던 그것과 달리 피가 진짜 짠득짠득... 들깨가루에 고소하게 무친 시금치랑 고추 장아찌 하나씩 얹어먹으면 진짜 환상이에요!! 막걸리는 사진에 있는 4가지를 먹었는데 맛이 잘 기억은 안나요ㅠㅠ 사장님이 진짜 유래까지 열심히 설명해주셨는데ㅠㅠ 산아래는 드라이하다고 하셨는데 제 입에는 좀 달게 느껴졌어요. 원래 드라이한걸 좋아하는 편이라 그런가봐요! 칠곡 쌀막걸리는 진짜 바나나 우유 향이 나는데 막상 먹으면 단맛이 많이 없고 깔끔해요. 우렁이쌀 막걸리는 잘 기억이 안나네요ㅠㅠ 가장 인상깊던 막걸리는 마지막에 먹었던 복순도가였어요!!! 시큼새큼한거 좋아하시는 분들은 이걸 최애로 꼽으시지 않을까 싶어요ㅎㅎ 저는 복순도가-우렁이쌀-산아래-칠곡 순으로 맛있었어요! 2017-02-19

😊 **마중산** 사장님의 고집이 강력한 집 ㅋㅋㅋ 1. 4명 이상일 경우 받지 않음. 두 테이블로 찢어져도 안됨. (취하면 위아더월드 합석할 거니까) 2. 음식에 맞게 막걸리를 페어링해주시는데, 이게 아주 절묘함. 이런 경험은 처음! 일단 막걸리부터 평하자면, 산아래 라는 막걸리...진짜 감동적. 아니 이 막걸리 왜 마트에 없는 건지 !!! 사장님 설명에 따르면 전국 단 세곳에서 판매 중이라는데, 처음 느껴본 맛이었다. 나머지 두 막걸리도 아주 좋았다. 냉장고에 범상찮은 비주얼의 막걸리가 또 있었는데 그걸 못먹어보고 왔다. 솔직히 구체적으로 표현을 못하겠다. 궁금하면 직접 가서 사장님 설명을 들어보시길 ㅎ 개인적으론 막걸리 고래들과 재방문 예정. 메밀전병, 육회, 명란 안주를 먹었는데, 사장님 프라이드 느낄 만하다. 솔직히 이 정도 막걸리 안주는 서울에서 처음 느껴본다. 음식이 나올 때 맞춤 페어링해 주시면서 허스키 보이스로 설명을 곁들여 주시는데, 정말 찰지고 에너제틱해서 인상적이었다. 꼭 한 번 들러보시길 추천한다. 강추! 2017-06-26

주소 **서울시 마포구 망원동 414-14** 연락처 **070-8864-1414** 영업시간 **월-목 18:00 - 03:00, 금-토 17:00 - 03:00**(일휴무)

(37.54468, 126.9692)

이진쓰 추억의 이리오너라. 가격도 변동이 없어서 갬동... 파전에 꽤 해물이 많이 들어가서 좋았으나 밑에 밀가루층이 꽤나 두꺼웠어요. 하지만 밀가루 풋내는 안나서 좋았어요! 모듬전 맛있어요. 동태전 느끼하지도 않고 살이 쫀쫀하니 맛있어요. 동그랑땡이랑 깻잎전도 고기가 적당히 담백하고 전인데도 깔끔했어요. 호박전은 상당히 컸는데 (좋아따...) 푹익히지 않아 형태가 무너지지 않고 사각사각했으며 쥬이시한 호박을 잘 느낄 수 있었어요. 두부김치의 김치에는 고기 쪼금이 들어가있어서 좋았어요. 김치에서 불맛이 나서 좋았네요. 센 불에 볶았나봐 ㅋㅋ 두부도 담백했어요. 아쉬운건 꿀동. 다들 하나같이 예전에 비해 술이 약해진 거 같다며...물 탄거 같다는 이야기 할 정도로 동동주의 도수가 낮아진 거 같아요. 너무 부드러운? 많이 마시면 살짝 취기가 오를만도 한데 한 뚝배기를 먹어도 취기 안오름ㅋ 아주 말짱함ㅋㅋㅋ 아쉬웠네용 ㅠㅠㅋㅋㅋ 그래도 여전히 친절하시고 가격도 저렴해 넘 좋았어요! 추천. 2017-09-23

박지원 꿀동동주 + 해물파전 어둑어둑한 분위기에 조명이 잘 들어오지 않는 곳에 앉아서 사진 찍기 힘들었다. 메인인 해물파전 사진은 찍지도 못함 ㅋㅋㅋ 꿀동동주가 유명한 것 같아 주문했는데 내 입에는 너무 달았다. 같이간 언니도 시럽 먹는 느낌이라고 ㅋㅋ 그 이후로는 그냥 쌀동동주를 주문함. 살얼음 동동 띄워져있는데 맛있어서 술이 술술 들어간다. 추억의 도시락은 너무 배고파서 주문했는데 … 가격치고 구성이 알차다. 계란후라이, 소세지, 빨갛게 무친 단무지에 오징어젓갈까지! 맛나게 배 채웠음 해물파전은 사이즈가 너무 커서 놀랐다. 재료들도 실하게 들어있고 근래 간 술집 중에 가성비가 가장 좋았던듯! 2017-04-23

Seyeon. Y 분위기는 좀 허름하고 어두침침. 유명한 꿀동동주는 술 잘안먹는 나한테도 맛있었다. 살얼음이랑 나와 엄청 시원했고 아래는 한가득 꿀이 깔려있다. 나는 달달하고 술맛도 너무 강하지 않아서 좋았다! 김치전은 가격이 나가는 만큼 크기가 꽤 컸다. 김치전은 딱 정석적인 맛! 겉은 바삭. 맛있었다 2017-09-22

주소 서울시 용산구 청파동2가 78-2 연락처 02-714-1254 영업시간 17:00 - 03:00(일휴무)

(37.47966, 126.9806)

😊 **이보나** ··· 이차로 전 냠냠하러 온 곳 월요일 저녁이라 사람이 많지 않지 않을까 걱정하며 왔는데 왠걸 저희가 마지막 테이블에 앉을 수 있었어요 ㅋㅋㅋ 월저녁인데도 사람 짱짱 많은걸 보니 왠지 맛집일거라는 기대감이 급상승 >.< 첫판으로는 육전+새우통통전, 그리고 김치찌개 시켰어요! 그리고 지평막걸리도! 와 새우통통전 진짜 존맛... 이날의 베스트였다고 할 수 있을 것 같아요.. 새우가 두 마리가 통째로 들어가있는데 진짜 새우알이 통통해서 입안에서 존재감을 어마어마하게 드러냅니당.... 육전도 존맛 ㅠㅠ 사이즈도 대따크고... 부드러운 고기랑 전 옷이랑 조화가 미쳐부러 ㅠㅠ 진짜 막걸리를 부르는 맛.. 지평막걸리도 존맛이었어요 역한 알코올 향 이런거 없이 진짜 맛있는 술! 한판으론 부족해서ㅋㅋㅋ 모듬전도 시켰어요! 모듬전은 두번에 나눠서 나와요 양이 많아서 그런가..? 애호박전, 버섯전, 두부전, 동그랑땡 (이라고 하기엔 엄청 크고 두껍긴하지만), 생선전, 깻잎전 (?) 아마 이정도...! 진짜 양이 어마어마하고 어마어마하게 맛있어용.... 헤헤 동그랑땡이 진짜 맛있었어용 고기가 촉촉해용... 히힛 인생 전집 (이래봤자 사실 서래전밖에 안가봄...) 비오는날 또 오고 싶어용 >.< 2017-02-28

😊 **진솔** ··· 이차로 바로 옆에 있던 전주전집 방문! 월요일 저녁이라 사람이 없을줄 알았는데 왠걸.. 밖까지 줄이 길었어요! 저희는 네명이라 마지막 테이블에 바로 앉았어요! 새우통통전과 육전, 모듬전 먹었어요! 우선 새우통통전은 정말 새우 크기가 감동적ㅠㅠㅠ 진짜 통통하고 촉촉하구 지이짜 맛있었어요ㅠㅠ 육전도 양도 많고 커다랗고 좋았고, 모듬전도 전 동태전만 먹었는데 촉촉하고 커다랗고 맛있었습니당 곧 친구들 데리고 맛집 소개 시켜준다고 또 가려고용 아 그리구 빼놓으면 아쉽! 지평 막걸리 제가 이곳저곳 먹고 다닌 막걸리 중 최고에요 알코올 독한 맛 안나고 정말 맛있게 계속 먹었습니다 분위기도 신나고 좋아서 좋아하는 사람들과 즐겁게 수다 떨고 왔어요! 2017-02-28

😊 **Jessica** 대박집! 전 찾아먹지않는데 진짜 놀라운 맛임 ㅎㅎㅎ 주변에 전집많은데 이집만 웨이팅이 엄청나다 그래도 지하, 1, 2층까지있어 조금만 기다리면됨 모듬전 시켰는데 두명이서 먹기엔 양이 많다 모듬전에는 동그랑땡, 두부전, 깻잎전, 호박전 등이 조금씩 나온다 입에서 녹음 ㅎㅎㅎ 2017-07-29

주소 서울시 동작구 사당동 1032-1 연락처 02-581-1419 영업시간 월-금 15:30 - 02:00, 토 14:00 - 02:00, 일 15:00 - 24:00

뽕나무쟁이 (본관)

(37.50323, 127.052)

😊 **모른척**   야들야들+부드러운+사르르 녹는 스타일의 족발 왜 맛집인지 이해가 감. 모듬족발시켰는데, 불족발은 그냥 숯불닭갈비정도의 매움? 별로 맵지 않음 평일저녁 7시이십분쯤 도착하니 한 삼십분웨이팅함. 생각보다 회전률이 빠른편. 돼지냄새도 안나고 잔반도 깔끔.상추도 싱싱 맛집맛집~~ 2017-06-27

- -

😊 **재니**   맛있당! 왜 유명한지 알겠는 뽕나무쟁이 ⋯사실 족발을 많이 먹으러 다녀본 편은 아니에요! 그냥 배달이나 뷔페같은데서만 조금 먹어봤고 제대로는 거의 두번째? ⋯ 뽕나무쟁이 석가탄신일에 갔는데 사람 많았지만 매장이 넓어서 웨이팅같은건 전혀 없었어여! 서비스는 괜찮아요 특별할건 없지만~~ 딱 바쁜 유명한 맛집 느낌ㅋㅋ 불족발이랑 그냥 족발 반반 했는데 반반으로 시키길 잘 한 것 같아요! 셋이서 대자 했는데 양이 꽤 많았어요!! 반반 추천~ 그냥 족발은 그 껍질부분이 엄청 유들유들해요 호로록 넘어가는 느낌ㅋㅋㅋ살짝 느끼할 수도 있는데 그럴 땐 살코키 쌈싸먹고 무채랑 콩나물국 먹으면 또 더 먹을 수 있어요ㅋㅋㅋㅋ김치도 맛있어요 생각보다 덜 달아서 좋았어요. 불족발도 완전 맛있어요!! 불향이 엄청 좋은 것 같아요 많이 자극적이지 않으면서 맛있었어요~ 족발 좋아하는 같이 간 친구도 맛있다고 하더라구요! 유명한 집이니까 한번쯤 가보셔도 좋을 것 같아요 ~~ 2017-05-04

- -

😊 **가마니멍하니**   ⋯ 평일점심에도 사람이 많고 저녁에는 웨이팅 폭발적. 족발에서 윤기가 좌르르 흐르고 같이 나오는 사이드반찬들도 훌륭하다. 막국수가 또 예술이니 꼭 같이 먹기 2017-04-08

😊 **얌얌**   뽕족은 배달을 시켜 먹어도 맛있다! :P양도 많고 배달도 빠르다 부추와 상추 마늘 등도 잘 챙겨준다 다만 매장에서 먹었을 때도 느끼는거지만반반 족발을 시켰을 때,일반 족발은 촉촉하고 맛있는데 불족발은 거의 조각난 살코기 위주로 되어있다 매운 소스는 맛있지만 너무 살코기라 아쉽다 ㅠ 2017-06-22

😊 **하요미**   맛있다 무조건 양념으로 드세요 양도 많고 적당히 매콤하니 맛있었다 그냥 오리지널도 맛있는데 양념맛에 좀 가린달까??그것만 먹으면 괜찮을 거 같은데 반반을 시켜서 양념을 먹다 그냥을 먹으니 밍밍한 느낌아 또가야지 진짜 존맛 인정!!!!! 2017-08-16

주소 서울시 강남구 대치동 896-5 연락처 02-558-9279 영업시간 월-토 12:00 - 02:00, 일 12:00 - 22:00

(37.54598, 127.0543)

팡뎅 한줄평/떡같이 쫀쫀한 콜라겐껍질 쫀쫀한 콜라겐이 진짜 예술이다. 다른 족발집보다 더 쫀독해서 마치 떡같이 느껴진다. 질겅질겅 씹어도 계속 씹히는 ㅋㅋ 족발특유의 돼지비린내도 전혀없고 단맛짠맛없이 오로지 족발맛만 느껴지는게 진짜 신기했다. 족발의 신세계랄까.. 다른 족발집과는 확연히 다른맛. 족발 좋아한다면 여기는 진짜 와볼만하다. 족발계의 새로운 장르. 아쉬운점/업장이 좁은데 다 술손님이라 자리가 쉽게 나지않는다. 살인적인 웨이팅이 아쉽다. 집이 근처면 포장해서 먹는걸 추천. 2017-11-26

MJ 성수에 일이 있어서 갔다가 일행이 여기가 유명하다요~ 해서 가봤는데 맛집이더라구요!! 웨이팅 조금 하구 들어갔어용 확실히 마니 달달한데 제 입맛엔 맛있다는걸 부정할 수 없었습니다 ㅠㅠ 엄청 촉촉하고 쫄깃하구..! 같이 주시는 매콤한 양념장하구 개인적으로 신의 한수(?)였던건 무채 ㅋㅋㅋ 파절임? 도 맛있구요!! 상추에 족발이랑 무랑 파랑 소스찍어서 싸먹으니 우앙 너무 맛있었네요 족발을 오랜만에 먹어서 그런가 ㅋㅋㅋ 추운날의 콩나물 냉국도 색다른 느낌 ㅋㅋㅋ 셋이서 중짜 시키니까 약간 모자른듯 배부르게(?) 잘 먹었습니당- 테이블은 얼마 없구 대부분 좌식인데다 좁아서 살짝 불편하구 사람 많아서 시끌시끌하지만 나름 흥겨워요 ㅋㅋ 2017-01-13

lunemiel 간만에 방문했어요! ㅎㅎ 웨이팅 30분이 있었지만 기다린만큼 맛났어요. 달달한거 안좋아하시는 분들은 별로일수도 있지만.. 쫀득하고 밑반찬들도 다 맛있어요. 특히 부추무침 강추입니다 ㅋㅋ 다만 가격은 다른데에 비해 좀 비싼듯해요. 2017-05-03

효끼의 먹부림 달고 쫀득쫀득하니 맛있습니다~ 웨이팅 너무 기시면 테이크아웃해서 바로 옆가게 이층에서 만원이상만 음료나 술 주문하면 드실 수 있어요 지인들과 저도 테이크아웃해서 옆가게 이층에서 먹었는데 거의 모든 테이블이 성수족발에 맥주한잔씩 하고 있더라구용ㅎ소맥과 성수족발 궁합은 감히 최고네요 어디까지 맛있을라구 진짜 2017-10-08

주소 서울시 성동구 성수동2가 289-273 연락처 02-464-0425 영업시간 12:00 - 22:00

영동족발 (3호점)

(37.48424, 127.0383)

😊 **Tiffajy** 굉장히 야들야들 부드러운 식감의 족발! 뼈에 붙은 고기랑 콜라겐도 쉽게 뜯길정도로 부드럽다. … 향신료가 아닌 고기 자체의 향을 즐기기에 좋음. 한방향이 나는것을 좋아하는지 고기자체의 푹 고아진 향을 좋아하는지에 따라 호불호가 있을것 같다. 막국수는 간이 잘못되면 기대하던 소스맛이 아니여서 쉽게 시키지 않는 메뉴중 하나인데 여기껀 딱 새콤달콤 살짝매콤한, 물회국물같은 소스맛이여서 맛있었음! 2017-03-31

💬 **flavor** 나의 최애 족발집 적당히쫄깃하고 간이되어있음 가격이 은근 쎈편이지만 맛보면 하나도안아까움! 2명이서 대자 먹어도 양이 대단히 많지 않다. 아마도 맛있어서 더 그런듯^^ 의외로 김치전도 훌륭하다 2017-02-22

💬 **맛집사냥꾼** 야들야들 쫄깃쫄깃 마시써요...! 누린내 이런것도 안나구 너무 맛있게 먹었네용! 막국수도 맛있구 ㅜㅜ 왜 유명한지 알거같아요.! 2017-03-29

😊 **이보나** 3대 족발이라고 유명한 영동족발! 봉사하는 곳 근처에 있어서 뒷풀이로 종종 가는 곳이예용 :) 골목에 들어가면 영동 족발집이 여러개가 쭈르륵 있어요! 일요일에만 와봐서 3호점만 가봤는데 평일에는 다 장사를 하면 사람이 엄청 많겠다는 생각이 들었어요! 9명이서 족발 대자 두개랑 쟁반막국수 하나 시켰습니다 :) 반찬은 그냥 투박하구.. 족발은 맛있어요! 엄청 쫄깃쫄깃하고 살코기 부분은 야들야들합니당! 냄새도 안나구.. … 쟁반막국수는 무난무난~ 하게 맛있어요 :) 맛있는 한끼 식사였습니당 :) 뒷풀이로 오기 딱 좋은 곳! >.< 2017-03-20

😊 **이건영** 시청 족발보다 덜 달고 껍질은 쫄깃쫄깃하다. 살도 맛있지만 껍질이 정말 맛있다. 요즘 온족발집 대부분 많이 달지만 이곳은 극도의 단맛까진 아니여서 좋다. 이 골목 자체가 영동족발이 점령하고 있는데 그래도 이곳저곳 사람이 정말 많다. 족발을 좋아하면 꼭 들려보길. 2017-01-14

주소 서울시 서초구 양재동 1-8 연락처 02-575-0250 영업시간 월~토 11:30 - 24:00, 일 11:30 - 21:00

허브족발(본점)

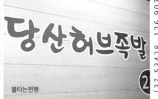

(37.53428, 126.903)

당산허브족발

🙂 **불타는찐빵** 진짜 맛있음. 서비스도 최고. 매콤반 앞다리살반 안시키고 앞다리살만 시켜도 매콤족발 조금 나온다는 말에 앞다리살 주문. 맛집 찾아서 데리고가도 리액션 없는 남자친구가 극찬함. 먹어본 족발 중 가장 야들야들함. 족발 특유의 한약냄새도 없음. 윤기도 촤르르 흐르고 뼈도 잘 발라져나와 물렁뼈조차 안 씹혀 너무 좋았음. 매콤족발은 다른 족발 집처럼 엄청 맵지 않고 딱 양념치킨 정도의 매콤함. 말 그대로 매콤족발 ㅎㅎ 앞다리살만 먹다가 느끼해서 물리면 매콤족발 한 입♡ 간판에 냉면과 함께먹는 허브족발이라 써져있더니 정말 서비스로 비빔냉면 주심. 족발과 싸먹으면 맛있음. 별미까진 아니고 달달하니 맛남. 냉면은 너무 달다고 느껴질 수 있음. 설탕 많이 넣으신 듯. 신의 한수는 겉절이. 진짜 맛있음. 부추, 배추, 양파 넣고 무친걸 주는데 양념이 너무 맛있음. 야채들도 다 신선한 듯. 뼈가 다 발라져 나와서 그런지 안 남기고 다 먹음. 셋이 하나 시키면 살짝 적을 수도? 인원수에 따라 주문이 애매해질 것 같으면 사장님께 바로 문의하면 됨. 정말 친절하게 답변해주심!! 음식, 서비스 둘 다 너무 만족스러웠음. ··· 2017-04-01

🙂 **Gastronomy** 재방문한 당산역에 위치한 족발 전문점. 저녁 느지막히 방문하였지만 여전히 한잔 즐기러 온 직장인들이 많음. 메뉴는 그냥 족발과 매콤한 불족발의 두 종류이며 그냥 허브족발은 앞다리 뒷다리 따로 판매함. 불족발은 불향이 나는 매콤한 스타일임. 불족발도 괜찮지만 하나를 시켜야 한다면 무조건 허브족발을 주문해야함. 야들야들한 식감은 보통 족발의 쫄깃한 식감과는 좀 다름. 같이 주는 비빔국수와 싸먹어도 맛있지만 그냥 먹어야 야들하고 고소한 맛을 느낄 수 있어 좋음. 2017-05-29

🙂 **Jessica** 대박 맛남. 앞다리 시켰는데 잘게 잘라주시는것도 좋은데 엄청 야들야들함. 함께 먹으라고 고추,마늘,싱싱한 야채도 주시는데 정말정말 맛남 ㅠㅠㅠㅠ 특히 겉절이가 아주 맘에들었음!! 늘 먹던 족발인데 진짜 특별하게 느껴지게함. 분위기는 매우 시끄럽고 왁자지껄함. 그래도 음식만은 진짜 깔끔한듯! 2017-08-08

주소 서울시 영등포구 당산동6가 237-38 연락처 02-2633-4339 영업시간 16:00 - 22:00(일휴무)

(37.50748, 127.0386)

Colin B

몇몇 전통의 식당들이 가족들에게만 직영을 내주며 독점하다 싶이 하는 평양냉면 시장에 도전 장을 낸 식당 중 한 집으로, … 유명세를 타고 있는 곳. 뼈 없이 소고기만으로 낸다는 육수는 정 말 군더더기 없이 깔끔하다. 조촐한 고명도 그렇고, … 평양냉면스러움을 잃지 않을 정도로만 느껴지는 국물의 간 이 참 좋다. 면은 조금 더 두꺼웠으면 했지만, 면에 육수의 향이 알맞게 배이기에 적당한 듯도 했다. 제육은 음, 맛있 는 보쌈집에서 주는 수육? 맛이 없진 않지만, 평양냉면 집에서 주는 제육처럼 탄탄하고 쫄깃한 느낌보다는, 부드럽 고 기름져 보쌈 김치를 찾게 되는 맛. 그래도 같이 주는 새우젓과 된장은 감칠맛이 대장이다. … 기본기에 충실하 고 기대한만큼은 해내는 식당이다! 2017-05-21

이보나

평양냉면 한번도 안 먹은 딸미미 위해서 아빠가 쏜다! 항상 궁금했던 평양냉면.. 다섯번은 먹어야 비로소 그 맛을 알게된다는 평양냉면.. 드디어 먹으러 가봤습니다! 근데 평냉으로 식사를 하면 처 음엔 멘붕올 수도 있다구 어복쟁반이랑 만두 시켰어용 ㅋㅋㅋ 어복쟁반 중자, 만두 반개, 평냉 후식용 두개 시켰습 니당. 먼저 나온 어복쟁반! 비주얼 갑.. 수육이 밑에 깔려있구 맑은 육수가 그득하고 위에는 쑥갓이 듬뿍 올려져 있 어요! 고기 너무 부드럽고 맛있어요 ㅠㅠ 야들야들… 육수도 너무 시원하고 맛있었어요 쑥갓도 별로 안좋아했는데 이날따라 쑥쑥 들어갔네용 ㅎㅎ 만두는 되게 독특해용! 안에 내용물이 두부 으깬 식감이랑 숙주나물이 막 있어용! 고기는 없었던 것 같아요.. 평양식이 원래 이렇게 담백한 음식인거 같은데 생각보다 맛있었어요 :) 마지막으로 평 양냉면! 아 첫도전에 평냉을 후식냉면으로 시킨건 현명한 선택이었어욕ㅋㅋㅋㅋㅋㅋ 일단 면이 확실히 다르네용.. 뭔가 거친 느낌! 그리구 육수는 진짜 슴슴하다는 말이 딱 어울려요 근데 저는 네번 더 먹어봐야겠습니다 ㅎㅎ… 전 체적으로 맛있었던 곳 첫도전 나름 성공적?! (ㅣ ω ㅣ) 2017-08-28

스텔라 정

평양냉면 마니아라면 꼭 가봐야 하는 곳
2017-02-14

주소 서울시 강남구 역삼동 655-12 연락처 02-569-8939 영업시간 11:20 - 21:30

(37.56815, 126.9987)

😊 **Capriccio06** 날이 더워지기 시작하면 생각나는 우래옥. 김치말이 국수나 불고기도 맛있지만 많이 못 먹는 날은 역시 평양냉면으로..! 다른 평양 냉면집에 비해 국물맛이 세다는 평이 많은데 나는 육수 맛이 딱 좋다. 새콤달콤한 겉절이 김치랑 같이 먹으면 정말 맛있다. 오픈시간대에 방문하면 그래도 비교적 한가한 편인듯. 조만간 또 가고싶다..! 2017-04-30

😊 **Colin B** <서울의 노포를 찾아서> 평양냉면하면 고춧가루의 의정부 스타일과 오이 고명의 장충동 스타일로 나누곤 하지만, 우래옥 냉면은 그냥 하나의 다른 장르라 말하고 싶다. 소고기만 사용한 묵직한 육수와 담뿍 올린 고기와 고명은, 슴슴함과 그 속의 은은한 감칠맛을 찾아온 손님들에겐 참으로 당황스러운 부분이다. 이건 평양냉면이 아니라고 폄하하기도 한다. 하지만 아예 다른 장르로 바라보면, 남녀노소 불문한 이토록 많은 사람들이 문전성시를 이루고 있는 것이 이해가 된다. 평일 점심인데도 30분을 기다려 합석을 하여 겨우 앉을 수 있었고, 주문 후 15분을 더 기다려 냉면을 마주할 수 있었다. 본점에서만 맛볼 수 있다는 제육 순면. 소고기 고명 대신 제육(돼지 고기)을 담뿍 올리고 7:3 비율이 아닌 100% 메밀로 내린 면을 담아주는 메뉴다. 사실 굳이 순면일 필요까지는 없다고 생각하는데, 우래옥은 국물의 간과 육향이 굉장히 세기 때문에 메밀향을 키운 순면이 더 잘 어울리는 것 같다. 쎈 놈에게 쎈 놈을 붙이는 거라 생각하면 되겠다. 제육 역시 소고기를 우려낸 육수에 부족한 감칠맛을 더해줘, 밸런스가 좀 더 맞는다는 느낌이 든다. 소 국물, 돼지 고명의 이질감이 재미있기도 하고. 그리고 여기 반찬으로 나오는 겉절이 미쳤다. 너무 맛있다. 건너편에 합석하신 나이 지긋한 어르신은 두번이나 가득 리필해서 드셨다. 2017-07-27

😊 **우주** 우래옥의 냉면도 사랑하지만 이 불고기가 진짜 숨겨진 사랑. 불고기보다 더 좋은건 육수에 살짝 끓여 먹는 메밀면사리. 불고기 육수맛과 메밀향이 퍼지면 행복해서 쥬글 수도 있음 2017-03-21

주소 서울시 중구 주교동 118-1 연락처 02-2265-0151 영업시간 11:30 - 21:30(월휴무)

(37.51617, 127.0361)

😊 **JENNY** 드디어 그 유명한 곳을 다녀왔네요~! … 평일 낮 세시 좀 넘은 시간에 가니 한산했고, 만두 빚고 계셨어요. "만두 반접시" - 만두 차암 잘하네요!! 피가 두꺼운 편이긴 하지만, 쫄깃하고, 맛있는 피였어요. 속도 꽉 차있고, 굳이 양념장을 안 찍어먹어도 충분하긴 하지만, 만두 양념장 요~물~ 약간 겨자의 톡 쏘는 맛이 킥! … "냉면" - 면 양이 꽤 되네요, 아주 맘에 듭니다ㅎㅎ … 국물은 아주 맑고, 향은 약한 편이에요. 간은 저한테는 좀 슴슴한 편. … 면발은 맘에 들었어요. 메밀향은 좀 덜 나지만, 좀 굵기가 있어서 씹는 맛도 좋고, 국물 이랑 잘 어울렸어요. 냉면에 올려진 제육을 맛보니 부드럽고 맛이 좋은 걸로 보아, 제육을 시키면 맛있을 것 같아요. 아 그리고 김치도 맛있었어요. 김치 진짜 잘 안 먹는데, 얘는 제가 딱 선호하는 정도에요(많이 묵히지 않은 깔끔한 스탈). … 2017-07-31

😊 **구현진** 학동역 근처에 자리잡은 평양냉면집. … 신흥 강자로 떠오른다는 곳이기에 방문하게 되었다. 첫 방문인 만큼 깔끔하게 냉면과 두꺼비 소주를 주문. … 면은 매끈한 편에 양이 많으나 메밀 면 특유의 향과 고소한 맛은 덜한 편. 육수 자체는 향긋하다기보단 육향이 슴슴하게 올라오며 … 고기 고명은 소, 돼지 두가지로 올라오며 냉면김치는 지극히 평범한 맛. 모난 곳도 없으나 우와 할 정도의 맛은 아니었지만, … 2017-07-13

😊 **엄마는맛선생** 여기 정말 맛있네요. 정말 씸플하게 생긴 냉면이 나오길래, 아 역시 나에겐 평양냉면은 안맞어 라고 생각하던 찰나.. 면발 입에 넣는순간 감동.. 국물 한모금 들이키는데 또 감동.. 국물에 자연스럽게 스며든 고기끓인맛과 고명으로 올라간 고기 3점은 진짜 감동이에요. 이건모김건모 최고네요!! 자주자주 마니마니 오고 싶어요. 2017-06-29

😊 **치킨너만있으면** 이얼!! 오랜만에 아주 산뜻한 속이 편안한 냉면을 먹었다! 어쩜 육수국물너무 산뜻해서 ㅜㅜ 반함 면도 깃쫄쫄깃하니 굳굳. 찬으로 나온 무(절임?)와 같이 먹으면 또 맛깔난다! 같이 나오는 고기가 엄지척! 척! 여름맞이 냉면으로 너무 맛있게 먹었다 2017-07-04

주소 서울시 강남구 논현동 115-10 연락처 02-515-3469 영업시간 11:00 - 21:30

(37.56039, 126.9969)

풀♥ 아아 깔끔하면서 깊은 맛 저번에 물냉과 수육을 먹었는데 이번엔 만두와 비빔도 먹어봤어요 비냉도 또 다른 매력이 있었어요 감칠맛나는데 희한하게 자극적이지는 않고 저는 의외로 비빔에서 메밀향이 더 향긋하게 느껴졌어요 만두는 평양만두로 숙주와 두부가 잔뜩 들어가있었는데 그만큼 부드럽고 촉촉해서 냉면과 든든하게 먹기 좋은 것 같았어요 다른 평냉집도 가보고 싶네요 2017-08-08

MJ 올여름 첫 평냉! 필동면옥에서 개시했습니다아- 지난주부터 확 더워졌잖아요 마침 충무로에 갈일이 생겨서 필동면옥 냉면 먹을 생각에 즐거워하며 방문... >,< ㅋㅋ 거의 일년만에 간것 같네용!! … ㅠㅠ 전 이상하게(??) 이름난 평양집 중에서 특히 필동면옥 만두가 진짜 맛있더라구요 ㅋㅋ 안시킬 수 없는 맛 ㅋㅋ 이 날도 맛있게 먹었습니다! 물냉은 뭐 말이 필요없져 ㅠㅠb 근데 이 날 살짝 국물이 짭쪼름하게 느껴지기도 했다는.. 오랜만이라서 그랬나? 아무튼 정말 맛있게 잘 먹었습니당 :) 아아아 또 찾아와버린 냉면의 계저얼- … 2017-06-19

YennaPPa … 필동면옥: 단백한 평양식 만두 필동면옥의 만두는 정말 단백 그 자체입니다 딱 이북고향이신 할아버지가 만들어 주시던 그맛 만두국 또한 일품 필동면옥의 좋은 점은 생만두 포장이 가능하고 따로 육수포장 해주시기 때문에 집에서 만두국 조리해 먹기가 너무 편해요 그래서 요즘은 필동면옥 위주로 가는 듯 해요 단.... 면빨 얇은 건 불호 2017-06-23

망고푸딩 냉면은 역시 평냉, 이 면발이 그리웠다. 최근에 함흥 회냉면막 먹다가 평양면발 한번 흡입에 매우 흡족했다. 필동면옥.. 며칠을 벼르고 있었는지 참.. 일요일 휴무라 토요일까지 근무를 하다보니 들를 시간이 없었다. 맛있다. 메밀은 추운날씨일수록 더욱 맛있다던데 때마침 쌀쌀해진 날씨가 메밀맛을 더 끌어올려 주었다. … 이곳이 평냉의 정점인듯 보인다. 더 나은 평냉이 언젠가 생기길 바라며// 2017-10-19

sapiroth 최고의 평양냉면집. 육수와 면에서 과하지않은 깊이가 느껴짐. 수육과 제육은 평범. 비냉과 만두 맛도 보고싶음. 2017-05-10

주소 서울시 중구 필동3가 1-5 연락처 02-2266-2611 영업시간 11:30 - 21:00(일휴무)

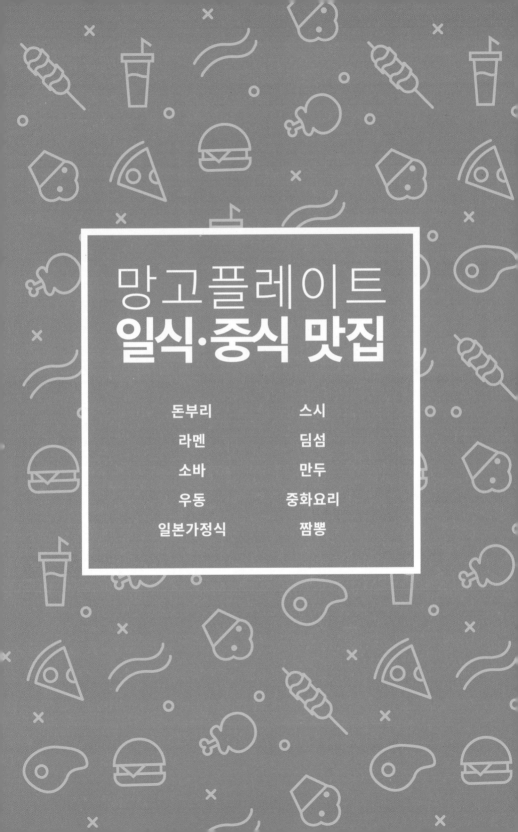

망고플레이트
일식·중식 맛집

돈부리	스시
라멘	딤섬
소바	만두
우동	중화요리
일본가정식	짬뽕

만푸쿠

준영　　준영

주아파　　샤샤

(37.51047, 127.1103)

😊 **JhY**

만푸쿠는 집에서 가까운 편이라 지금까지 7번?은 방문. 갈 때마다 웨이팅이 미쳤지만 다른 단점은 그닥 없다. 약간 애매한 위치, 엄청난 웨이팅...을 뚫고까지 먹으라면 여름이나 겨울에는 추천하지 않고 평일이나 날 좋을때 피크 피해서 가면 된다. 한정수량이라는 연어뱃살동은 매번 다 나가서 아직도 못 먹어봄. 항상 가면 새우튀김을 서비스로 한두개씩 나눠주시고 유쾌하게 맞이해주신다. 여러 메뉴를 시도해봤는데 실패하는건 없었다. 인기 메뉴는-뱃살동 사케동 연어머리구이 정식인 듯. 여기 연어는 완전 생은 아니고 테두리 부분이 살짝 데친건지 뭔지 식감이 살짝 까칠한데 약간 타다끼스러운 느낌도 나고 맛있다. 아 다 먹고 더 달라고 하거나 빈 그릇이 사장님 눈에 띄면 연어, 돈까스 등을 담아 밥을 더 퍼주신다. 사장님이 계산하고 나올 땐 요구르트를 쥐어주시면서 밖까지 나와서 인사해주신다. 서비스와 활기찬 분위기는 이런 덮밥집 분위기로는 개인적으로 아주 좋다. 미치도록 맛있는건 아니지만 즐거운 식사가 된다. 다만 조용한 분위기가 좋은 분들에겐 정신 사나울 수도. 웨이팅만 줄면 많이 추천하고 싶은 곳ㅠㅠ 2017-04-15

😊 **샤샤♥**

항상 사람이 많아서 기대 아닌 기대했는데 맛은 진짜ㅋㅋㅋㅋ 솔직히 제 기대치 많이 떨어졌어요ㅠㅠ특별한 맛이 있을거라 예상 했는데 아니였더라구요. 그렇다해서 맛없는건 아닙니당! 근데 여기 가고나서 왜 사람이 많은지 알겠고 사장님께 많은 걸 받고 가는 기분이여서 먹는내내 기분좋고 하루가 행복했어요! 무슨 기운을 받는거처럼 웃음이 끊이지않고 끝까지 열정과 미소에 절로 웃음이나서 정말 계속 싱글벙글이였어요 저는 만푸쿠 음식 먹으러 가기보다 사장님뵈러 또 가고싶더라구요! 사장님의 에너지!! 진짜 이런집 드물어요~ 정말 일본에서 먹는 느낌이였어요 만푸쿠가 사케동, 사케뱃살동 유명한데 보니까 단골분들은 다들 사케뱃살동 시키시더라구요 먹어보니 진짜 사케뱃살동이 훨 맛있어요! 서비스가 많아야 얼마나 많겠어? 하고 또 기다리게해서 죄송하다며 새우튀김 하나씩 주신데서 조금 실망했는데 이게 다가 아니였어요! 진짜 인심 좋으세요ㅠㅠ 무슨 달라고했더니 새밥처럼 만들어주심..밥에 돈가스에 알아서 척척ㅋㅋ또 밥 리필 원하니까 또 돈가스를 척!! 사장님 농담도 재밌게 하시구 직원분들두 뭐 필요한건 없는지 잘 봐주시구 너무 기분 좋게 잘 먹고 그 날 하루동안은 만푸쿠 사장님 생각이 막 나더라구요 사람의 기분좋은 에너지가 뭔지 제대로 알았어요!! 전 기다릴보람이 있었고 또 갈꺼에요ㅋㅋ사장님의 해피한 에너지 받으러!!! 2017-03-23

주소 서울시 송파구 송파동 52-1 연락처 02-424-4702 영업시간 12:00 - 20:30(월휴무) 쉬는시간 15:00 - 17:30

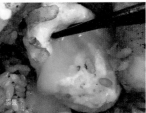

(37.55668, 126.9045)

권오찬 망플의 별(가고싶다)를 하나씩 지우는 재미란!!! 일본식 덮밥을 통칭해 돈부리라 하고, 덴뿌라(튀김)이 올라간 것을 <텐동>이라 하는데.. 오늘 최고의 돈부리를 먹었다. 주문메뉴는 스페셜 텐동인데, 장어와 새우, 오징어와 꽈리고추, 연근과 가지와 호박 튀김, 계란 튀김이 곁들어진다. 가장 인상깊었던건 꽈리고추와 계란튀김! 꽈리고추의 풍미와 향이 그대로 살아있다. 계란튀김은 날계란에 튀김물을 첨가해 튀겨내는 방식인데 반숙된 계란을 터뜨려 소스에 비벼진 밥과 먹으면 정말 좋다! 가스불로 가열한 무쇠솥에 쉐프가 연신 튀김물을 떨어뜨려가며 온도체크하며 튀기는데, 그걸 바라보고 있노라면 시간가는지도 모를 정도로 경건하다. 14:30부터 브레이크 타임인데, 14시 전에 가야 safe! 2017-06-04

마중산 텐동 첫 경험이나 다름 없는데 최고였다. 오픈 키친에서 정성스레 아나고 튀기는 셰프님 덕에, 1시간 웨이팅의 고됨은 씻은듯 사라졌다. 너무 오래 기다린 바람에 홧김(?)에 2명이서 3개를 시켰다. 스페셜텐동 제외하고 3개의 텐동 모두를 주문. 올라가는 튀김이 다를 뿐 베이스는 다 똑같다. 최선호는 아나고 텐동! 통영산 장어를 정성스럽게, 흡사 김 굽는 어머니처럼 튀겨주신다. (실제로 보면 무슨 말인 지 알게 됨 ㅎ) 큼지막하게 올라간 아나고튀김 보자마자 맥주 (310미리) 주문. 주방 프로세스를 자세히 보니, 한 분이 튀김 옷을 그때그때 입히고 옆에서 셰프님이 바로 튀기신다. 이 때 튀김 옷을 튀김 위에 뚝뚝 떨어뜨려서 튀김옷을 좀 더 풍부히 만들어 주는 듯. (이 때문에 조리 시간이 더 길고 대기 시간도 긺 ㅋㅋ) 기본 이치젠텐동과 에비텐동 모두 훌륭했다. 새우만 유일하게 해외산을 쓰는데, 식감에는 전혀 문제가 없었음. 개인적으로 가성비 중요시하는 분께는 이치젠텐동 추천. 더 많은 양의 튀김이 올라간 타 메뉴가 있어서 그렇지, 저언혀 아쉬움이 느껴지지 않는다. …... 아무튼 텐동이 뭔 지 모르는 분들도, 튀김이 싫지만 않다면 강력 추천! 2017-09-01

맛집사냥꾼 저는 이렇게 맛있는 튀김을 처음 먹어봐써요... 진짜 깔끔하고 하나도 안느끼하고 바삭바삭하구 아주 그냥 최고 :0 오징어튀김이 제일 맛있었구 새우는 뭐 말할것도 없죠 ㅠㅠ 야채 튀김들도 너무 맛있었어요 진짜 담에 또올거에요 ㅠㅠ 2017-06-26

주소 서울시 마포구 망원동 415-31 연락처 070-7740-0321 영업시간 12:00 - 21:00(월휴무) 쉬는시간 14:30 - 17:30

종로돈부리

조슈아앤제니

미루

권오찬

SHP

권오찬

(37.56893, 126.9872)

불타는찐빵 사케동, 믹스가츠동 유명. 먹었던 돈부리집 중 가장 맛있는 듯. 나중 가도 밥이 소스 범벅되지 않고 깔끔하다. 믹스가츠동은 정말 달달하다. 달아서 맛있다 느껴지는 걸지도? 튀김도 바삭바삭하고 밥은 꼬들꼬들하다. 돈부리에 진 밥 쓰면 나중에 물리던데 여긴 그렇지 않다. 사케동은 여기서 처음 먹어봤는데 그냥 그랬다. 와사비랑 간장을 직접 연어에 발라 밥과 함께 먹는데 그냥 연어초밥 먹고 싶단 생각이 들었음.. 연어 비린내 안 나고 살 통통하다. 그냥 연어회였다면 2프로 부족했겠지만 덮밥용으론 훌륭했음. 돈부리 집 메뉴 중 가장 느끼하지 않을 것 같아 시켰는데 그 부분에선 성공. 이 가게에서 딱 하나 아쉬운 건 김치ㅠ.ㅠ맛없다. 한식집도 아닌데 내가 너무 많은 걸 바라는건지도...그래도 맛이 없음. 점심 저녁 언제가도 웨이팅해야한다. 가게가 좁고 맛집이라 손님은 많고..종업원분들이 고생하시는 듯. 2017-04-13

Joon 리뉴얼되고는 처음 와본거같아요..! 내부가 훨씬 쾌적해지고 트렌디해짐.. 여전히 맛있고 여전히 사람 많음. 종로 돈부리 사케동은 꼭 먹어보세요 2017-09-27

미루 날이 추우니 자꾸 기름지고 뜨끈한게 먹고싶은데 그 중 자주 후보에 오르는 음식이 '돈부리' 종로돈부리라 종 그림이 입간판에 있더라ㅋ 1-2층에 좌석이 있고, 1층엔 다찌석으로 혼밥오케! 2층은 다락방 느낌으로 일본감성 퐁퐁나게 잘 꾸며놓았다- 가츠동이랑 믹스가츠동 주문- 다른 일본가정식 메뉴들도 만원대로 있다- 가격이 생각보다 좀 비싸다 싶었는데 고기 두께가 다르긴하다! 그릇이 좀 작아보여도 돈가스가 진짜 두툼해서 다먹으니 엄청나게 배부르다! 육질도 촉촉하면서 씹히는맛도 굿- 양파가 넉넉히 있어 달달하고- 타래소스도 간이 적당하니 좋았던 것 같다- 깔끔한 일본가정식을 먹을 수 있는 다른대안이 종로에는 없는것 같기도하지만, 돈부리 자체만 두고봐도, 한그릇으로 넉넉하게 배두드리고 나갈수있는곳;-) 2017-11-26

핑키뚱 여기 2층으로 되어있다. 퇴근하고 저녁에 방문하면 사람들 줄서서 기다림 .... 나는 돈가스덮밥 언니는 사케동 시켰었는데 둘다 맛있다고 하고 나왔음.. 재방문 의사 있으나 식당이 좁고 상이 조금 끈적였던 기억이 ㅠ_ㅠ... 2017-04-04

주소 서울시 종로구 관철동 7-16 연락처 02-722-2384 영업시간 11:00 - 22:00 쉬는시간 15:00 - 17:00

김태정

박지원

박지원

홍차빙수

홍차빙수

(37.47899, 126.95448)

😊 **홍차빙수** 이제껏 갔던 샤로수길 가게들 중 진짜 "맛집"이란 타이틀을 줘도 된다 생각할만큼 좋은 곳이었음 덮밥류 잘먹긴 하지만 늘 좀 느끼해서 먹다보면 물린다는 기분이 많이 드는데 이 집은 그게 덜한 편. 튀김을 바로바로 튀겨주는데 기름 노린내 하나도 없고 아주 깔끔하다. 특히, 채소류 튀김이 마음에 들었는데 아삭아삭 재료가 신선하고 좋아보였음 처음 갔을 때 요츠야동(기본) 먹었는데 연근, 꽈리고추, 버섯, 새우 2마리 등등 돈 아깝지 않은 구성 새우 2마리는 생새우를 그대로 튀겨줘서 평소 먹던 새우튀김 맛이랑 달랐다. 진짜 생새우의 그 맛이 났음. 뭐라고 표현해야 할지 ㅜㅜ 두번째 갔을 땐 아나고(붕장어) 튀김 들어간 걸 먹었는데 과장 좀 보태서 내 팔뚝 만한걸 튀겨주더라 ㅎㅎㅎㅎ 그걸 셋으로 분리해서 넣어주는데 양도 푸짐하고 생선 튀김이라 담백하고 좋았음. 근데 아나고 양이 너무 많아서 다른 재료나 밥이랑 밸런스 맞추기 힘들었다... 담에 가면 그냥 요츠야 텐동으로 회귀할 듯.. 전복 텐동도 많이들 시켜드시던데 궁금했음. 첫 방문 땐 평일 오후 2시 좀 넘어서? 애매한 시간에 갔더니 손님이 별로 없어서 좋았는데 ㅎㅎ 두번째 방문은 웨이팅을 좀 했음. 저녁 시간이었는데 5시 좀 넘어서부턴 끊임없이 손님이 들어왔다 개인적으론 채소 튀김으로만 구성된 텐동도 먹어보고 싶음. 소스 뿌려주는 양도 딱 적당하고 너무 달지도 짜지도 않아서 베리굿 (최근 방송 출연 이후 웨이팅이 늘어났다고 하는데 웨이팅 감수할만한 가치가 있다고 생각함.) 2017-08-28

😊 **맛집은 나의 빛** 홀릭 되고 첫 리뷰!! 는 텐동요츠야를 위해 바칩니다 ㅇ<< 여기 저어어엉말 맛있었어요!! 일단 가격대는 가장 싼 텐동부터 스페셜 텐동까지 다양하게 분포되어 있어요! 역시 첫방문엔 다먹어봐야한다 생각했으나 혼밥이었기 때문에 스페셜 텐동으로..☆ 사진에 나와 있는 재료들이 들어가 있는데요! 모든 재료들이 하나하나 다 맛있었어요. 특별히 아나고, 전복, 오징어가 짱짱.. 얘네가 너무 맛있어서 맛있는 새우튀김이 평범하게 느껴질 정도..? 일단 전복은 정말정말 부드럽고! 아나고는 처음 먹어보는데 역시 부드럽고 담백! 오징어튀김은 평소에 싫어했는데도 불구하고 비린 맛 하나 없이 쫀득한 식감 크으으 양 되게 많았는데 눈치채고 보니 접시만 남았어요.. 그리고 이 맛에 도저히 참지 못하고 생애 첫 혼술을 경험하게 되었다는 이야기 ;) 2017-07-03

주소 서울시 관악구 봉천동 1603-19 연락처 02-883-7974 영업시간 12:00 - 21:00(월휴무) 쉬는시간 14:30 - 17:00

(37.54718, 126.9227)

😊 **증드** 여긴 '진짜'다. 완전맛있다 라면을 찾아먹으러 다닌편이 아니라 비교는 안되지만 일반 프랜차이즈보단 훨씬 맛있다 ㅠㅠ 계란이랑 차슈 추가해서 먹었던 듯 계란 진짜 맛있어요~ 별다른 옵션은 없고 돈코츠 라면 메뉴 하나인데 너무 맛있었다 외국인 관광객도 먹으러 왔더라 단점이라면 너무 좁은 가게 내부.. 와 웨이팅? 2017-07-12

😊 **준영** 라멘트럭에 이제서야 방문해봤어요! 역시 꾸준히 인기가 있는 이유가 있더라구요. 메뉴가 돈코츠 하나지만 닭육수를 블렌딩해서 그런지 너무 진하지 않아 누구나 부담없이 먹을 수 있는 맛이에요 :) 면은 최근에 자가제면으로 바꾸셨다고 들었는데 살짝 얇은 편이고 탄탄하게 삶아져 나와요. 전 좀 더 얇고 덜 삶긴 면을 좋아하지만 개취! 계란도 금값인 요즘 알 하나 통으로 넣어주시는 것도 좋고(요새는 반쪽만 주는 곳도 꽤 있다고 해요ㅠㅠ) 간도 살짝 짭쪼롬한게 너무 맛있었어요. 하나 아쉬운게 있다면 차슈인데 제가 안 좋은 부분을 받은건지 기름기가 있는 부분을 먹어도 좀 퍽퍽했어요ㅠㅠ 차슈 추가 안하길 잘했다는 생각.. 너무너무 맛있는 소중한 라멘집!! 맛 안 변하고 쭉 그대로였으면 좋겠어요ㅎㅎㅎ 2017-01-23

😊 **미루** 핫한 라멘집이라고 들었는데 웨이팅이 무서워 못가다가 오픈시간즈음갔는데 역시 웨이팅ㅋㅋ 진짜 좁아서 옹기종기 먹는 맛이 있는데 여름엔 좀 괴롭지않을까 미리 생각이들었다 다들 라멘에 차슈추가 하기에 저도염! 다른 라멘집보다 저렴한 느낌이어서 다들 추가하는 분위기였당 돈코츠베이스인데 닭육수를섞어서 좀더 담백한맛을 지향하신다고 요즘 닭육수 베이스 라멘을 몇번 먹어봤더니 나는 그 담백한듯 진한맛이 좋아졌는데 역시 맛이란 개인취향인지라... 동행인은 맹맹하면서 더 느끼하다며 실망했다고..(너무 기대를 하더라니;;;) 차슈는 진짜 최고맛있다! 딱 내가좋아하는 도톰하고 불맛나고 녹는스타일ㅋㅋ 달걀도 진짜 딱 내스탈 안에 젤리처럼 익고 짭짤해서 너무 좋다!! 근데 아쉽게도 얘는 추가가 안되더라..세개도 먹을수있을것같은디ㅋㅋ 확실히 먹고나서 입이 찐득-한 느낌없이 깔끔하다! 완전 진득한 돈코츠를 좋아하는 사람은 아쉽다 싶을수도 있겠으나 여러가지 개성있는 라멘들이 많은건 즐겁다;-) 2017-04-20

주소 서울시 마포구 상수동 328-7 연락처 - 영업시간 11:00 - 24:00 쉬는시간 14:30 - 17:00

마시타야

(37.55482, 126.9266)

이진쓰 소유라멘, 돈코츠라멘, 교자 소유라멘 맛있어요! 국물이 깊으면서 시원하네요. 소유라멘 요런 맛에 먹는군요! ㅋㅋㅋㅋㅋ맛계란도 너무 잘 익었어요. 진짜 가짜 계란인가 의심할 정도로 잘 익었어요. 고명도 딱 적당해서 속 든든하게 채울 수 있더라고요. 면발은 딱 적당한 굵기여서 만족스러웠어요. 돈코츠라멘은 친구가 시켰는데 구수하고 좋았네요. 너무 구수해서 엄청 고운 입자?가루?같은게 느껴질 정도였어요. ㅋㅋ이게 뭔지는 모르겠으나 쪼끔 걸쭉하고 진했던 기억이 있어요. 호호. 친구는 한번 와 볼 만 한데 다시 올 정도는 아니라고 냉철하게 평가해주셨어요. 교자는 시중에 파는 만두를 한 쪽면은 바삭하게 나머지면은 촉촉하게 익혀내었고 특별한 맛은 없었어요. 아 만두피가 쫀득해서 그 점은 감동했으나 속은 그냥 평범했어요. 2017-05-20

준영 500리뷰 자축은 최애 쇼유라멘집 마시타야에서♥ 삼성동에 있던 마시타야가 홍대에 재오픈했어요! 좀 더 멀어졌다는게 아쉽지만 여전히 맛있어져서 너무 고맙더라구요ㅠㅠ 인테리어는 다찌 자리 생기면서 좀 더 협소해진 느낌이지만 주방이 코 앞에서 보이는게 좋아요~ 여기 쇼유는 닭이랑 해산물 베이스 육수구요. 떠다니는 기름 덕분에 젓가락으로 면을 들어올릴 때마다 면이 기름에 코팅되는게 너무 좋아요ㅎㅎ 진짜 묘사할 수 없는 이 향긋한 기름ㅠㅠ 적당히 탄탄한 중면과 죽순도 너무 튀지 않아 좋구요. 차슈가 좀 얇은 편이지만 … 먹을만해요. 친구랑 같이 국물 한방울 남김 없이 싹싹 긁어먹었어요! 밥 드릴까요 여쭤보시는데 국물이 없어서 당황하셨네요ㅋㅋㅋ 30분 전에 먹었지만 지금 또 먹고 싶은 마시타야에요ㅠㅠ 2017-03-11

뿔뿔 준영님 리뷰보고 가고싶다 눌러놨다가 드디어 방문했네요! 저녁에 갔음에도 불구하고 사람이 없었어요. 덕분에 조용한 분위기에서 먹을 수 있어 좋았지만 한편으론 걱정...ㅠㅠ 쇼유라멘으로 먹었는데 간도 딱 좋고.. 차슈도 불맛나고 맛있었네요. 국물도 너무 맛있어요. 전 차슈 추가했는데 굳이 추가안해도 됐을 정도로 넉넉하게 나와요. 근처에 … 쟁쟁한 곳들이 많아서 그런가.. 맛에 비해 사람이 너무 없는 것 같아요.ㅠㅠ 오픈 하신지 얼마 안된 것 같은데 더 잘되셨으면..! 2017-06-29

주소 서울시 마포구 서교동 333-16 연락처 070-8119-5715 영업시간 11:30 - 22:00(월휴무)

(37.51084, 127.1076)

😊 **JH**

송파동 석촌호수에 위치한 마제소바 맛집 "멘야하나비". … 워낙 인기 많은 집이어서 웨이팅도 있네요. 기대가 엄청 컸는데도 맛있다!! 맛집 인정!! :) '도니쿠 나고야마제소바'. 이름 한 번..ㅋㅋ 도니쿠는 돼지고기를, 나고야마제소바는 일본 나고야 지방에서 인기라는 마제소바를 뜻해요. 마제소바는 뒤섞다라는 뜻의 마제루(まぜる)에 메밀국수를 뜻하는 소바(そば)를 합친 단어로, 비빔면 정도로 생각하면 딱일 것 같아요. 그러니까 돼지고기가 얹어진 비빔면이라는 거죠. 하루에 30그릇만 판매한다고 하길래 이걸로!! 맛있어요. 맛없을 수 없는 맛이에요. 젓가락으로 노른자를 톡 터뜨려서 휘이 휘이 저어주면, 보기만 해도 먹음직스러운 비빔면이!! 다진 마늘 때문에 살짝 매콤!하면서도 다진 고기 때문에 고소~한, 감칠맛 최고의 비빔면이었어요ㅋㅋㅋ 입에 아주 착착 달라붙어요!! 정말 독특한 맛이었는데, 살짝 짭짤해서 맥주 생각이 간절하게 나더라구요 @.@ 면은 살짝 두꺼운 편이었는데, 소스와 정말 잘 어울렸어요 bb 두툼한 돼지고기도 맛있. 1/3 쯤 먹었을 때 앞에 있는 다시마 식초를 조금 넣어서 먹으니, 끝맛이 깔끔해져서 더 좋았어요. 공기밥도 아주 조금 서비스로 주시는데, 남은 양념에 밥 비벼먹으니 꿀맛!! 모두 친절하셨고, 자리마다 핸드폰 충전기 비치되어있는 것도 정말 마음에 들었어요. 바 자리로만 되어있어서 혼밥하기도 좋을 것 같아요. 2017-06-15

😊 **스텔라 정**

나고야식 마제소바를 먹을 수 있는 곳 주차가 안되어서 다른 식당 주차장에 맡겼어요ㅠ 방문했을 때가 밖에서 웨이팅하기엔 무척 더운 시기였는데도 대기자가 많았지만, 너무 맛있다는 평에 1시간 가량을 묵묵히 기다렸어요. 내부에 들어가면 바 위쪽에 설치된 화면에서 마제소바에 대한 영상을 볼 수 있어 심심하진 않았어요. 오랜만에 처음 맛보는 음식이라 나름 기대를 많이 했는데 기대보다 훨씬 맛있었어요. 말 그대로 파송송계란탁 비빔소바인데 감칠맛이 대폭발해서 자꾸자꾸 땡기는 맛이었습니다. 혹시 맘에 안들까봐 시오라멘도 시켰는데 맛은 괜찮았지만 그냥 마제소바 시킬 걸 그랬어요ㅠ 추가주문이 안되어서 정말 아쉬웠어요. 대기만 좀 적다면 또 가고싶습니다. 2017-10-12

주소 서울시 송파구 송파동 57 연락처 070-8959-1108 영업시간 월~금 11:30 - 21:00, 토·일 11:00 - 21:00(월,셋째화휴무) 쉬는시간 14:00 - 18:00

(37.54748, 126.9173)

😊 **subing** 토리파이탄 꼭 드세여! 제 인생 라멘이 되었어용ㅎㅎ 그 전에 먹어본 라멘들은 아무리 맛있어도 중간쯤부터 짜고 느끼해서 버거웠는데 이건 클리어.... 깊고 진하지 않아서 그런 게 아니라 깔끔해서!! 쇼유라멘은 음... 쇼유맛이 좀 여운이 남는 맛이라고 할까요? 간장의 끝맛이 입 안에 맴도는 게 거슬러서 한번 맛보고 토리파이탄만 흡입!... 차슈는 부드럽고 얇았고 닭고기는 부드러우면서도 탱탱했어요. 라멘 땡길 땐 이제 무조건 여기 갈 것 같아요! 그리고 사장님 너무 점잖으시고 매너 좋으셔요ㅎㅎ 밖에 웨이팅 생기니까 혼자 드시던 분이 급하게 드셨는지 사장님께서 천천히 드시라고.. 그리고 웨이팅하는 분들께는 일부러 넉넉히 30분정도 기다리셔야 된다고 말하심..러블리ㅎ 2017-04-23

😊 **준영** 못 먹어본 토리파이탄 메뉴에 한이 맺혀 하루만에 재방문했어요..:D 결론은 토리파이탄이 더 미침ㅠㅠㅠㅠ 월~토는 브레이크 타임이 있어서 5시반에 맞춰 딱 방문했는데 아까 점심 시간때 오늘 분량 다 파셨다고 하시더라구요. 원래 하루에 메뉴당 50인분씩 준비하시는데 브레이크 타임동안 급히 준비하셨다고! 그래서 저녁 시간 오픈하고 한 10팀 정도 더 받고 마감하신다고 들었어요. 먼길 가신 J H 애도....:(토리파이탄은 아차산 쪽에서 한번 먹어본게 다인데 다른거 더 먹어볼 필요 없이 이보다 맛있기 힘들 것 같아요ㅠㅠ 진짜 돈코츠처럼 걸쭉쭉한데 닭육수라 그런지 기름기가 상대적으로 적어, 많이 부담스럽지 않아요. 토핑은 쇼유와 똑같지만 면은 얇은 호소멘 쓰시더라구요!! 이게 제가 좋아하던 그런 면이었는데 진짜 스프, 토핑, 면까지 너무 완벽했습니다ㅠㅠ 면 사리 추가는 또 많이 주실거 알아서 조금만 달라했는데 딱 절반 만큼만 받아서 좋았어요ㅎㅎ 지금도 푹 익힌 스타일은 아니지만 저는 더 단단하게 삶긴걸 좋아해서 다음에 가면 따로 부탁드릴 것 같아요! 여기 토리파이탄 꼭꼭 드셔보셔요♥ 2017-03-25

😊 **Hot_duckku** 오레노 라멘 완전 일본식이고 베리굿 !! 테이블이 얼마없어서 기다려야하는 단점이 있는데 저의 인생라멘!!!! 닭백탕인데 아주 구수하고 입맛 당기는데 고기랑 그 안에있는 백숙도 쩔게 좋아요 굿 베리 굿!!!! 2017-07-31

주소 서울시 마포구 합정동 361-1 연락처 02-322-3539 영업시간 11:30 - 유동적 쉬는시간 15:00 - 17:00

키다리아저씨 / Colin B / 키다리아저씨 / 허니꿀잼 / kenee

(37.51741, 127.0202)

😊 **JENNY** 다행히 웨이팅 없었네요 Yess!!! 생각보다 굉장히 공간이 작네요ㅎㅎ 직원분들도 친절하셨어여ㅎㅎ "붕장어튀김소바" - 상상이상!! 어엄청 크네요!! 제 얼굴 길이보다 길어요ㅋㅋㅋㅋ대.만.족. 워낙 커서 처음부터 끝까지 소바랑 같이 먹을 수 있네요! 크고 튼실해요! 두툼하고 살이 잘 차 있어요, 부드럽고요. 소바 자체로만 놓고 보면 저렴한 가격은 아니지만, 붕장어가 저정도라면 제 값했다고 생각해요!! *단 새우는 빨리 솔드아웃되니, 늦게가면 없네요ㅠ 그래서 친구는 "성게알"만 얹어진 소바 먹었어요, 성게알 퀄은 괜찮았대요. "아보카도 새우튀김 마끼" - 요거요거 물건~~~ … 독특한 메뉴는 아니고 단촐한데, 그 안에서 오는 예상가능하지만 맛있는 맛!! 또 먹고파용!! 2017-10-03

😊 **주아팍** 작년 여름에 냉소바를 먹으러 갔다면 이번엔 고등어 온소바를 먹으러 갔으나... 없어서 다른 메뉴를 먹었네요ㅠ 소고기숙주온소바, 성게알온소바, 유부초밥 먹었습니다. 냉소바가 면이 탱글하고 시원하다면 온소바가 육수는 더 진하고 면이 좀더 부드럽게 넘어가서 더 맛있었어요! 기본 육수는 동일한 거 같으나 불맛나는 소고기 온소바는 약간 더 기름진 고기의 감칠맛이 나고, 성게알은 부드러운 성게와 바다의 향이 국물에 배어있어요. 유부초밥은 안에 아삭아삭한 연근이 들어있어서 좋았어요. 언제나 맛있는 미미면가.. 오랜만에 가니 가게 구조가 테이블을 다 없애고 일식집 바 형식으로 바꼈더라구요. 좀더 답답한 느낌이 있어서 개인적으론 좀 아쉽.. 또 일행이 완전히 모이지 않으면 입장이 불가한 점 참고하세요.(한 명이 먼저 왔더라고 일행이 완전히 다 온 순서로 입장시킴.) 2017-03-26

😊 **스텔라 정** 5시반에 갔는데 성게알은 이미 솔드아웃ㅠ 붕장어튀김.새우튀김을 올려서 냉소바.온소바 모두 먹어보았다. 개인적으론 냉소바가 더 좋았지만 온소바도 훌륭했음 2017-03-01

😊 **KimEugene** 미미면가 더운날 새우튀김 냉소바 캬 친구들에게 소개시켜줄겸 당당히 갔는데 역시나 친구들도 좋아했다 새우들어간 요리를 즐기기도 하고 육수도 리필해주셔서 더 좋다
2017-06-20

주소 서울시 강남구 신사동 512-21 연락처 070-4211-5466 영업시간 11:30 - 21:00(일휴무) 쉬는시간 14:30 - 17:30

소바쿠

(37.55271, 127.08876)

😊 **키다리아저씨** 일본식 소바&우동을 전문으로 하는 아담한 소바쿠~ 남자 한분이 모든요리를 하셔서 약간의 시간은 걸리지만~ 맛이나 가격이 훌륭하다!! 직접 뽑은 면과 가다랑어포, 표고버섯, 다시마 등으로 국물을 만든다고해서 기대가 되었다. 주문한 메뉴는 "자루소바" 온 우동으로 "와카메(미역우동)""토리카라" "모듬튀김" 을 주문하였다. 자루소바는 겉이 매끄럽고 부드러우며 쫀득하고 탄력있는 식감이다. 메밀의 향이나 맛이 강한편은 아니라서 누구나 즐기기 좋을듯하다^^ 생와사비를 사용해서 깔끔하고 깊은 매콤한 맛을 느낄 수 있어서 좋았고~ 국물은 입에 착 감기는 감칠맛이 굿굿!! 와카메의 우동면발은 탄력이 좋아서 생각했던 흔한 면발의 느낌이 아니라서 좋았고~ 따뜻한 국물 역시 미역의 향과 육수가 진해서 우동면발과 함께 먹기에 심심하지 않았다^^ 토리카라는 닭튀김인데~ 한입 물어보니 튀김옷이 좀 남다른거 같아서 확인해봤더니~ 생와사비를 좀 넣어서 튀긴다고 한다^^ 닭의 잡내도 없고~ 살짝 매콤하고 깔끔한 맛이라 거부감 없이 맛나게 먹었다. 모듬튀김도 깨끗한 기름에 튀겨서 바삭하고 깔끔했으며~ 함께나온 소금과 찍어 먹으니 좀더 담백한 맛을 즐길 수 있었다^^ 마요네즈와 와사비를 섞어서 만든 소스에 생야채를 찍어먹으니 그것 또한 매력있다. 전체적인 음식의 수준이나 맛이 훌륭한 편이다^^ 간편한 음식일 수도 있지만 신경을 쓴 느낌이 드는 곳이라 좋다. 든든하게 식사를 했는데 가격 또한 착하다!! 그나마 한가지 단점을 고른다면...좁은 공간이기도 하고 환기가 잘 안되는지.. 기름냄새가 좀 배어서 불편했지만 식사는 만족스러웠다^^ 2017-03-04

😊 **우이리** 정말 맛있는 우동이네요. 가마타마우동 먹었습니다. 우동면이 탱글탱글한데 굵지 않아서 딱이네요. 쯔유도 맛있어서 정신없이 먹다 볼썹었는데도 그냥 내리 먹었습니다. 튀김옷은 얇아서 재료 본연의 맛을 즐길수있고 간장대신 녹차소금 담백해 좋아요. 주문부터 나올때까지 시간은 걸려도 좋은 면을 만들기 위한 인고의 시간이라 생각됩니다. 우동을 먹고 자루소바도 궁금하여 또 먹었는데, 소바의 쫀득함과 쯔유가 환상이네요.단지 메밀 30%라서 메밀의 향이나 노도코시를 느끼기는 힘드네요. 2끼나 먹은 아름다운 한끼였습니다. 2017-03-24

주소 서울시 광진구 능동 256-4 연락처 02-447-1470 영업시간 -(수휴무)

(37.4961, 127.0337)

😊 **은티** 오랜만에 쓰는 오무라안 리뷰.. 오늘은 너무 더워서 명란소바를.. 한 5분이긴 했지만 처음으로 웨이팅 후 입성! 명란이 엄청 많이 올라가 있어서 페이스조절을 잘 해야 짜거나 싱겁지 않게 한그릇을 끝낼 수 있다.. 맛있음 ㅜㅜ 날씨가 계속 이런식이라면 당분간은 계속 먹고싶을것만 같당 2017-07-06

😊 **우주** 소바, 튀김이 맛있는 곳. 골목 안쪽에 있어 찾아가기 조금 힘들 수도 있다. 위치는 강남역~역삼역 사이. 소바는 점심에만 팔아서 소바 먹고싶으면 저녁 전에 방문해야 한다. 사진은 텐모리소바인데 소바와 튀김이 함께 나와서 든든하고 맛있다. 소바는 일식 소바여서 쯔유가 짠 편이고 담가먹기보다는 찍어먹는 게 좋다. 튀김도 바삭하니 좋고 간장은 따로 없으니 쯔유에 찍어먹으면 됨! 2017-05-16

😊 **Summer** 주기적으로 가줘야하는 오무라안. 거의 항상 맛있게 먹는다. 가끔 대기를 하는 경우도 발생.. 소바 중에서 명란소바가 제일 맛있다고 생각하는데 잘못하면 너무 짤 수 있으니 올려져 있는 명란을 잘 조절해서 섞어 먹을 것... 면의 식감도 좋다. 한가지 소바만 고르기 힘들다면 세가지가 한꺼번에 나오는 삼미소바도 추천! 2017-10-31

😊 **클짱** 몇주전 방문한 오무라안. 메밀은 겨울이 제철이라고 해서 삼미소바를 시켰어요. 세가지 맛의 소바가 나오는데 명란/참마/튀김소바가 조금씩 나옵니다. 쯔유는 꽤 달달한 편이라 면에 와사비를 좀 많이 섞어서 쯔유를 부어 먹었어용. 일단 면은 메밀 함량70%라서 그런지 메밀향이나 맛이 은은하게 배어있고 좋았어요. 특히 저는 명란 소바가 달달짭쪼름하면서 좋더라구요. 제일 맛있게 먹었습니다. 튀김 소바는 그냥 쏘쏘..달리 기억할만한 맛은 아니네요. 참마는 메추리알?의 노른자를 터뜨려 갈아져있는 마와 마구 비벼 먹는데...뭔가 비주얼도 그렇고 너무 미끌미끌 느끼해보여서 한 젓가락하고 더 이상 못 먹었습니다. 다음에 간다면 명란 소바만 시켜 먹어 볼 것 같아요. 2017-01-12

주소 서울시 강남구 역삼동 828-55 연락처 02-569-8610 영업시간 11:30 - 21:00(일휴무) 쉬는시간 14:00 - 17:30

(37.52349, 127.0442)

AP 청어소바 맛이 넘 궁금해서 갔는데 진짜 맛나네요. 청어도 하나도 안 비리게 불향을 잘 살렸고, 무엇보다 저 유자청 두조각과 이름모를 풀잎이 향을 정말 은은하지만 상쾌한 봄향으로 만들어줬어요. 차돌박이 우동은 면발은 좋았는데 제 입맛엔 국물이 좀 기름졌어요. 사진 찍는 건 까먹었지만 돈까스도 부들부들 2017-07-09

준영 오랜만에 재방문한 호무랑 너무 좋아요:) … 청어소바 주문했는데 정말 청어가 턱! 있는게 너무 매혹적이에요ㅠㅠ 청어를 부수면 길쭉한 가시가 많지만 막상 먹으면 잘 안느껴져요~전 그래도 생선가시 신경 많이 쓰는 타입이라 최대한 빼고 먹었어요ㅠㅠ 참나물 향이랑 간간히 느껴지는 유자?같은 향긋함도 너무 좋았구요ㅎㅎ 양도 생각보다 많은 편이네요! 호무랑롤은 소프트쉘크랩 튀김이 들은 롤인데 맛에 크게 임팩트가 있는 건 아니고 그냥 크랩튀김이 들었구나~하면서 맛있게 먹었어요. 호무랑 와서 우니를 안먹으니 뭔가 섭섭한 것 같아요.. 다음에 또 오게 되면 꼭 우니를!! 2017-05-02

뿔뿔 망고플레이트 예약을 통해 방문한 호무랑..!! 제 기대 이상으로 맛있었어요. 맛있는 것도 맛있는거지만 처음 먹어보는 맛이여서 너무 좋았네요. 직원분들도 너무 친절하시고 가게 분위기도 정말 좋아요. 혼자 가기엔 아까운 분위기였네요.. … 소바는 청어소바로 먹었는데 비린내 없고 간도 딱 좋았어요. 교토 아라시야마 근처에서 먹은 소바보다 여기가 더 맛있었네요. 그곳도 나름 맛집이였는데..! 청어와 소바가 정말 잘 어울려요. 짭짤달달한 청어가 없었다면 교토에서의 소바와 비슷한 맛이였을 것 같은데 청어가 신의 한수..! 이젠 소바맛집 가려고 일본 갈 필요가 없겠어요..ㅋㅋㅋㅋ +혼자 소바랑 롤 시켜놓고 다 못먹을까봐 걱정했는데 괜한 걱정이였어요ㅋㅋㅋ 롤 안시켰으면 정말 큰일날 뻔... 메뉴 두 개 시키길 참 잘한듯. 2017-03-30

Kalos 점심 때 따뜻한 소바를 먹기위해 찾았습니다. 청어소바는 비리지도 않고 눈에 보이는 가시들은 집게로 섬세하게 어느정도 제거해주셔서 편하게 먹을 수 있었습니다. 차돌박이 우동은 늘 굿입니다. 저는 개인적으로 우동은 안좋아하는데 호무랑 우동은 참 좋아해요. 2017-02-10

주소 서울시 강남구 청담동 4-1 연락처 02-6947-1279 영업시간 11:30 - 22:00 쉬는시간 월~금 15:30 - 17:30

(37.5547, 126.9239)

😊 **미루**　꾸준히 사랑받는 홍대앞 우동집으로, 오랜만에 방문해보았다- 우동 맛도 괜찮지만 여긴 사실 튀김맛집이다..ㅋㅋ 붓가케우동이랑 가마타마우동, 오징어랑 닭 튀김 으로 먹었다- 가마타마는 달걀에 비벼 먹는 온우동인데 우동면이 다른지 상황에 따라 될 수도, 안될 수도 있다고했다 역시 우동면의 매력을 느끼려면 차갑게 먹는 붓가케- 매끈하고 탱글하니 맛있다;-) 가마다마는 달걀맛이 고소한데 사람에 따라 느끼할수도 있을듯- 나는 맛있게 먹었다ㅋ 튀김은진짜 바삭하고 깨끗한 느낌으로 우동이랑 궁합은 말할것도 없고 양도 넉넉하다! 속이 진짜 촉촉한 닭튀김이 나의 베스트! 이번엔 패스했지만 오뎅튀김인 치쿠와도 맛있다! 직원들도 친절하고- 일본의 작은 우동가게 느낌 물씬에 가격도 착한편이라 부담없이 언제나 좋은 곳! 웨이팅이 좀 있긴하지만ㅠㅠ 이제 따끈한 우동국물이 생각나는 계절이 왔으니 가서 온우동도 오랜만에 먹어야지*-* 2017-10-14

😊 **지현**　냉우동도 자루우동도 덴뿌라도 닭튀김도 다 맛있다! 면 자체가 정말 길고 탱글탱글하다. 자루우동 육수는 살짝 짜서 튀김찍어먹었는데 ㅎㅎㅎㅎ향ㅎㅎ 냉우동 육수도 어색하지 않고 맛있다! 평일 저녁인데 웨이팅 조금 있음. 기다릴만 하다. 2017-07-20

😊 **홍차빙수**　보통 가면 우동+가라아게+맥주 시킴. … 가성비 최고 우동집. 특히, 냉우동(붓카게 우동)이 맛있음. 그리고 가라아게도. 가라아게는 바삭바삭 촉촉한데 가격도 싸다. 이집만큼 맛있게 가라아게하는 집도 흔치 않은 듯. 그저 그런 이자까야에서 뻑뻑한 가라아게 먹는 날이면 유난히 더 생각남ㅡㅜ 집만 가까우면 더 자주 갈텐데ㅜㅜ 갈 때마다 웨이팅이 좀 있는게 유일한 단점 2017-05-30

주소 서울시 마포구 서교동 346-31 연락처 02-322-3302 쉬는시간 12:00 - 20:00(월휴무) 영업시간 15:00 - 17:00

(37.54685, 126.9132)

😊 **So So Def** 늘 지나가다 가보고 싶었던 곳. 가마붓가케우동 정식과 단품 주문! 평소 우동을 즐겨먹지 않는 편이라 비벼먹는 우동 자체가 생소했다. 온천 다마고처럼 살짝 익힌 계란을 쪽파, 갈은 무, 튀김flake와 쯔유를 넣어 간을 맞추고 비비는 우동 이었음. 첨에는 머지 이 맨밥 먹는 느낌은? 했지만 쯔유를 조금 더 넣으니 간이 맞았고 식감에 집착하는 나는 탱글탱글 윤기있는 오동통한 우동의 식감이 입안에 꽉차는것이 매우 즐거웠다. 맛도 맛이지만 양이 엄청 많다는것. 단품만 시켜도 유부초밥과 샐러드가 나온다. 정식을 시키면 샐러드,유부초밥,튀김과 복분자차? 가 나옴. 배가 별로 안고픈상태여서 조금 먹고 말았는데 그래도 포만감이 들었음. 여성분들은 정식 다 드시면 분명 좀 힘들실듯. 먹고있는데 들어오신 단골 손님은 착석하자마자 2/3만 달라고 요청하심. 제가 우동을 많이 먹어보지 않아서 잘은 모르겠지만 맛도 분명 괜찮은 집이고 양이 야박하지 않은데다 무엇보다도 그냥 잠시 장사하다 사라질 것 같진 않은 느낌의 집이라 좋았네요:)` 2017-06-09

😊 **춘** 면발의 쫄깃 탱탱함이 입안에서 터져나오는 홍대 합정 최고의 사누끼 우동집 면발이 워낙 훌륭하다는 소리를 들어서 그 면발의 식감을 제대로 느껴보고자 자루우동과 배가 다소 고팠기에 덴뿌라가 추가되는 정식으로 주문 여기 우동의 비밀은 족타 반죽이라고 합니다 몸의 무게로 반죽을 치대다보니 글루텐이 촘촘하게 그리고 최대한으로 형성되어 식감이 살아난다고 하네요 그리고 주문이 들어올 때 바로바로 작두로 면발을 썰어내서 삶아내기에 살아있는 면의 식감을 느낄 수 있죠 쯔유에 깨 파 와사비를 적당히 섞고 면발을 쯔유에 찍어 먹으면 끝 입안은 쫄깃함과 탱탱함으로 축제중 이 쯔유 자체도 쓴 맛 짠 맛 별로 없이 면발과 아주 잘 어울렸습니다 덴뿌라는 우동 면발의 수준에 비해 다소 아쉬웠습니다 바삭한 식감을 최대한으로 살리려 했다는 느낌을 받았지만 튀김옷이 다소 두꺼우면서 너무 바삭하다보니 딱딱한 느낌을 받았습니다 그래도 넓적한 그릇에 나온 덴뿌라용 소스에 담군 후에 먹으면 식감이 좀 부들부들해져서 먹을만 하더라구요 면발의 탱탱한 식감에 완전 반하게 된 우동집 면 음식 좋아하시는 분들께는 강추합니다 참고로 주차장이 따로 없어 차 가지고 오시는 분들은 요령껏 주변 길가에 주차 하시면 되겠습니다 2017-08-13

주소 서울시 마포구 합정동 370-8 연락처 02-2654-2645 영업시간 11:00 - 21:00(월휴무) 쉬는시간 15:00 - 17:00

우동명가기리야마

(37.497, 127.0304)

😊 **구현진**

역삼 쪽으로 향하는 신분당선 강남역 뒷길에 위치한 우동전문점. 대사관 주재원이셨던 주인장이 100년된 도쿄의 우동집 기리야마에서 직접 배워와서 차린 수타 우동집이다. 먼저 자리에 앉으면 따뜻한 보이차를 내 오는데, 마시는 동안 주문한 메뉴가 찬찬히 나온다. 이집은 쯔유보다 면을 공을 드린 냄새가 나는데, 우선 면은 기본적으로 다른 수타 우동면에 비해 조금 얇다. 탱탱한 면에 속하나 씹어먹는데에 부담스러울 정도는 아닌 찰기를 가진 정도의 면발. 자루 우동의 쯔유는 내 입맛에는 깊은 맛보간 가볍고 단맛과 향긋함이 좀 더 강하다 느껴졌는데, 면에 잘 섞어 먹으니 적당히 어우러지는 맛. 자루 우동보다 국물이 더 좋았던 냉우동은 타 냉우동집에서 느끼는 쯔유의 국물맛이 아니고, 고기 육수가 섞어있는지 좀 더 슴슴(?)하고 단맛이 덜해 좋았는데, 갈은 무, 오이, 쪽파 외에 고기 고명과 라임이 더해져 이곳만의 특별한 냉우동의 맛을 즐길 수 있었다. 이곳의 우동은 양이 많은 편은 아니라 초밥세트를 함께 시켰는데, 허기를 채우기엔 좋으나 딱히 대단하지 않으므로 초밥 대신 튀김 혹은 가라아게를 추천한다. 자리도 많고, 사모님 및 직원분들이 친절하게 응대해주셔서 좋았던 곳. 사케 종류도 꽤나 많아 우동에 술을 즐기는 것도 좋을듯 하다. 30분 무료 주차 가능. 2017-10-20

😊 **치킨너만있으면**

여기 우동은 진짜 면발이 살아있는 곳! 우동 면발을 선호하지 않음에도 여기 우동은 종종 생각이 난다, 진짜 굿굿! 강추! ─ 카레우동이 개인적으로 진짜 괜찮았는데 이건 날마다 복불복이 좀 있다. 카레가 짜게 될 때가 있음 ㅜ 나베우동인가 저건 겨울에만 되는데 오오미 ㅜㅜ 국물 넘나 시원함! 자루우동은 면발 즐기기에 좋음! 찍어먹는 장이 괜찮은편 2017-04-10

😊 **쌤J**

스키야키우동 너무 맛있어요!! 소고기 국물이 진~해서 약간 쌀국수 국물 느낌이 나면서도 또 일본 특유의 버섯 육수 느낌이 있어요 냉우동이랑 카레우동도 맛있었지만 저는 이 둘은 약간 싱거운 느낌이 었구 스키야키나베우동이 가장 얼큰하고 좋았어요ㅋㅋㅋ 룸식 공간도 있고 생각보다 넓었구요! 요리와 함께 술드시는 분들도 꽤있더라구요 2017-07-06

주소 서울시 강남구 역삼동 824-11 연락처 02-567-0068 영업시간 월금 11:30 - 22:00, 토 12:00 - 21:00(일휴무) 쉬는시간 월금 14:30 - 18:00, 토 15:00 - 17:00

영구빵

Colin B

Colin B

Sugar & Thin

Colin B

(37.56545, 126.9791)

미루   일본 삼대 우동 중 하나라는 이나니와 우동을 맛볼 수 있는 곳- 일본의 유명한 이나니와 우동집의 한국 분점이라고 한다 보통 우리가 먹는 사누끼우동과는 또 다르다고해서 기대하며 방문! 면이 건면이라 가게 입구에 진열하고 판매하고있다 쯔유같은것도 팔고있어서 집에서 해먹어도될듯ㅋㅋ 런치메뉴판이 있어서 냉우동+크림고로케, 소고기우동을 주문- 너무 더워서 밀가루만 먹어서는 힘이 안날것같았당... 우동면이 특장점인 곳이라 상당히 겉으로도 포스가 있다 워낙 정갈하게 담아주셨기도하고 ㅋ 약간 중면? 칼국수면?처럼 생겼는데 찰져서 처음 경험해보는 면!! 새로운 면의 장르였네! 일본소바집에서도 느꼈듯이 이곳도 간장소스는 좀 맛이 강한편 농축된 맛이라 푹 찍으면 맛이 강하다 고로케가 은근히 속이 녹진하니 맛있어서 추천하고픈 메뉴- 안에 고소한 크림이 촬촬♡ 은근히 소고기우동이 나는 맛있었다 사실 단맛이 강해서 호불호 있을것 같은데 나는 맛있었다!! 국물많은 뚝불 맛ㅋㅋ인데 쫄깃하고 얇은 면과 넘 잘 어울리는것!! 이 집의 기본국물맛은 맛볼 수 없었지만 소고기도 있고 든든히 잘 먹었다! 이나니와우동 특유의 면을 느끼기엔 냉우동 쪽이 나은것 같고, 온우동에서도 나름 새로운 매력이 있는듯 하다 사실 사누끼우동이랑 둘중 하나 고르라면 탱탱하기까지한 사누끼를 고를 것 같다 게다가 비싼 가격이 흠.. 맛있다와 괜찮다 중간이지만 한번쯤은 경험해봐도 좋을 것 같다! 담에 재방문한다면 참깨소스로 먹어봐야징- 2017-07-20

프로홍익러   … 우동면이 얇고 굉장히 탱글탱글하다. 크림고로케+간장츠유/참깨미소츠유 냉우동이랑 와규우동을 시켰는데 둘 다 각자의 장점이 있음. 가격대는 좀 있지만 와규우동은 너무 달지도 않고 짭짤하면서 와규가 많이 들어가서 좋았음. 냉우동은 메밀보다 식감은 좋으면서 메밀처럼 탱탱함. 개인적으로 미소가 간장보다 나은듯. 깔끔한 맛을 좋아하면 냉우동, 조금 속이 든든한걸 원한다면 와규우동 추천. 점심시간에는 직장인들로 많이 붐벼서 웨이팅 각오해야함. … 2017-08-23

Summer   여긴 그냥 냉우동 먹어야함. 정말 곱게도 면을 내어주신다. 누가봐도 면이 주인공. 호로록 하고 먹으면 너무 탱글탱글해서 면이 올라오면서 빰을 때릴 지경.. 뭔가 되게 촉촉한듯한데 또 힘이 있고 씹는 맛도 좋고 그냥 면발 하나는 좋다고 생각드는 곳. 온우동은 일행이 시켜서 한두입밖에 안 먹어 봤지만, 역시 이런 면발은 냉우동으로 즐기는 것이 최고인듯. 2017-08-23

주소 서울시 중구 을지로1가 192-11 연락처 02-772-9994 영업시간 11:00 - 23:00(일휴무) 쉬는시간 14:00 - 17:00

(37.58068, 126.9665)

😊 **DD** 일본 가정식을 내는 집이라고 해서 작고 소박하고 정겨운 느낌을 기대하고 갔는데 생각보다 비싼 가격과 식전에 나눠주는 안내문에 '고가의 식기류도 있으니 조심해서 다뤄달라' 등의 멘트를 보면서 굉장히 고까운 마음이 들어서 별로 기대하지 않고 있었는데... 음식먹고 풀려버렸다. 완전 취향저격ㅠ 치킨소테와 스끼야키, 코에도 시로 맥주를 시켰는데 치킨소테를 먹다보면 치고 올라오는 숯불향이 너무 좋았고 야채와의 조합도 무척좋았다. 아주 건강한 한끼 식사의 느낌이다. 스끼야키 정식은 달고 짭짤하지만 함께 들어있는 순두부가 적당히 잡아주는 느낌이었고 아주 든든하게 먹을수 있었다. 사실 음식점에 가면 밥은 잘 안먹는편인데 여긴 옥수수밥이 너무 맛있어서 배가 부른데도 야금야금 계속 먹었다. 코에도 맥주는 첫모금 마실때 훅 느껴지는 과일향이 정말 좋았다. 좀 비싸기도 하고 먹다보면 향이 잘 안느껴진다는 단점은 있지만 한번쯤은 꼭 먹어볼 필요가 있을듯 하다. 친한 친구들 데리고 또 오고싶다. 사진은 너무 못찍어서 안올리기로.ㅠ 2017-02-18

😊 **치킨너만있으면** 한국에서 일본 냄새, 감성, 맛을 찾고 있다면. 일단 방문하고 봐야하는 곳. 분위기도 좋고 음식도 매우 만족스러움. — 여긴 그냥 설명이 필요 없엉ㅋ 진짜 맛있는 집ㅋ 단정한 일본 가정식이 이런것이다!! 하고 온몸으로 아우라를 뿜뿜 해주심ㅋ 특히 저 옥수수톳밥이 ㅜㅜ 나 밥 진짜 안좋아하는데 안남기고 다 먹게 되던... 메인도 엄지 척(!), 퍽퍽치킨살도 맛나게 먹을 수 있다 단, 자극적인 음식 선호자는 밍밍할 수 있다 2017-03-28

😊 **혀니이** 기대보다 나았던 일본 가정식집! 시그니처인 치킨남방정식과 4월 한정 메뉴였던 타라코(대구알) 스파게티를 주문. 타라코스파게티는 처음 나왔을 땐 면이 오버쿡된건가 의심스러웠는데 아니었어요 ㅎㅎ 고소하고 짜지 않아서 맛있게 먹었어요. (사실 이건 엄마가 해준 명란 스파게티가 더 맛있..) 치킨남방정식!! 짱맛. 옥수수 들어간 밥이랑 빵가루 안입힌 촉촉한 치킨남방, 양배추 상추 샐러드 다 굿ㅠㅠ 반찬들은 엄청맛있다!! 는 아니지만 괜찮은 수준이고 애플망고사이다는 달달하고 맛있어서 좋아하는 음료에용 ㅎㅅㅎ 다음엔 치킨남방을 먹으려구요! 규모가 꽤 크지만 아기자기한 분위기. 맛있고 건강한 느낌의 일본 가정식집이었습니다 :) 2017-06-03

주소 서울시 종로구 누상동 95 연락처 02-733-5632 영업시간 11:30 - 20:30 쉬는시간 14:30 - 17:30

(37.55799, 126.9211)

😊 **박지원** 연어초밥정식 + 가라아케정식 + 고등어초절임 원래는 스시를 먹고 싶었지만 홍대에 생각보다 맛있는 스시집이 없어서 일식으로 변경했다. 평일 저녁이라 웨이팅을 걱정했으나 자리는 넉넉했음. 가라아케정식은 나의 메뉴! 고민하다가 무난한걸 시켰는데 새콤한 양념이 따로 나오는 형식이었다. 고기는 부드럽고 소스와 잘어울렸는데 일식 스타일인지는 모르겠다. 대게 일식집 반찬들이 간이 센 경우가 많았는데 여기는 적당해서 좋음! 미소국은 좀 짰지만. 특이하게 가라아케정식에 도미회를 주신다. 좀 더 차가웠으면 좋았겠지만 이것도 만족! 연어초밥정식은 친구가 주문한거라 맛만 봤는데 쏘쏘했다. 친구는 끊임없이 감탄하면서 먹었고 덴뿌라도 너무 맛있다고ㅋㅋㅋㅋㅋ 고등어초절임은 일일한정메뉴라서 좀 고민하다가 주문했다. 처음에는 정식인줄 알았는데 아니었음. 가격에 비해 양이 조금 적게 느껴졌지만 나는 맛있게 먹었다. 고소했는데 비린거 안좋아하는 사람들은 안먹는게 나을 것 같고 이름이 왜 초절임인지는 모르겠다. 그냥 고등어 사시미?... 회?... 후식은 커피 향이 나는 푸딩 비스무리한 음식이었다. 아 샐러드 소스는 맛이 너무 강해서 내 스타일은 아니었고. 그래도 전반적으로 완전 만족스러웠음! 2017-02-21

💬 **형석** 장어덮밥이 먹고 싶어서 찾다가 평점이 좋아서 가봤습니다 자극적이지 않고 맛있네요 장어는 비리지 않고 소스맛도 좋고 처리를 잘 한듯 밥은 다른 돈부리가게랑 다르게 간을 많이 안한게 오히려 좋았던거 같아요 장어랑 밸런스가 좋아요 조금 비싸서 가성비가 좋은건 아니지만 이정도면 괜찮네요 2017-08-04

😊 **지현** 가라아케정식 가라아케도 맛있지만, 밑반찬으로 나온 연어가 정말 맛있었습니다. 후식이라며 샤벳에 미숫가루 뿌린 것 같은 것도 나오는데 색다르게 맛있습니다. 장조림...? 같은 것도 저렇게 통으로 나오는게 괜찮았어요. 2017-09-11

😊 **머큐리** 연어타다키 방어츠케동 군더더기 없이 맛있다.회 크기가 커서 예쁘게 먹긴 힘들 듯. 연어랑 아나고동 다른 메뉴 먹으러 또 와야겠다 2017-03-03

주소 서울시 마포구 동교동 203-50 연락처 02-3142-0911 영업시간 11:30 - 22:00(일휴무) 쉬는시간 15:00 - 17:00

sj

Nibble Nibble

박지원

박지원

Yoominyy

(37.55504, 126.9237)

😊 **미루** 예쁘게 나오는 일본가정식을 맛볼 수 있는 곳! 정확히는 큐슈 지역의 가정식이라고 한다 홍대입구 역 근처 이곳에 자리잡은지 꽤 되었다 근데 가격이 원래 이렇게 비쌌었나 갸우뚱... 주문메뉴는 동생이 고른 치킨난반정식과 내가고른 미소가지정식 돈지루추가제일 좋아하는 메뉴인 미소가지는 달고짭잘한 소스에 가지즙이 폭발.... 츄르릅ㅜㅜ 고기보다 더 맛있당! 같이 나오는 치킨가라아게, 일식달걀말이 다 맛있다 치킨난반정식은 닭튀김에 타르타르 소스가 같이 나오는데 나는 바삭하게 먹는 가라아게가 더 좋은 것 같다 소스자체는 맛있어서 취향차이일듯! … 돈지루도 좋아하는 메뉴! 같이나오는 유자후추를 넣어먹으면 맛이 오묘하니 좋다 원래 국 안좋아하는데 건더기가 듬뿍! 신경써서 나오는 음식과 이런저런 메뉴들을 맛볼 수 있고 좋아하는 가게! … 2017-02-10

😊 **함냐함냐** 2번째 방문입니다. 메뉴는 미소가지 정식에 그거 뭐지... 갑자기 이름이 생각안나네요. … 기본메뉴인 된장국인데 ...그거 소자로 미소시루 대신 금액 추가해서 먹었어요. 아 돈지루! 맞나요? 아무튼 여기 너ㅡ무 좋아요. … 쯔께모노라고 하나요? 일본 특유의 절임반찬도 삼삼하니 맛있구요. 미소된장으로 볶은 가지는 부드럽고 약간 짜장맛도 나고 ㅋㅋ 가라아게가 두조각 나오는데 그것도 진ㅡ짜 부드럽고 바삭하고 ! 제가 가지를 좋아해서 그런지 다른거 시켜야지 마음 먹고 가서는 또 가지를 시켰네요. 아 돈지루는 구수하고 부드럽고 감자 우엉 곤약 돼지고기 골고루 들어있어서 좋아요 2017-05-23

😊 **JENNY** 뜻하지 않게 일본음식만 먹게된 하루였어요, 일본음식 사랑하는 친구랑 갔는데, 친구도 저도 맛있게 먹구나왔네요. 가격대가 생각보다 있긴하지만, 직원분들 모두 너무 친절하시고, 역시 깔끔하고, 맛있었어요. 특히나 저는 "돈지루" 제일 맛있게 먹었어요. … 적당히 진하고 건더기 많고, 거기다 유자후추 넣은게 완전 킥!이었어요. 꼭 넣어보시길. 나머지 반찬들 중 일본풍나물인 오히다시는 제 스타일 아니었지만, 그거 빼고는 다 싹싹 클리어~! 2017-05-19

주소 서울시 마포구 서교동 346-36 연락처 02-332-3207 영업시간 11:30 - 22:00(화휴무)

호호식당

김창민

오정훈

뿔뿔

허니이

(37.58191, 127.0001)

백승연 대학로에서 연극보고 인스타에서 보고 완전 먹고싶던 호호식당에 다녀왔어요! 저녁은 5시에 오픈인데 4시50분?? 정도에 갔는데 길게 줄이 있었어요 ! 그리고 저희는 한 30분?? 정도 웨이팅하고 들어갔는데 들어가기 전에 미리 메뉴를 물어보셔서 들어가면 음식이 바로바로 나와요 ㅎㅎ 먼저 사케동은 진짜 두껍고 비린내도 하나도 없고 ㅠ_ㅠ 넘넘 맛있었어요.. 사케동 밥은 간장소스랑 김으로 간이 되어있어서 맛있게 먹었어요! 그리고 스키야끼정식은 달달하고 짭조름한게 뭔가 불고기느낌도 나고..맛있었어요!! 제 친구는 좀 짜다고 했는데 밥이랑 비벼먹으니까 좋았어요 ㅎㅎㅎㅎ 감자고르케는 제가 먹어본 감자 고르케중에 제일 감자맛이 많이 났어요 ㅎ! 또갈래요. 2017-07-17

핑키뚱 망고플레트에서 보고 방문해보고 싶었던 호호식당! 성균관대학교 앞 소나무길에 위치해있어요 오늘 12시에 갔는데 20분 정도 웨이팅 하고 먹었어요 가장 인기있는 메뉴인 돈데키 사케동 시켰어요 돈데키는 살짝 질기긴 했는데 생 와사비(싸구려ㄴㄴ 직접 갈아만든 와사비!!!!!)와 함께 먹으니 맛있더라고요 아 그리고 사케동!!!! 연어에 조금만 비릿맛이라도 나면 예민한 저는 잘 안먹는데 여기 연어는 빛깔도 이쁘고 비릿맛도 나지 않았어요 하이볼은 좀 맹맹한 맛이었고..(그래도 술이라고 얼굴이 벌개짐 맛은 안그렇더라도 알코올 도수가 꽤 있나봐요) 레몬 사이다는 상큼하게 사이다를 먹을 수 있었답니다 다음번엔 명란 파스타도 도전해 볼거예요 2017-03-11

맛난거먹쟈 예쁜데 맛도 있고 분위기도 좋은데 큰 단점은 웨이팅이 (많이) 길다는 거에요!! 사케이쿠라동, 명란오일파스타, 가츠나베정식, 레몬사이다3 주문- 일단 음식들이 만족스러워요. 실패한게 없었던게 좋았네요 사케이쿠라동- 연어도 정말 두툼하고 알도 비린내 안나고 괜찮았어요. 다시보니 우니도 얹어져 있었는데 맛있게 먹었었어요. 추가해서 먹었던건가... 명란오일파스타- 간이 기본적으로 세지않고 파스타 면도 딱인듯해서 괜찮게 먹었어요 가츠나베정식- 돈가스와 새우튀김이 국물에 적셔져서 잇는데 맛 좋았어요. 레몬사이다는 그냥 사이다에 레몬띄운거임 음식 맛있고 분위기도 좋지만 기다림의 미학을 아시는 분들만 가시는거 추천입니다~ 2017-05-10

주소 서울시 종로구 명륜4가 143 연락처 02-741-2384 영업시간 11:00 - 22:00 쉬는시간 15:00 - 17:00

프리즘 · 이보나 · 향한적력수 · 이보나 · 프리즘

(37.48409, 126.98011)

밍도리 어쩌다가 우연히 알게 된 스시집인데 몇 년째 주기적으로 가고 있는 스시로로! 이번에 가서 특초밥과 연어뱃살2pcs 시켜먹었어요 여기 초밥은 다른 곳과 달리 밥알이 잘 흩어진다고 해야하나? 숟가락을 함께 이용해서 먹어야 해요 브러쉬로 수제 저염간장을 막막 바르고 숟가락에 딱 담아서 먹으면 우어어엉 진짜 사르르 녹아요 물론 흰살생선초밥은 가끔 질길 때도 있더라구요 연어초밥..진짜 먹으면 행복해지구요 연어뱃살, 연어배꼽초밥도 진짜 맛있답니다:) 한우초밥, 참치초밥도 완전 맛있어요ㅠㅠㅠㅠㅠㅠ 요즘은 웨이팅이 많아서 먹기 힘들더라구요 그래도 맛있으니까 봐줌..... 2017-04-04

이보나 칭구가 인생스시라고 칭찬해서 가본 스시로로! 결론부터 말하자면 가성비가 훌륭한 것 같음! 무조건 특초밥을 먹어야한다구 해서 특초밥 시켰지롱! 참치뱃살 2, 연어 2, 연어뱃살 1, 새우 1, 광어 2, 엔가와 1, 간장새우 1, 그날의 활어 1, 소고기 1 이렇게 나온다! 진짜 뭐 하나 빠지는 거 없이 좋아하는 구성 회가 엄청 두툼하고 길고, 밥 양이 적은 편이다! 그래서 회로 진짜 밥을 전부 감싸서 먹을 수 있을정도... 샤리가 회랑 굉장히 잘 어우러진당 스르르 입안에서 넘어감 연어가 제일 맛있었다 입안에서 녹아욤ㅠㅠ 적당히 두툼해서 씹는맛도 있고! 참치뱃살은 생각보다 무난... 뭐 맛이 없을 수 없는 부위라서 맛있게 먹긴 했지만 >.< 광어도 적당히 잘 숙성되서 질깃하지 않고 쫀득했고 엔가와 언제 먹어도 씹는맛 너무 좋공... 오늘의 활어 (뭔지 모름ㅠ)도 진짜 맛있었음 딱히 빠지는 거 없이 다 굳굳!!! 이었당 ㅎㅎ 솔직히 가격이 엄청 착한편은 아닌데 ㅠ 그래도 이정도 퀄리티라면...! 눈감자...! 시험기간 스트레스 풀고 옴 캬캬 2017-04-26

진솔 친구가 인생 스시집이라고 극찬해서 방문한 스시로로! 이수역으로 버스 타고 갔는데 평일 저녁이었는데도 엄청 막히더라고요ㅠㅠㅠ 7호선 타고 가는게 더 좋을것 같아요!! 특초밥으로 시켰어요!! 나오는데 얼마 안걸리구 좋았어요 다만 문 쪽 자리였는데 좀 춥더라구요 이제 날씨 풀렸으니까 괜찮겠지만요 ㅎㅎ 사진에서 볼 수 있듯이 회가 엄청엄청 두꺼워요!! 광어는 조금 씹기 힘들었어요 한입에 들어가기엔 좀 크고ㅠㅠ 연어가 정말 맛있었던 것 같아요!! 초밥을 워낙 좋아하기 때문에 맛있게 먹었어요! 구성도 좋고 회도 두둑히 주셔서 다음에 또 방문할 것 같아요~ 서비스로 주신 연어구이도 감사합니다>3< 2017-05-05

주소 서울시 동작구 사당동 1006-5 연락처 02-585-1015 영업시간 11:30 - 23:00

재니

스텔라 정

Summer

스텔라 정

재니

(37.52204, 127.04186)

😊 **재니** 　믿고보는 스시효>.< 너무 가고싶던 스시효~ 드디어 가 봤어요! 런치 스시코스로 먹었어요 … 진짜 기대했었는데 기대를 져버리지 않았어요!! 가격은 좀 비싸지만 스시는 감동적ㅠㅠ 장어가 베스트라는데 역시 맛있었고 저는 참치가 진짜 맛있었어요ㅠㅠ 진짜 살살 녹아요ㅠㅠ 밥 양도 많지 않고 스시 크기가 진짜 마음에 들었어요ㅋㅋ 한입에 쏙 넣고 음미하기 좋은 크기~ 메밀국수도 쫄깃쫄깃 했고 야채요리중에서 가지가 정말 맛있었구요! 디저트 흑미 아이스크림 진짜진짜 맛있었어요ㅠㅠ 한통 사다가 퍼먹고 싶음서비스는 별 건 없었지만 미소국이랑 녹차 따뜻하게 계속 주셔서 좋았어요! 가격대는 좀 있는 편이지만 터무늬없을 정도는 아닌 것 같아요 (런치 기준!) 기회 되면 또 가고 싶어요ㅎㅎ 2017-06-04

😊 **DD** 　당일 예약이라 걱정했는데 운좋게 카운터 자리가 남아있었다 자리에 앉자마자 스시를 올려주시기 시작해서 기다리지 않고 바로 먹을수있는게 좋았고 오차가 떨어지지않도록 바로바로 주시고 세세하게 챙겨주시는 점이 너무 좋았다. 오도로, 아마에비, 줄무늬전갱이가 특히나 맛있었다. 정말 한점한점 입에 넣을때마다 나도 모르게 눈이 감겼다. 다 먹고 나서도 입안에 남는 여운이 길다. 그 여운을 다 느끼기도 전에 다음 스시를 올려주셔서 그건 좀 아쉬웠다. 천천히 먹었으면 됐으련만 바로 먹지 않으면 맛이 달라진다는 말이 생각나서 미련하게 허겁지겁 먹었네ㅠ 타코였던가? 위에 초록 잎파리 같은것을 올려주셨는데 향긋한 향이 확 퍼지고 그 뒤에 와사비맛이 올라오는게 재밌었다. 마지막에 흑미 아이스크림도 별미였는데 빨라조 리조 아이스크림과 비슷했다. … 그래도 스시가 아쉽지 않을만큼 계속 나오기 때문에 아깝지 않은 가격이라고 생각한다. 덧. 먹느라 바빠서 사진은 많이 못찍었다ㅠ 2017-06-04

😊 **스텔라 정** 　정말 오랜만에 찾은 스시효 디너 사시미 코스로 선택했어요 사시미도 좋고 도미머리조림도 좋았지만 뭐니뭐니해도 역시 스시가 최고였어요!! 그 중에서도 최고는 너무 맛있어서 달달하기까지한 소금을 올린 참치초밥이었습니다. 음식은 다 먹지 못할 정도로 다양하고 양도 많아서 만족스러웠지만, 일본에서 사온 사케를 가져갔는데 콜키지가 ~였어요. 앞으로 술은 가져가지 않는 걸로 해야겠습니다ㅠ 2017-10-10

주소 서울시 강남구 청담동 21-16 연락처 02-545-0023 영업시간 12:00 - 22:00 쉬는시간 14:30 - 18:00

(37.57203, 126.9745)

😊 **마중산** 여기 평점이 낮을 수 없는 이유를 찾았다. 1. 좋은 가격 2. 그럼에도 불구하고 좋은 맛과 서비스 3. 뇌리에 박히는 차별화 포인트 국내 스시야 가격대가 워낙 높으니 이 정도면 매우 훌륭하다. 포장할 경우에는 더더욱 훌륭(다만 일부 메뉴가 빠진다고)함. 오마카세 구성은 전복내장죽, 광어와 도미 사시미, 참다랑어등살, (다시마 숙성) 방어, 단새우, 청어 초절임, 우니, 아나고붕장어, 참다랑어대뱃살, 도미뱃살, 키조개, 광어지느러미, 청주에 재운 전복, 삼치, 청주와 다시마에 숙성한 연어, 참치마끼, 계란, 오이마끼, 우동, 그리고 차(디저트)였다. … (늘 그렇지만 스시 각각을 평가할 깜냥은 못됨ㅠㅠ) … 덕분에 편안하고 즐겁게 식사를 했고, 미소나 차, 반찬이 빌 때마다 친절히 채워주셨다. 차별화 포인트는, '불맛'이다. 주방 안 한켠에서 불에 뭔가를 굽는 분들이 있었는데, 그래서 그런 지 중간중간(청어초절임, 참다랑어뱃살, 광어지느러미 등) 불맛 나는 스시들이 섞여 있었다. 색다른 느낌이었고, 개인적으로는 만족스러웠다. 단, 우동은 조금 아쉬웠다. 면이 조금 아쉬웠음. 매실짱아찌(우메보시)나 락교 등의 반찬이 맛있어서 엄청 집어 먹었더니, 밤에 물을 엄청 먹었다. 미소도 맛있어서 계속 먹게되니 다들 주의하시길. 그리고 오마카세 양이 많아서, 국물 많이 마시면 후회함. 아무튼 기분 좋은 저녁 식사였다. 당일 예약 어렵다고 들었는데, 운좋게 8시 타임(2부로 나눠 운영하는 듯 했다)을 예약했다. 실내도 막 화려하진 않지만, 있을 것 다 있고, 없을 것들은 없는 딱 편안한 분위기였다. 강추! 2017-08-02

😊 **투비써니** 광화문에서 맛집을 한군데만 추천해달라고 하면 바로 오가와! 세네번 갔었는데 늘 조금의 아쉬움도 없이 모두 만족. 기름장 또는 불맛 또는 간이 좀 되어 나와서 회를 잘 못먹는 입문자에게도 좋을듯. 맛있고 맛있어 매일 가고 싶지만, 홀에 다찌 하나있는 작은 공간이라서 최소 일주일 전에는 예약해야 함. 비싸기도 하고요 하하하.. 우울할때 오도르 한점 보며 월급날을 기다립니다. 사진은 순서가 엉망이지만, 저날은 점심때인듯 점심엔 한시간 안에 다 먹기에 바쁘고, 저녁 구성이 더 알차고 좋아요. … 2017-08-01

주소 **서울시 종로구 당주동 5** 연락처 **02-735-1001** 영업시간 **12:00 - 20:00(일 휴무)** 쉬는시간 **14:30 - 18:00**

정은주

유카롤　　　허니이　　　이보나

(37.5581, 126.94518)

😊 **이보나** 이대앞의 가성비 끝판왕 스시집! 착한 가격대에 맛있는 스시를 먹을 수 있어요 >_< 기본적으로 자리가 많지 않기 때문에 카톡으로 미리 예약한 후 방문해야합니다! 저희는 모둠 하나, 생선 하나, 스페셜 두개 먹어봤어요 :) 그때 그때 사정에 따라 나오는 스시 종류는 달라지는 것 같더라구요~ 저는 모둠을 먹었는데 첫판에는 갑오징어, 새우, 생새우, 참치, 흰살생선 두개가 나왔어요! 일단 네타는 싱싱했구 샤리가 꽤나 감칠맛있게 맛있었던 것으로 기억해요! 시중에서 만원대에 판매되는 초밥을 먹을 때에는 샤리에 대한 기대치가 거의 없는데 여기는 나쁘지 않았어요 :) 갑오징어도 맛있었구.. 참치도 입에서 녹구! 두번째판에는 타마고, 참치타다끼, 구운연어, 연어, 아보카도새우, 그리고 타코와사비가 나왔어요 :) 타마고 넘나 포슬부들하고 달달한것.. >_< 연어가 맛있기로 유명한데 먹어보니 바로 수긍가능! 꽤나 깊은맛을 내는 연어였어요 구운연어도 입에서 녹아버리고 ㅠㅠ 짱이었어요! 구운연어가 극찬을 받는 이유가 있군요 :) 타코와사비도 괜찮았고 아보카도새우초밥도 굿! 사실 아보카도군함 먹어보고 싶었는데 새우랑 같이 먹은것도 나쁘지 않았던 것 같아요! 정말 신촌에서 학교다녔으면 맨날 왔을텐데 ㅠㅠㅠ 짧은 신촌러코스프레 기간동안 한번이라도 먹은것에 만족하며.. 또 이대쪽 갈일 있다면 재방문해서 스페셜로 먹어보구 싶어요! 스페셜에는 장어랑 지느러미살, 뱃살 등등 조금 더 고어급 부위가 나옵니당~ 2017-07-06

😊 **유카롤** 후쿠모듬초밥을 먹었다. … 정말 하나하나 빼놓을 수 없이 맛있었다. 특히나 좋아하는 연어, 참치는 물론이고 평소 잘 안먹는 계란초밥까지 너무 맛있었다! 회들은 과하게 두툼하지 않고 밥과 잘 어우러지며 입에서 살살 녹았다. 계란 초밥은 조금 더 폭신하면 좋았을 것 같지만, 적당히 달달하면서 입에서 사륵 녹는게 입가심하기 딱 좋은 맛이었다. 시그니처는 단연 아보카도군함이었다. 워낙에 아보카도를 좋아해서 아껴꺼 마지막쯤 먹었는데 너무 행복해지는 맛이었다. 타코와사비군함은 약간 호불호 갈릴 수 있는 맛이었다. 개인적으로 술안주로 타코와사비는 좋아하지만, 맛이 강해서 군함으로 먹기엔 조금 부담스러웠다. 가격대비 너무 괜찮은 초밥집이었다. 다음에 가면 아보카도롤을 먹어보고싶다! 2017-07-06

주소 서울시 서대문구 대현동 56-27 연락처 02-363-0535 영업시간 11:30-21:00(일,월 휴무)

(37.5261, 127.0371)

미댕 / 미댕 / 미댕 / Ashley Jung / 박지원

😊 **풀♥**
역시 망플! 다른 메뉴도 맛있었지만 망플 리뷰보고 추가로 시킨 춘권은 정말 안먹었다면 아쉬울 뻔 했어요..! 평소 튀김을 안좋아하지만 엄청나게 바삭하고 고소한 춘권안에 푸짐하고 육즙가득한 소가 들어있는데 너무 맛있고 같이 나온 매콤한 마요소스와 밑에 깔린 어린 잎채소 까지 어찌나 맛있던지 ㅜㅜ 지금도 생각나네요 딤섬은 구채교와 소룡포를 먹었는데 구채교 사이즈가 꽤 컸고 향긋한 부추에 오동통한 새우까지 느껴져서 맛있었어요ㅜㅜ 소룡포는 찢어졌다고 나중에 하나 더 주시더라구요 맛있지만 여기선 다른 딤섬 먹는게 더 좋을 것 같아요! 시그니쳐 볶음밥도 감칠맛 나고 맛있었어요 작지만 맛있는 새우도 많이 들어있고 밥 한톨한톨에 양념이 코팅되어 있으면서 딱 제가 좋아하는 정도의 볶음밥 정도였어요! (너무 날리지 않으면서 기름지거나 떡지지 않은것!) 좀 아쉬웠던 건 차도 따로 시켜야 한다는거? 그래도 제일 맛있었던 춘권 먹으러 또 갈거 같아요 ~ 주차는 발렛!! 2017-08-22

😊 **써머칭구**
일요일 5시 48분에 가니까 마지막 테이블을 차지할 수 있었다! 그 후에 정말 곧장 웨이팅 줄을 서기시작.. 암튼 명성에 걸맞게 전부 맛있었당 하가우 구채교 소룡포 시그니쳐볶음밥 새우토스트 둘이서 먹고 ~원 싸진않은듯 (넘 많이시켰나 허나 양은 딱 맞았다) 그리고 의외로 볶음밥이 가장 맛있었다.. 파 맛이 강했지만. 흠흠 2017-03-07

😊 **정민**
딤섬도 딤섬이지만 저 마라우육면 진짜 맛나요 매콤하면서 신기하게 입이 착착 달라붙는 맛이예요 맥주랑 같이 계속 먹게되는 맛ㅎ 거기에 마무리를 새우토스트로 했는데 아주 굿초이스ㅎㅎㅎ 웨이팅은 조금 있는데 타이밍 조금 늦게 가면 바로 먹을수 있어요~ 딤섬이랑 마라우육면 꼭 드셔보세요ㅎㅎㅎ 2017-05-07

😊 **행복하자**
꼭 한번 가보고 싶었던 딤섬집, 골드피쉬. 새우딤섬, 구채교, 소룡포, 쇼마이, 마라우육면. 소룡포는 넘나 맛있게 먹느라 사진을 놓쳤다. 부추향 가득한 구채교 정말 괜찮고, 쇼마이는 약간 큼지막하게 베어먹을 수 있는 돼지고기 식감이 느껴지는 딤섬이다. 우육면은 생각보다 너무 매웠다ㅜㅜ 시그니쳐 볶음밥을 주문할라 했는데 쌀 상태가 좋지 않다며 볶음밥 종류를 일체 주문받지 않았다는게 좀 아쉽다. 인테리어나 서빙, 음식맛은 모두 만족:) 운이 좋으면 예약없이 바로 들어갈 수 있다. 2017-05-26

주소 서울시 강남구 신사동 657-5 연락처 02-511-5266 영업시간 10:00 - 22:00(화휴무) 쉬는시간 15:00 - 17:45

(37.52001, 127.021)

😊 **준영**　홍콩이 본점이라는 딩딤1968! 이번달 홀릭밋업으로 다녀왔어요:) 가로수길에 있는데도 가격대가 정말 저렴해서 좋았어요. 가로수길에 있는 저가형(?)딤섬집 순위 뽑자면 저는 딩딤-쮸즈-제레미 순서로 뽑을 것 같아요ㅎㅎ C세트 먹고싶었는데 어떤 메뉴가 안된다고 해서 A세트 주문했어요. 일단 차슈바오는 제가 홍콩에서 먹었을때도 그리 입에 맞지 않았었는데 여기서는 조금 더 별로라 딱히ㅋㅋㅋ 세트가 아니라면 굳이 먹지 않을 것 같아요... 달달한 돼지 바베큐가 들어간 번이에요. 그리고 나온 4개 딤섬은 전체적으로 짜지만 괜찮았어요! 여기 새우 들은 메뉴들이 다 실해서 너무 만족스러워요ㅠㅠ 만두피는 쫀득보다는 약간 감자떡..같은 느낌이라 아쉬웠어요 조금 더 얇거나 그랬으면 좋았을듯! 끝에 깨찰빵 같은건 알수없는 노란 크림?!이 들어있는데 원래 깨 가득한거 안좋아해서 그냥 한번 맛본걸로 만족~팥 들은거보다는 나았어요! 샤오롱바오도 무난하게 맛있어요. 만두소가 다른데에 비해 정말 부드럽게 뭉개져서 특이했어요! 딩딤 덮밥은 정말 실한 새우살 잘 구워서 간장계란밥처럼 만든 음식인데 새우가 너무 맛있어서ㅠㅠㅜㅜ 하지만 계란도 밥 양에 비해 좀 모자라고 양념도 모자라서 너무 드라이했어요. 딱 반숙 하나만 더 들어있었어도 좋았을듯.. 비빔국수는 국물없는 탄탄멘같은 느낌인데 야끼소바처럼 두툼한 면이어서 좋았어요. 근데 고명이 많은데도 면이랑 같이 먹기 힘들어서 약간 아쉽.. 그리고 면을 좀 더 탄탄하게 삶아주시면 좋을 것 같아요! 그래도 고수랑 같이 먹으니 괜찮더라구요. 이게 가장 현지맛 나는 메뉴였던듯! 딤섬 하나하나가 존맛!은 아니지만 그래도 가격대비 만족스러워서 좋았어요ㅎㅎ 못먹어본 메뉴 먹으러 또 올 것 같아요~ 2017-07-16

😊 **스텔라 정**　홀릭분들의 좋은 리뷰에 자극받아 비교적 한가하다는 평일에 무리해서 방문했어요 죽순의 아삭한 식감이 좋았던 초이가우, 뭔가 조금 아쉽지만 먹을만 했던 샤오롱바오, 메추리알, 새우, 돼지의 조합이 고개를 갸우뚱하게 했던 첸마이, 고추튀김과 유사한 첸째우까지 모두 맛있었지만 그 중에서도 최고는 하꾸여웠어요. 거위에겐 미안하지만ㅠ 푸아그라를 사랑하는 제 입맛에 아주 잘 맞았습니다 고수가 듬뿍 들어간 이빈란미엔 역시 제 입맛엔 딱이었어요. 더위에 감기까지 걸려서 컨디션 엉망이었는데 역시 맛있는 음식이 힘을 주네요. 앞으로 자주 방문할 것 같아요. 2017-07-21

주소 서울시 강남구 신사동 521-10 연락처 02-517-1968 영업시간 11:00 - 22:00 쉬는시간 16:00 - 17:30

(37.52704, 127.046)

😊 **형석** 이곳 소롱포가 그렇게 맛있다며.. 간만에 어머니 모시고 서울에서 외식 소롱포는 생각보다 국물이 별로 없어서 당황했지만 만두소가 너무 맛있어서 깜짝 놀랐네요 담백하면서 고기와 여러 재료의 맛과 식감이 살아있어서 베리굿 새우로 속을 채운 가지튀김? 이건 좀 기대이하..ㅠ 약간 집에서 해먹는 튀김 느낌이었달까 한우탕수육은 소고기 탕수육이라 고기맛을 살리려는 의도인지 튀김옷이 얇더라구요 그래서 바삭한 맛이 많이 부족했네요 대신 고기는 나쁘지 않았고 맛도 적당 크게 기대 안했던 우육탕면이 굉장히 맛있어서 화룡정점을 찍었네요 면은 쫄깃하면서 국물맛이 배어있고 진하면서 짜지 않은 국물과 풍성한 고기와 버섯 등등 그동안 먹어 본 우육탕면 중에 최고였습니다 망고 스무디라는 디저트는 오우...실패에요 ㅠㅠㅠ 전체적으로 음식이 최고다 하긴 어렵지만 분위기나 서비스도 아주 좋고 만족했습니다 가격은 좀 나가는 편 2017-09-09

😊 **뿔뿔** 가고싶다 리스트에 오랫동안 묵혀져있던 몽중헌! 갔다오니 속이 다 후련하네요. ··· 명품거리 안쪽에 있어 뚜벅뚜벅 걸어가면서 뭔가 심리적 위축됨... 내가 강남 쪽 식당 잘 못가는 이유..ㅠㅠㅠㅋㅋㅋㅋ ㅋ 하교, 구채교, 베이징식 샤오롱바오를 시켰는데 이 중 베스트는 하교였어요!! 생긴 것도 가장 예쁜데 맛도 제일 있더라구요. 한입 물었을때 통통한 새우의 식감이 느껴지는게 좋았어요. 정말 탱탱해요!! ··· 그래도 비교해보자면 여기가 더 맛있어요. 구채교도 괜찮은데 눈 동그래질 정도로 맛있지는 않았어요. 샤오롱바오는 좀 실망.... ㅠ..ㅋㅋ ㅋㅋㅋㅋ 음 일단 생긴것도 좀 뭔가 어중간했는데 안에 든 육즙이 좋게말하면 담백하고 안 좋게말하면 부실했어요. 육즙도 찔끔 나옴... ㅋ... ··· 아쉬운 점이 있다면 이 집 찻주전자 너무 무거워서 케틀벨 드는 줄 알았다는 거?ㅋ ㅋㅋㅋ 그 외엔 다 괜찮아요. 자리 간격도 넓고 아늑하고... 디저트도 주고... 배고플때 여기서 딤섬으러 배채우려면 거덜날 것 같긴한데 조금 허기질 때 오면 좋을 곳 같네요. 2017-01-31

주소 서울시 강남구 청담동 100-6 연락처 02-3446-7887 영업시간 11:30 - 22:00 쉬는시간 15:00 - 18:00

BakHye-lin

Ashley Jung

(37.57938, 126.9706)

수영 드디어 가게 된 서촌의 °포담° 평일에는 대기가 거의 없는대 주말이라서 오픈전부터 웨이팅이 있었어요~ 오픈시간전이라도 가서 이름적고 주변 둘러보다가 오픈시간에만 맞춰서 가면 되더라구요! 1빠로 입장했어요~ 생각보다 내부가 좁더라구요. 세로로 긴 형식. 공간활용을 정말 잘한거 같아용bb 3명이서 '포담 샤오롱바오' '새우샤오마이' '흑초탕수육' 먹었어요~ 다른 딤섬집에 비하면 가격이 저렴한거 같아요!! 저는 기대 안하고 가서 그런지 만족도가 높았어요ㅎㅎ '포담샤오롱바오' 젓가락으로 터뜨리자마자 육즙이 많이 흘러서 놀랐어요 육즙 호로로록할때 정말 행복♡ 무엇보다 딤섬 특유의 돼지냄새? 가 나지 않는게 제일 좋앗어요:) '새우샤오마이' 저는 샤오롱바오보다 이게 더 맛있었어요. 김향이 생각보다 강하지 않고 은은해서 좋았고, 새우가 통으로 씹히니 새우 덕후라면 맛 없을 수가 없는 메뉴!! 위에 날치알 데코도 색감이 이쁘고, 씹는 맛도 강해서 굳굳 굿굿 '흑초탕수육' 튀김옷도 두껍지않고 고기도 알차서 좋았어요. 평소에 신거 좋아하는대도, 신맛이 나는 탕수육은 낯설어서 잘 손이 안갔던 메뉴. 다들 잘 안먹어서 너무 남았어요ㅜ다시 간다면 탕수육은 안시킬꺼 같아요~ 딤섬만 먹으러 갈듯! 나올 때보니까 웨이팅 엄청 있었는대 웨이팅 하면서까지 먹는거보다 우연히 기회될 때 먹는게 더 맛있고 좋을꺼같아요! 2017-10-07

YSL 날씨가 구리구리하니깐 웨이팅 없이 들어갔다 ㅎㅎ 역대급 소룡포급은 아니지만 나름 맛있게 먹었는데 역시 난 새우 매니아라 새우쇼마이가 탱탱한 식감도 좋았고, 더 맛있었음 ㅋ 그리고 흑초탕수육 시켰는데 탕수육 자체는 평범한데 흑초가 소스라는 점이 포인트인것 같다. 집에서 입 근처에 가면 엄청 식초냄새가 코를 찌르는데 막상 먹으면 살짝 새콤한 맛이날 뿐 심하지 않다. 그치만 라즈베리 소스는 약간 무리였음. 그냥 취향에 따라 찍먹하게 라즈베리소스는 따로 종지에 담아줬으면 좋겠다. 아참 자차이가 짜지 않고, 맛있는게 딱 좋았어요! 2017-09-19

꼬몽 흑초탕수육은 생각보다 그저 그랬지만, 소룡포보다도 쇼마이가 너무 맛있었어요!! 웨이팅이 사악하긴 하지만 한국에서 딤섬하는 데 중에서 가성비 짱인듯! … 2017-04-09

주소 서울시 종로구 통인동 137-7 연락처 02-733-0831 영업시간 11:30 - 21:30(일 월휴무) 쉬는시간 15:00 - 17:00

미스터서왕만두

코코아코

Seyeon. Y

JAY

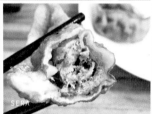

SERA

코코아코

미스터 서왕 만두

대표 왕려

TEL : 02-312-8869
H.P : 010-5640-8869
서울시 서대문구 대현동 27-20 103
가이아 오피스텔

(37.55809, 126.943)

😊 SERA

이렇게 가격 괜찮고 맛있는데 찾는거 흔치 않은거 같아요! 여기 유명한 메뉴들 아마 소룡보, 군만두, 새우만두 같은데요 다 먹어봤어요! 군만두 > 소룡보 > 새우만두 근데 이 순서는 진짜 개인 취향 같아요. 제 친구는 세우만두가 소룡보보다 맛있다 했어요! 근데 다 괜찮아요~ 군만두는 빠삭하고 기름 좔좔 ㅎㅎ 안에 속이 두툼하고 고기도 많고! 소룡보도 즙도 맛있는데 살짝 깊은맛이 모잘라용 근데 제가 꽤 유명한 소룡보집 몇몇 가봤는데 이 가격에 흘륭한거 같아요~ 새우만두는 새우 식감이 딱 느껴져요! 안에 고기도 있구요! 즙은 없어요. 사이즈도 나쁘지 않고요. 어중간한 시간에 가도 손님들 꽤 되고! 꽤 전통적인 맛 나는거 같아요. 직원분들 도 중국분 같았어요~~ 추천해요 ^^ 2017-01-27

😊 홍콩오리

맛있는 만두집을 발견해 기쁘다! 새우만두,군만두,소룡포를 주문하였고 이 순서대로 맛있었 다. 같이간 일행은 군만두,새우만두,소룡포 순으로 맛있었다고 한다. 먼저 새우만두는 탱글탱 글 새우랑 돼지고기반죽이 꽉 차있다. 약간 만두피도 소룡포보다 야들야들한 느낌.. 군만두는 다른데보다 피가 두 껍다. 그리고 군만두보단 튀김만두같은 인상을 주기도 한다. … 일행은 근래 먹었던 만두중에 제일 맛있었다고 한 다. 소룡포는 가격을 생각하면 훌륭하지만 맛으로만 보자면 좀 평범했다. 피가 일단 두껍고(여기 특징인듯) 크기가 커서 좋기도 하지만 한입에 쏙 먹기 좀 힘들다. 있어보니깐 사람들이 찐만두도 많이 먹는거 같던데 다음번에 방문 하게 된다면 찐만두도 먹어볼거다!! 2017-12-04

😊 박지원

새우만두 + 군만두 + 소룡포 정말 가보고싶었던 서왕만두! 리뷰 쓰는걸 깜빡해서 이제야 쓴다ㅋ ㅋㅋ 양조장 가기 전에 먹음 아쉬운 점은 맥주가 안보였다는거. 칭따오와 먹고 싶었는데 메뉴판에 도 없고 냉장고에도 없고 ㅠㅠ 만두는 1인 1판했는데 양이 좀 모자랐다. 뭔가 더 시켜먹자니 짬뽕스러운 해물탕밖 에 없어서 애매 ㅋㅋ 그치만 거품 없는 가격에 맛까지 만족스러웠다. 새우만두가 가장 좋았고 탱글탱글한 새우는 사랑이다. 군만두는 뭐 거의 튀긴 만두다 ㅋㅋㅋ … 찐만두는 쟈오쯔가 더 좋았음. 그래도 둘 다 맛나게 먹고 나옴! ㅎㅎ 2017-05-18

주소 서울시 서대문구 대현동 27-20 연락처 02-312-8869 영업시간 11:00 - 21:00(월휴무)

짱뎅

JH

(37.53387, 126.9937)

짱뎅

BH.KIM

짱뎅

😊 **머큐리** 언니가 맥주안주 필요하대서 냉동고에 쟈니덤플링을 꺼냈다. … 망플에 리뷰 (처음!)쓰게 만든 이 집.한 동안이태원가면 에피타이저로 먹곤 했었다. 진짜 일주일에 한번은 갔었는데 메르스 때도ㅋ ㅋㅋㅋㅋㅋㅋㅋㅋㅋㅋㅋㅋ너무너무너무 먹고싶어서 가서 포장해왔어요. 인턴 때 어색한 본사 대리님이랑도 만두먹 고 친해졌고 같이 갔던 친구들은 만두 먹으러 가자고 연락온다! 언젠가 … 사람 많아지고 2호점인가?주방장님이 기름 온도 못 맞춰 느끼한 만두 먹은 후론 포장한다. 얼마전에 가니 방송 나온 지 꽤 됐는데도 사람 많더라ㅠㅠ 냉동 고에 쟈니덤플링이 있으면 너무 뿌듯하다 부자된 기분!!ㅎㅎㅎ 2017-08-16

😊 **혀니이** 드디어 쟈니덤플링에..!! 세상 애매한시간에 (4시쯤) 가서 그런지 웨이팅 없이 먹고 왔어요. 옛날 느낌 인테리어에 좁고 사람 많고~~ 마파두부와 만둣국 사이에서 인생 고민을 하다가 만둣국과 반 달군만두 먹기로! 먼저 만둣국이 나왔어요. 엄마가 끓여주는 한국식 만둣국은 아니고 홍합탕 스타일? 홍합+시원 한 홍합국물+ 만두라고 보면 될 듯. 만두가 얇고 작아용:(그대신 홍합은 엄청 많아서 아쉬움을 덜어요. 친구는 예상했던게 아니라고 슬퍼했어요 ㅠ 그래도 반달만두는 모두가 맛있게 먹었어요! 겉바삭 속촉촉은 진리죠ㅋ 누구 나 좋아할 맛!! … 여기 군만두는 맛있었어요! 가격이 올랐다지만 아직은 이태원 치고 저렴한 가격대의 식사가 되 는 것 같아요. … 다음엔 마파두부를 먹어보리라 다짐하며 ㅎㅎ 2017-05-22

😊 **써머칭구** 저번에 쟈니덤플링 첨 먹었을 때 뭔가 신세계같이 맛난 군만두를 먹었는데 이번엔 그정돈 아 니었다. 물론 맛있었지만, 항상 처음먹을 때 더 신선한 충격을 받는 거 같음. 그래도 위엔 바삭 하고 안엔 육즙 가득 맛남! 이번엔 둘이서 물만두, 군만두, 만둣국을 먹었는데 물만두가 생긴거 보다 맛났당. 생긴 건 만두피가 되게 두꺼워서 밀가루 맛이 강할 것 같은데, 그래도 속이 새로 나름 알차서 맛나게 먹음. 우선 가성 비가 좋은듯하다 양이 많기에.. 만둣국은 비주얼은 홍합탕..ㅋㅋㅋ 그냥 예상 가능한 맛. 둘이서 물만두, 군만두 하 나씩만 시킬걸 그랬다 메뉴 세개는 넘나 배터짐 ㅜㅜㅜ 2017-08-05

주소 서울시 용산구 이태원동 130-3 연락처 02-790-8830 영업시간 11:30 - 21:30

(37.55521, 126.9293)

😊 **JENNY** 아 진짜 너무 맛있어요ㅠㅠㅠㅠ 박수박수!! 둘이서 딤섬정식 시켜서 맛있게 먹고 나왔어요. 차도 고를 수 있는데 중국음식이니만큼 자스민차를~^^ 샤왕과는 오이를 소스에 절인 것 같은데, 제 입맛엔 넘 달았어요.. 먼저 나온 '쭝겨', 가장 기본 찐만두래요. 저는 이게 제일 맛있더라구요...진짜 먹고서 박수 쳤어요ㅜㅜ고기고기한게 육즙 쫘악~ 진짜 제일 좋아하는 만두스타일이여ㅜㅜ 너무 맛있쟈나ㅜㅜ 다음으로 샤오롱바오가 나왔는데, 맛있었지만 이게 꼴찌! 젤라틴을 안 쓰기 때문에 진하되 무겁지 않다고 해서 그런지, 전 육즙이 쫘~ 나오는 걸 기대했는데 그게 살짝 아쉬웠어요. 또 약간 피가 두꺼워...맛이 없다는 건 전혀 아녜요, 맛있었지만 살짝 제 스타일은 아니라는 점. … 마지막으로 꾸어티얼! 얘도 박수~~!!! 얘도 넘 맛있잖아요ㅠㅠ … 얘도 고기고기한게 육즙 찐인하고 굿굿!! 구운 부분의 바삭함도 너무 잘 살렸어요!! 진짜 여기 제안해준 주훈님한테 넘나 감사!! 가고싶다는 해놨지만 생각을 못하고 있었거든요. 아 진짜 여기 너무 맛있네요!! … 가게는 작지만 회전율 빠르구요, 사장님 내외분 넘넘 친절하세요!! 또 올거에요!!! 2017-02-18

😊 **박지원** … 군만두에서 육즙을 맛본건 처음이었다 ㅋㅋㅋ 간장 대신에 식초 베이스 소스를 주시는데 부담스럽지 않으면서도 만두의 맛을 돋구는듯! … 찐만두류도 촉촉하고 실한 만두소에 내심 감탄하며 맛있게 먹음 ㅋㅋ 하이 샤오롱바오보다는 쭝겨가 맛있었다. 딤차이는 육즙이 너무 많아서 먹기 불편했는데 여기는 딱 적당했음ㅎㅎㅎ 샤왕과는 새콤보다는 달콤에 가까워서 먹다보니 좀 물렸다. 맥주 안주로는 잘 모르겠음. 몸상태만 좋았다면 칭따오를 시켰을텐데 아쉽다 빈 그릇은 바로바로 치워주셔서 편하게 식사했다. 대신에 딤섬 세트만 시키면 배가 안찰 수 있으니 식사류를 함께 시키는게 좋을 것 같다. 2017-03-17

😊 **지원쓰** 휴일 점심에 방문! 높은 별점에 비해 매장은 한산했다. 딤섬정식 하이랑 칭따오를 주문. 처음 나오는 샤왕. 그냥 오이같은데 오이가 이렇게 맛있을 수가 있나 ㅡㅠ 깔끔하고 달달함 ! 이후 나오는 딤섬들 다 존맛탱 육즙 가득 같이 간 친구는 군만두 별류 안좋아하는데 여기는 맛있다고 했다 주인 아저씨가 말투가 조금 무뚝뚝하셔서 ㅜㅜ 신경쓰였지만 존맛이어서 패스..ㅎ.ㅎ 2017-05-06

주소 서울시 마포구 서교동 327-22 연락처 02-338-1117 영업시간 12:00 - 22:00(일휴무)

(37.50897, 127.084)

😊 **JH** 잠실새내역 새마을 전통시장에 위치한 만두집 "파오파오". 자리는 없고 포장만 가능해요. 가격도 좋고 맛도 좋고 위치도 잠실 종합운동장에서 야구 보면서 먹기 완전 좋고!! :) '고기만두', '새우만두', '김치만두' … 만두 피가 얇아서 맛있어요!! 고기만두는 담백해서 좋았고, 김치만두는 맥주와 환상의 궁합을 자랑해요!! 만맥최고!! 가장 맛있었던 건 새우만두!! 통새우 씹히는 식감이 기가 막혀요ㅎㅎ 부작용이 있다면 만두 먹느라 야구 보는 거에 집중을 못할 수도 있다는 거!! 워낙 유명한 집이어서 줄 서서 사먹는 만두집이에요. 특히 야구경기 있는 날은 유니폼 입고 온 손님들로 가득가득. 2017-04-28

😊 **이보나** 맛있는 만듀. 테이크아웃해서 야구보면서 먹으면 꿀맛이지롱! 사실 야구장 가는길에 한팩 다 뜯어서 먹은건 안비밀,,, 크크 새우만두 두팩이랑 고기만두 한팩 먹었스유! 새우만두는 오동통한 새우가 들어있어서 식감 최고! 언제 어딜 가도 새우만두는 실패하기 어려운 것 같아용 히히 만두피도 얇고 안에 내용물이 알차서 맛있당! 고기만두도 넘나 취향저격인것 ㅠㅠ 막 특별한건 없었지만 너무 맛있게 먹었어용 역시나 내용물 그득그득~ 두명이서 세팩 시켰는데 배가 차긴하더라구요,, 생각보다 양이 되는듯! 맛있당 나중에 기회 되면 또 묵어야징 2017-06-21

😊 **YangEun Sol** 맛있다!!!! 새우만두 따뜻할때 먹었는데 진짜 만두피는 쫄깃쫄깃하고 속에 새우는 탱글탱글 식은 다음에 먹어도 괜찮았다 적당한 가격에 맛있는 만듀 2017-03-19

😊 **BECKHAM** …포장해서 먹었는데 식었음에도 맛있었어요. 김치 만두는 맵더라구요. 고기 만두는 평범했어요. 새우 만두가 참 맛있었어요. 속에 내용물이 가득해서 더 좋았네요 2017-04-08

주소 서울시 송파구 잠실동 205-16 연락처 02-412-9198 영업시간 11:30 - 22:00(월휴무)

맛이차이나

SERA · YennaPica · 도순 · 도순 · 권오찬

(37.54761, 126.9208)

😊 **마중산** 개인 취향에 너무 잘 맞아서, 인생 중식당으로 등극했음. 연희동이나 연남동에 훌륭한 집 많지만, 친구들과 함께 하는 자리라면 여기를 택할 듯 (34세 남성 기준ㅋ) 팔선 출신의 셰프가 하는 곳이라는 말만 많이 들었는데, 이 날 먹은 모든 메뉴가 굉장히 맛있었음. … 자주 찾게 될 것 같은 느낌이 확... 1. 탕수육: 항정살로 탕수육을 만드는 … 식감. 육질 정말 부드럽고, 소스도 깔끔. 비주얼도 좋아서 나오는 순간 일행 모두 '와우!' 2. 크림 새우: 개인적으로 느끼한 거 안좋아하는데, 전혀 느끼하지 않았다. 정말 맛있게 먹었음. 3. 멘보샤: 빵의 바삭함과 새우살의 부드러움이 정말 잘 살아 있음. 4. 팔보채: 일행들이 버섯 아니냐고 착각했을 만큼 전복이 듬뿍 들어 있음. 시그니처 메뉴 중 하나인 듯. 5. 삼선짬뽕: 조개 듬뿍 들어간 스타일. 국물 시원해서, 개취에 아주 적합했다. 6. 공부탕면: 빨간 탕보다 하얀 탕 좋아하는 분들이면 이걸로 드시면 되겠음. 7. 해산물 냉채면(여름 특선): 새콤한 국물에 중국 냉면 같은 느낌. 여름에 입맛 살리기에 좋을 듯. 2017-06-05

😊 **쫭뎅** 오랜만에 다시 찾은 맛이차이나. 3년전(?) 암튼 생긴지 얼마안돼 아는사람이 없어 사람없던게 엊그제같은데 업장도 크게 이전하고 웨이팅까지 있다. … 공부탕면을 먹었는데 인생 백짬뽕맛이었다. 내가 자꾸 맛있다하니 한낱 손님인 나에게 ㅋㅋ입지가 안좋고 업장이 좁아서 사람들이 잘 안와서 걱정이라하시길래 걱정마시라고 이런데는 꼭 뜰거라했는데 진짜 떠서 내가 다 뿌듯 ㅋㅋ 여전히 공부탕면은 맛있다. 해물맛이 잘 우러난 진한 국물이 압권. 옛날이 더 해산물양이 깡패였던거같은데 물가를 생각하면 이정도도 감지덕지.. 짜장면은 호텔짜장면처럼 많이 짜지않고 담백하다. 특히 소스가 참맛있다. 같이시킨 볶음밥이랑 비벼먹으면 추억의 극대화된맛. 볶음밥은 고슬고슬 불에 마늘볶은향이 확 난다. 이역시 괜춘. 탕수육은 소스를 부어서 튀김이 바삭한게 유지되는게 좋았다. 전반적으로 가격에 비해 맛이 고급스러워 이 인근에서 괜찮은 중식을 먹으려면 역시 여기가 제일 좋은듯하다. 2017-07-13

주소 서울시 마포구 상수동 321-1 연락처 02-322-2653 영업시간 11:30 - 21:50 쉬는시간 16:00 - 17:00

산왕반점(연남동본점)

유되니

묑뎅

Ayoungkim

마중신

묑뎅

(37.5654, 126.9232)

So So Def 멘보샤의 산왕반점. 산왕반점의 멘보샤. 듣던대로 맛있었다. 야들야들 탱글탱글 겉바속촉 바로튀겨나와서 더 맛있었음. 기름기가 쭉 나올만큼 많았지만 커버될만큼 맛있었음. 오향장육, 양장피, 짬뽕은 거들뿐. 주인공은 나야나 나야나 하는 느낌. 오향장육 고기 엄청 얇게 썰어주셔서 하나만 집어들기 어려울 정도였다. 엄청 새콤하고 달콤한 소스와 잘 어우러져 오이, 파채 곁들여서 먹으니 맛있었다. 다른집에 비해 고기가 보드러웠다. 양장피는 워낙 좋아하는 중식메뉴인데 신선했고 겨자소스가 완전 독하길 바랬는데 좀 마일드했음. 양장피 무지하게 독하게 먹는 나같은 사람들은 좀 실망할듯. 먼가 부족한듯 해서 식사로 시킨 짬뽕. 정말 뜨끈뜨끈한 국물을 좋아하는데 되게 미지근했고 해물맛이 정말 깊었다. 엄청 오래동안 계속 끓인 맛이다. (수십년째 불 꺼지지않는 설렁탕집 같은 느낌) 면도 꼬들꼬들 맛있는데 이건 짬뽕밥으로 먹고싶은 맛이었음. 양을 적게하고 가격을 비싸지않게 책정한것도 정말 맘에들었다. 소수 인원이 가도 여러가지 먹을 수 있는 점 굿! 2017-07-09

기매 리뷰를 보다보면 다들 여기서 짜장면 짬뽕같은 식사메뉴는 별로 추천하지 않는데 나는 엄청 추천!!! 보통의 한국 짜장면 짬뽕을 기대하고 먹으면 별로겠지만 여기선 뭔가 굉장히 중국의 맛이 난다. 새로운 맛을 기대하고 먹어보면 아마 오~괜찮네~ 하게 될 것! 특히 짬뽕 국물은 여기서만 먹을 수 있는 그런 맛이다. 알싸한 향신료 향이 살짝 나면서도 중독적이다. 짬뽕을 시키기 무서우면 볶음밥을 시켜보길. 볶음밥을 시키면 짬뽕국물을 같이 주니까 한 번 맛 보고 괜찮으면 다음에 도전할 수 있다. 그리고 믿고 먹는 새우빵!!! 여기와서 새우빵 안시키면 아이고오오오 의미없다~~~~ 꼭 먹고 가시길! ;) 2017-07-26

DD 멘보샤가 너무 궁금해서 찾아간 산왕반점! 멘보샤는 사진만 보고 한입 베어물면 육즙과 기름이 팍 터져나오는 그런 맛이줄 알았는데 의외로 굉장히 깔끔해서 좀 실망(?)했다. 사이즈도 좀 작았고. 굉장히 바삭바삭해서 에피타이저로 먹기에 괜찮았던것 같지만 또 찾아먹을 정도는 아님ㅋ 의외로 홍소육이 참맛이었다 돼지고기 사이사이의 비계가 입안에서 살살 녹고 함께 먹는 오이와 파가 굉장히 잘 어울려서 놀라움을 금치 못했다. 이런 중국 음식이 있다닛! 먹는 내내 넘 행복했다. 아마 홍소육이 생각나서 또 올것 같다. 2017-01-31

주소 서울시 마포구 연남동 241-17 연락처 02-324-0305 영업시간 11:30 - 22:00(월휴무) 쉬는시간 화금 15:00 - 17:00

맛있어서'엔돌핀

ZN

(37.5073, 127.03228)

키다리아저씨

키다리아저씨

시마망고.

😊 키다리아저씨

일일향 1호/3호점에 이어서 2호점도 가보았다^^ 우선 넓은 주차공간과 매장의 크기가 다른곳보다 큰편이고 그만큼 손님도 많다. 하루 전 예약을 해서 2층의 룸을 안내 받았다. 추천메뉴인 어향동고~ 육즙 돼지고기 탕수육~ 소고기 피망볶음+꽃빵4개 ~ 오렌지 크림새우+호두 ~ 삼선짬뽕 그리고 연태 고량주 작은거 하나 주문하였다. 어향동고는 살짝 얼큰하면서 맛난다~ 동고버섯안에 새우다진 살을 넣어서 만들어 씹는식감과 향이 입을 즐겁게 해주고 쫀득한 식감에 다양한 야채와 소스가 잘 어울려서 굿!! 여기 탕수육은 누구나 잘 알듯~ 두툼한 고기를 사용하는데 잡내도 안나고 상당히 부드러워서 맛있다. 맑은 탕수육 소스도 살짝 달콤해서 누구나 좋아할 맛이다. 소고기 피망볶음은 일반적인 고추잡채의 맛이라 생각하면 된다~ 특별한 장점은 없으나 맛은 있음. 오랜크림새우는 통통한 새우를 튀기고 그 위에 오렌지 소스를 발라서 새콤달콤한 맛과 고소하고 담백한 맛이 조화롭다^^ 가운데 호두는 튀긴호두느낌? 삼선짬뽕도 신선한 재료를 사용하고 깔끔 시원한 국물맛이라 좋지만 특별한 장점은 없이 맛나는 수준~ 전체적으로 음식의 맛도 좋고~ 서비스도 좋은편이지만 식사시간대에 몰리면 정신없고 바쁘니...모임이 필요한 분들은 미리 예약하는게 웨이팅도 없고 편히 식사하기 좋을듯하다^^ 2017-03-07

😊 모이모이짱

어향동고와 육즙탕슉은 역시 맛있다. 매장 규모가 커서 모임으로 식사하기 좋다. 연회장도 있음! 물짜장은 처음 먹어봤는데, 맛있지만 뭐가 심심한 느낌, 면발은 맛있다. 다른 요리와 식사는 무난한것 같다. 2017-01-12

😊 얌얌

집 바로 근처라 은근 자주 찾게된다. 어향동고는 더 맛있어진듯 ㅋㅋㅋ 사진은 없지만 육즙소고기탕수육도 정말 맛있다. 튀김이 두껍지도 않고, 고기 육즙이 살아있고 소스도 시지 않고 적당해서 잘 어울림. 쟁반짜장은 생각보다 그냥 그랬다. 어향동고 먹으러 또 가야지 히히 2017-04-09

😊 망고푸딩

언주역 맛집, 요새 대통령 덕에 더 핫해진 차병원 사거리에 있다. 분점이지만 맛은 본점 못지 않은듯. 대표요리인 어향동고를 시키고 밥시켜서 먹었다. 이런 중국요리도 있구나 하며 놀랐고, 비쥬얼과 맛에 또 한번 녹아 들었다. 2017-02-18

주소 서울시 강남구 논현동 206-5 연락처 02-512-9182 영업시간 11:30 - 21:30

황뎅 　　Ashley Jung

황뎅 　　Ashley J

(37.51456, 127.0295)

😊 **황뎅** … 배고픈날 망고픽을 보면 안된다.. 아 근데 역대급 간짜장. … 짜장면은 별로 좋아하지 않지만 의도치 않게 이곳저곳 많이 먹으러 다녔는데 이 집은 넘사벽.ㅋㅋ 특히 나같이 아삭아삭한 양파를 좋아하는 사람에게는 더할나위 없는 곳이다. 면의 질도 탱글하고 쫄깃하고 양파향 확 나는 짜장이 정말 잘 어울린다. 특히 튀긴듯한 계란후라이..!!!!!! 캬...ㅋㅋ 확실히 이렇게 센불이 후르륵 튀겨낸 계란후라이는 중국에서 너무 좋았는데 한국에서도 비슷한 맛으로 먹을수 있어서 좋았다. 난자완스, 깐풍기도 정말 맛있었다. 근데 간짜장이 너무 역대급이라.ㅋㅋㅋㅋ … 두 메뉴가 좀 사이드로 밀려버린듯한 인상이었음. 볶음밥은 기대했는데 밥알이 좀 축축해서 실망스러웠다. ㅋㅋ 그냥 이 집은 간짜장 맛집인걸로... 한편 아삭아삭한 것보다는 유니짜장같은 부드러운 맛을 좋아하는 지인 입맛에는 맞지 않았다고 하는데.... 그러면서도 양파가 제철인 7월에서 9월사이에 오면 더 맛있을것 같다는 명언을 남겼다...ㅋㅋ -_-..... 이때 다시 방문해보는걸로..ㅋㅋ ... 2017-06-06

😊 **모이모이짱** 리뷰를 읽다 보니, 간짜장을 꼭 먹어야할 것 같아서 안 먹으면 안될것 같아서 곱배기로 주문했다. ㅎㅎ 소스가 부드럽고 적당히 달큰하고 감칠맛이 난다랄까.. 지금까지 먹은 짜장 중 손에 꼽을 만큼 맛있었다. 양파가 살짝만 볶아진 느낌인데다 엄청 많아서 좀 맵긴 했지만 생생한 느낌이 잘 살아 있어서 맛도 비주얼도 완전 좋았다. 탕수육도 고기가 두툼하고 소스도 튀김옷도 색이 하얘서 뭔가 깨끗한 맛이었다. ㅋ (부먹이 아니라 찍먹임) 생각보다 작은 가게인데 줄이 길진 않았다. 그리구 역시 망고 평점은 믿을만 함. ㅎㅎ 요즘 친구를 만날땐 망고리스트를 꼭 만들게 되는데, 오늘 친구가 그 리스트에서 홍명을 찍어 가게 되었다. 담엔 여러명이 가서 다른 것도 먹어봐야겠다! 2017-06-21

😊 **은티** 요즘 중식에 빠져있는 지인 덕에 (사실 나도 좋아함) 추석 연휴를 맛있는 중국음식으로 열게 되었고 그것은 바로 홍명! 기대했던 간짜장보다도 난자완스, 깐풍가지 그리고 수제만두가 마음에 쏙 들었다. 간짜장은 양파가 그냥 거의 생양파 수준인데 호불호 갈릴듯..? 추가로 주문하고팠던 만두는 솔드아웃 ㅠㅠ 간짜장을 안먹었다면 다른 요리들을 주문해봤을텐데 배가 넘 불러서 아쉽 ㅠㅠ 2017-02-02

주소 서울시 강남구 논현동 37-9 연락처 02-548-2223 영업시간 11:00 - 21:00

마담밍

(37.50344, 127.0501)

😊 **망고푸딩** 선릉역 중식 맛집 마담밍~// 3시부터 브레이크라 몇번을 기회를 놓치다가 방문하게 되었다. 입장할때 망고플레이트 맛집이란 스티커가 붙어있어 기대가 높았다. 여러가지 메뉴중에 눈에 가장 띄는 메뉴는 짬뽕냉면 이었다. 베스트 메뉴로 추천이 되어 있기에 일단 주문을 했다. 맵기 단계는 가장 안매운 1단계로 주문을 했다. 매운 화자오와 육수 얼음의 양으로 맵기를 조절하는것인데 소량의 매운 양념으로도 충분히 매웠다. 매운것을 못먹는것을 보자 육수얼음을 주셔서 메밀소바처럼 찍어 먹었다. … 맵다, 하지만 진심 맛있었다. 선릉역 중식은 여기가 최고인것 같다. 2017-09-09

😊 **김모찌** 냉짬뽕으로 유명한 집. 직원분들이 엄청 친절하세요!!! 저는 냉짬뽕 2단계 먹었는데 맛있게 매운 정도였어요ㅎㅎ 면도 생각보다 국물이 잘 베여서 맛있음! 하지만 매운거 못먹은 회사 동료들은 1단계도 엄청나게 매워하며 많이 못먹었어요ㅠㅠ 매운거 못드시는분들은 피하시길ㅠㅠ 그리고 차갑다보니 면이 꼬들꼬들한데, 저는 맛있었지만 취향에 안맞아하는 사람도 있었어요ㅠㅠ 다른 사람이 시킨 삼선짬뽕과 볶음짜장밥도 맛있네여ㅎㅎ 같은 테이블에 서로 다른 메뉴를 시키면 다른사람까지 맛볼 수 있도록 리필해준다는 점이 특이해요. 눈치보이지 않고 오히려 부족하지 않냐며 더 리필하라고 막 하시고..!! 단무지 플레이팅도 귀엽고 저는 만족! 모두를 만족시키지 못해서 조금 아쉬워요ㅠㅠ 2017-05-27

😊 **BECKHAM** 딱 들어가자마자 중식당 분위기 나네요. 저녁시간이라 손님들이 많았구요. 단무지 세팅 디테일이 너무 귀여웠어요. 짬뽕냉면, 삼선짬뽕, 군만두 시켰어요. … 짬뽕냉면은 가장 덜 매운 1단계로 시켰는데 매운 걸 잘 못먹는 저한텐 조금 매웠어요. 삼선짬뽕은 국물이 정말 진하고 좋았어요. 해산물과 버섯도 많이 들어가 있구요. 오히려 짬뽕냉면 보다 삼선짬뽕이 덜 매웠어요. 개인적으론 삼선짬뽕이 더 좋았어요. 식사 중에 이모님이 오셔서 면이나 밥 모자르면 더 주신다네요. 망플 리뷰에서 봤듯이 정말 친절하시네요. 후식으로 귀여운 찹쌀떡도 내주셨구요. 장사가 잘 되는 식당이 맛과 서비스를 동시에 만족시켜주는 경우는 잘 없는데 정말 만족스러웠어요. 다음 번에 다른 음식도 먹어보고 싶네요. 2017-09-22

주소 서울시 강남구 대치동 889-65 연락처 02-567-6992 영업시간 11:30 - 21:30(일휴무) 쉬는시간 15:00 - 17:00

Tsukasa. 땅시

 JH 춘

(37.59657, 127.0609)

😊 **이진쓰** 드디어 갔어요! 저는 굴 철이 지났을 것 같아서 그냥 굴짬뽕 대신 삼선짬뽕이랑 삼선간짜장을 시켰어요. 맛은 정말 좋았어요. 정말 바람직한 짜장짬뽕의 정석같았네용. 삼선짬뽕에 건더기도 꽤 실하게 들어있었어요. 담백하고 해산물에서 나오는 그 감칠맛과 고소함이 잘 어울어졌어요. 별로 맵지도 않고 담백함이 아주 매력적이었어요. 은근히 진한게 너무 맘에 들었고요. … 다음에 가면 굴짬뽕이랑 탕수육 시켜먹어야겠어요. 2017-05-29

😊 **윤** … 그냥 굴짬뽕 드시길. 포장말고 홀에서 드시길. 밥말고 면으로 드시길. 근데 맛은 정말 맛있다. 2017-01-14

😊 **Summer** 굴짬뽕이 가장 유명하고, 내가 가장 많이 먹은 메뉴이기도 하고, 실제로 가장 맛있기도 하고... 먹다 보면 어제 술 좀 마실걸 (?) 하는 생각이 드는 맛. 되게 개운하다. 근데 탕수육도 맛있다. 2017-10-31

😊 **클짱** 하...쓰는 지금도 가고 싶어지는 곳. 학교 다니면서 제일 많이 다닌 중국집을 꼽으라면 영화장일것이다. 교수님들이랑 회식할 때도 많이 가는 곳. 제일 만만한 곳이기도 하고 맛까지 있어서 뭘 시켜도 평타는 한다. 특히 고추짬뽕이랑 굴짬뽕이 유명하고 제일 맛있다고 생각하는 메뉴! 해장으로도 좋고 추운 겨울날 몸을 뜨시게 해주는 뜨겁고도 시원한 국물이 일품ㅠㅠ 위치가 (나에게서) 너무 먼게 가장 큰 단점...하지만 그렇다고 체인점이 생기길 바라는건 아니다. 영화장은 그 골목길에서 변치 않고 오래오래 한결같이 남아주었으면 좋겠다 (갑자기 감성터짐;;;) 2017-10-31

😊 **우이리** 짜사이가 신의 한수네요. 동파육의 느끼함을 확 잡아주네요. 부추굴짬뽕은 시원한데 약간 아쉬운 매꼼함이 짜사이로 보완되네요. 옛날짜장은 생각보다 담백했어요. (짜사이 때문인가?) 2017-02-02

주소 서울시 동대문구 이문동 288-23 연락처 02-967-9595 영업시간 11:00 - 21:20 쉬는시간 15:30 - 16:30

(37.55959, 126.9243)

😊 이진쓰 망플러들의 리뷰를 보고 고민하다가 그냥 크림새우와 짜장, 짬뽕을 시켰어요. 백짬뽕이 맛있다고들 하시는데 같이 간 분이 짬뽕은 빨간게 진리라고 하셔서. … 짬뽕! 짬뽕은 의외의 담백함에 놀랐네요. 진짜 고소하면서 담백해서 깜놀했어요. 앞에서 사람 말하는데 계속 국물 퍼마심. 불향이 살짝-나고요. 적당히 매콤해요. 내용물도 꽤 들어가 있어서 기분 좋아졌구요. 면도 쫀득하고 부드러웠어요. 간이 잘 베었더라고요. … 식재료 상태가 좋고 양도 많아서 진짜 가성비 최고인집이었어요. 다음에 또 가야지. 2017-02-01

😊 맛난거먹쟈 역시 홀릭분들 맛있다는데는 다 이유가 있네요ㅋㅋ 음식, 분위기 등 모두 만족스러웠어요! 백짬뽕, 초마짬뽕, 덮밥, 크림새우- … 백짬뽕- 국물이 참이네요. 깊이있는 맛이었어요. 위에 얹어져있는 재료들도 하나하나 맛좋았네여 분위기도 좋구, 서빙해주실때 하나하나 설명해주시면서 어떻게 먹는게 맛있는지도 말씀해주셔서 좋았어요 :) 서빙해주시는 쉐프님도 카리스마 넘치시고, 같이 먹었던 지인들도 다 만족스럽게 먹어서 좋았어요 2017-08-19

😊 엘몬 망설임없이 인생 중식집! 재료 하나하나도 정성스러운곳, 맛 하나하나까지 깊이있는곳. 어향가지가 진짜 베스트중에 베스트였어요. 50분정도 웨이팅 끝에 저와 제 짝꿍은 *목화솜 크림새우 *어향가지 *초마짬뽕 주문! 친절한 서버분께서 어향가지가 양이 많다고 이렇게 주문하시면 다 못드실수도 있다고 하시더라구요. 훗! 대식가인 저희는 걱정마시라는 회심의 미소와 함께 그대로 주문했어요. - 저희는 보통 둘이가서 메뉴 3,4개 시켜욧ㅎㅎㅎㅎㅎㅎ … 마지막으로 초마짬뽕!! 매콤하고 진한 국물에서 재료들의 맛이 다 느껴져요. 보통 중식집의 자극적이기만한 짬뽕이 아닌 약재로 만든 짬뽕느낌...!! 불맛과 부추 자연송이 파프리카 죽순 꽃게 등의 향이 짬뽕 국물에서 전부 느껴진다고 하면 믿어지시나요ㅎㅎㅎㅎㅎㅎㅎ 정말 품격있고 깊이있는 맛이었어요. 면발도 물론 탱탱했구요.. 스읍ㅠㅠ 주방에서 요리하시는 분들 너무 친절하시게도 나갈때까지 인사해주시더라구요. 서비스도 요리도 전부 대접받고 오는 듯한 기분이 드는 곳이었어요! 최고최고 제 인생 중식요리집입니당 다음엔 부모님 모시고 가야겠어요! 2017-05-20

주소 서울시 마포구 동교동 152-11 연락처 070-8824-2207 영업시간 12:00 - 22:50 쉬는시간 월-금: 15:00 - 17:00

(37.55088, 126.9233)

프로홍익러

자야

자야

이건명

CECY 짬뽕 전문점 초마. 붉은짬뽕과 하얀짬뽕을 먹었다. 육수가 아주 진하고 감칠맛이 좋다. 돼지고기, 오징어, 새우, 각종 야채들이 들어가는데 재료가 좋아서 향이 다 좋고 오래 조리하지 않아서 숨이 살아있는게 식감을 살려준다. 깔끔하게 잘 낸 불맛으로 포인트를 더한다. 해물과 고기가 풍성하게 들어가기에 면 요리의 약점인 단백질도 충분히 채워주는 듯하다. 면도 상당히 좋다. 식감이 쫄깃하고 탄력있으면서도 퍼지지 않고 간이 잘 배어있다. 붉은짬뽕은 고춧가루가 더해지는데, 고춧가루를 질좋은 것으로 사용한 듯하다. 고춧가루 향이 강하고 신선하게 퍼지며, 고춧가루에서 우러나는 달큰한 감칠맛과 점성이 매우 양질의 것이다. 그러면서 자극적이지 않고 맵지 않다. 고춧가루가 얼큰하고 매운 맛을 내는 것이 아니라 향긋한 고추 향과 달큰한 감칠맛을 더해주는 역할을 해주고 있다. 자극적인 기성품 고추기름으로 얼버무리는 짬뽕들과는 확실히 다르다. 흔히 짬뽕집들이 간과하는 고춧가루의 퀄리티 때문에 가게의 기본기에 신뢰가 느껴진다. 하얀짬뽕은 고춧가루가 들어가지 않은 대신에 청양고추를 썰어넣어 아주 매콤하다. 매운걸 못먹어서 하얀짬뽕으로 주문했는데 하얀짬뽕이 더 매워서 고생 좀 했지만 ㅋㅋ 육수가 진국이라 정말 맛있었다. 잘 만든 나가사키 짬뽕. 유명하길래 한 번 방문해보고 싶었는데 명성이 단번에 이해 되는 맛이다. 2017-01-18

박지원 붉은 짬뽕 + 하얀 짬뽕 면보다 고명이 많은 짬뽕은 처음 봤다. 고기, 오징어 특히 하얀 짬뽕은 고추가 꽤나 많아서 아삭한 식감을 즐길 수 있었다. 예상 외로 백짬뽕이 더 매웠고 붉은 짬뽕은 불맛이 강하게 났다. 뒷맛이 깔끔해서 특유의 더부룩함 같은게 없어서 좋았는데 생각보다 안매워서 아쉬웠다. 밥이랑 함께 먹는것도 별로였다 ㅋㅋㅋ 그래도 왜 유명한지는 알 것 같았음. 그나저나 매장 음악 좀 바꿨으면 .. 2017-03-20

프로홍익러 현지 중국음식을 좋아하는 나조차 가끔 짬뽕이 땡기게 하는 곳! 홍대 부근에서 제일 맛있는 짬뽕집이 아닐까 싶다. 하얀짬뽕, 일반 짬뽕 둘 다 국물이 깔끔하고 일반 짬뽕이 조금 더 매콤하다. 하얀짬뽕은 약간 나가사키 짬뽕이랑 비슷함. 탕수육도 바로 튀겨져 나와서 같이 먹으면 맛있다. 식당은 중국집치고 깔끔한 편이고 … 2017-09-18

주소 서울시 마포구 서교동 361-10 연락처 070-7661-8963 영업시간 11:30 - 21:00(월휴무) 쉬는시간 16:00 - 17:00

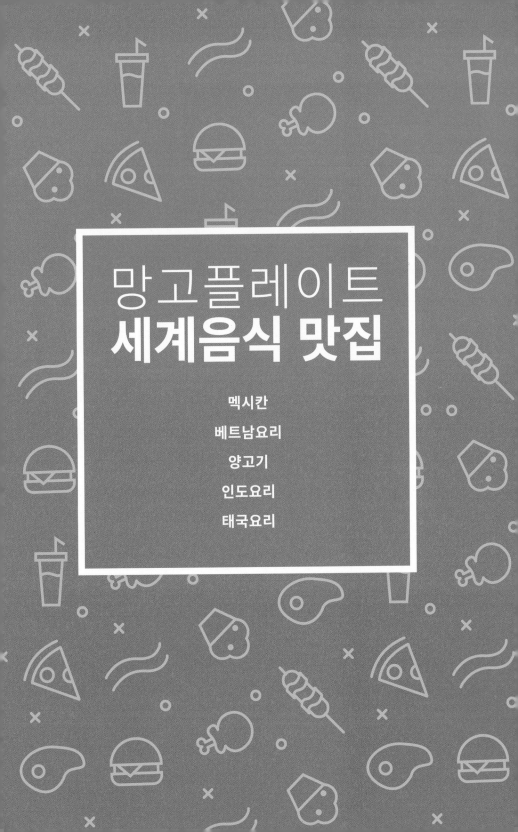

망고플레이트
세계음식 맛집

멕시칸

베트남요리

양고기

인도요리

태국요리

(37.52306, 127.0223)

😊 **마중산** 타코, 부리또, 김치프라이즈가 맛있고, 이국적 분위기(점원 분들도 외국인이 다수)로 유명한 곳. 시끌 벅적한 분위기에 다양한 맥주가 준비되어 있어서(갠적으로 좋아하는 브루클린 라거 드래프트도!) 펍 같이 느껴지기도 함. 메뉴 별로 리뷰하는 건 의미 없을 것 같고, 메뉴 판에 타코/부리또 주문 시 고기의 종류나 재료들을 보고 고를 수 있으니 취향대로 고르시믄 되겠음. 맛 없는 메뉴는 없었던 듯! 당일 서브해 주신 분은 명찰에 남아공 국기가 그려져 있었음. 뭔가 이색적 ㅎ 아무튼 친구들과 떠들며 밥도 먹고 맥주도 한 잔 하고 싶다면 이 만한 공간도 없음. 추천! 2017-01-16

💬 **subing** 칠리 라임 쉬림프 타코 짱짱!!... 새우 간은 짭쪼름한 거밖에 안 먹어봤는데 얜 소스?맛이 새우에 그대로 배어있었다. 달콤짭짤감칠맛 최고. 타코가 작아서 아쉽다는 리뷰를 많이 봤는데 제일 맛있어서 그런 것 같다ㅠㅠ 김치 까르니타 프라이즈는 예상대로 평범~ 신맛이 강한 볶음김치보다는 배추를 멕시칸식으로 했으면 더 조화롭지 않았을까 싶다. 어울리지 않는데 굳이 이런 퓨전을 시도할 필요는 없는 듯. 팻 바스타드 (부리또 보울)도 평범. 살짝 마른 볶음밥 먹는 듯... ⋯ 2017-03-26

😊 **맛집은 나의 빛** 개인적으로 요즘 먹은 멕시칸 중에 역대급! 물론 가성비가 좋진 않지만 정말 맛있게 잘 먹었어요. 김치 까르니따스 프라이즈는 김치의 살짝 시큼한맛과 바삭한 감자튀김이 잘 어울렀어요. 타코는 피가 딱딱하지 않아 먹기 좋았고, 브리또 보울도 처음 먹어봤는데 굉장히 맛있었어요! 같이 간 사람들 모두 정신없이 퍼먹었어용ㅋㅋㅋ 그리고 전체적으로 모든 음식들이 다 맥주랑 잘 어울려요! 짜고 기름져서 자극적이지만 부담스럽게 느껴지지는 않아요. 추천합니당! 2017-03-13

😊 **꼭행복해야돼** 망고 슈림프 퀘사디아. 김치까르니타프라이즈. 갈비 타코스. 셋다 정말 굿. 맥주도 시켰는데 많이 떫지 않고 맛있었음—가장 알코올 약한걸로 시켰음. 프라이즈는 갈때마다 먹는 음식. 첨 먹어본 퀘사디아가 정말 맛있었음. 강추! 갈비도 양념 잘 되었고 해서 맛있었음. 2017-03-22

주소 서울시 강남구 신사동 532-11 연락처 02-548-8226 영업시간 일-목 11:30 - 23:00, 금-토 11:30 - 24:00

꽝뎅

꽝뎅

꽝뎅　　　수영　　　꽝뎅

(37.51197, 127.0528)

YennaPPa 이 곳은 우리나라에서 보기 드문 정통 멕시코식 까르니따스 전문 따께리아입니다 메뉴는 따꼬와 께사디아 두 종류고 따꼬는 돼지고기의 종류를 고를 수 있어요.. 살코기 껍데기 혀 오소리감투 중 고를 수 있고 혼합도 가능해요.. 스페니쉬 소세지인 매콤한 초리죠도 따꼬와 께사디아 도 주문 가능 합니다 이 집 또르띠아 선택도 참 맘에 들어요.. 얇은 밀또르띠아가 다른 곳의 두툼한 또르띠아에 비해 편안한 식감 이네요 (한국 멕시칸의 제일 문제가 또르띠아였었는데...) 살사 또한 멕시칸 풍미를 가득 주네요.. 직접 만드신 고추 살사는 단맛 전혀 없이 매콤함과 짠맛의 폭풍을 확... 던져넣는 느낌이에요.. 주로 고추랑 고추씨가 재료인 듯 하고.. mole 맛은 나는데 사용 안한다고 하세요.. 단 한가지 아쉬운 점은 살사의 선택의 폭이 조금 더 넓었으면 좋겠어요.. 다른 것 보다는 그린칠리살사 있었으면 여기 따꼬 맛이랑 정말 궁합이 맞지 않았을까.. 하는 생각도 해봅니다 브레이 크타임도 없어서 너무 좋습니다 정말 맛있는 진짜 따꼬 경험을 하고 싶으시면 이 곳 꼭 기억해두세요 2017-02-21

SERA 드디어 망고푸딩님이 극찬하던 비야게레로 방문했습니다!!! 삼성동에 이렇게 캐주얼하고 힙한 곳이 있어서 좀 신기했어요. 살짝 작은 공간에 자리는 몇군데 밖에 안되요! 메뉴는 딱 한가지 종 류 - 타코! 매운 초리소, 그냥 살고기, 혼합 - 살고기 + 혀, 살고기+껍데기 이렇게 주문했어요. 고기가 정말 살살 녹 고 마침 기름이 많은 보쌈을 먹는 느낌이였어요. 위에 올려진 고수가 진짜 신의 한수 인거같아요. 느끼함을 그나마 잡아줘요! 맛은 다 비슷비슷한데요~ 저는 혼합 (살고기+혀) or 혼합 (살고기+껍데기) 가 제일 맛있었어요. 살고기 의 부드러움과 그 고기맛이 확 느낄수 있지만 살짝 느끼해서 혀 아니면 껍데기의 씹히는 식감이랑 좀 더 덜 느끼한 거 같아요! 맛은 정말 있는데 느끼해서 딱 2개가 max인거같아요. 정말 맥주를 부르는 타코입니다. 꼭 음료수를 시 키는걸 추천해드리고 싶네욤 2017-10-22

고기고기 너무 맛있다!! 브레이크타임 없어져서 더 좋다 ~!! 혼합(혀포함) 요 따꼬는 다섯 개도 먹을 수 있을 것 같다 ㅎ 지인 데려가면 열이면 열 넘 맛있다 했었는데.. 이번엔 아쉽게도 … 분이랑 갔 더니 ...돼지냄새 나고 별로라는 평을 ㅠ … 사워크림 맛으로 먹는 멕시칸이 취향이신 분들껜 조심스럽게 비추를 드려요... 아니시람 강츄!! 2017-02-26

주소 서울시 강남구 삼성동 118-21 연락처 02-538-8915 영업시간 12:00 - 21:30(월휴무)

안또헤리아돈차를리 (1호점)

(37.53884, 126.9872)

MJ … 오랜만에 돈차를리 가봤어요! 마침 먹고 싶었던 메뉴들이라 그런지 전 다 맛있게 먹었습니당! 첨엔 엔칠라다 로하랑 마가리따를 시켰어요- 엔칠라다 로하는 부드럽구 간도 세지 않아서 스윽스윽 먹기 좋았어용!! 마가리따는 망고랑 클래식 하나씩 시켜봤는데 망고가 확실히 더 맛은 있어요- 조금 슬러시 같긴 하지만 ㅋㅋ 보시다시피 양도 많습니다! 어쩐지 부족한 느낌도 들고 해서 (분명 가볍게 안주로 마시려고 온건데 어느새 주객전도...) 나초칩 + 구아카몰&돼지 껍데기 튀김.. 그리고 타코를 추가로 주문했습니다 :) 나초 처음먹어보는 신기한 매운 맛... ㅋㅋ 겁나 짜긴 한데 자꾸 손이 가긴 하더라구요 그래서 구아나몰 없이는 힘든 맛ㅋㅋㅋㅋ 돼지 껍데기 튀김은 정말 바삭하구 과자느낌입니다! ㅋㅋ 그리고 역시 이 집은 타코가 제일 맛있지 않나 생각하게 만든 타코... 부드럽구 간이 삼삼해서 맛있게 뚝딱!! 해버렸세용.... 다행히 주말 조금 늦은 시간이라 그랬는지 사람이 그렇게 많지 않아서 좋았어요 근데 여기 물이 유료... ㅋㅋ 잠시 잊고있었네용.... 2017-08-09

망고푸딩 경리단길 포함 한강진-이태원-녹사평서 밥먹고 조금 부족하다 싶으면 디저트를 별로 좋아하지 않는터라 보통 타코를 먹으러간다. … 오늘은 새우타코가 먹고 싶어서 돈차를리로 향했다. 새우타코 2개 시켰는데 서비스 기간이라고 3개를 줬다. 아싸 핵이득! 고수풀 좀 달라 했더니 추가요금을 내라 한다. 그래도 고수를 사랑하니까 기어이 추가해서 먹었다. 식사를 짭짜름한 음식을 먹어서 인지 … 돈차를리의 알새우타코가 먹고싶었는데, 타코는 참 맛있다 2017-05-29

JENNY 항상 먹는 소고기 타코인 "알람브레"와 새우 타코인 "까마로네스" 주문했어요. 오랜만에 먹어서 인지 다른날보다도 유독 맛있게 느껴지고, 타코 속에 그득 차있었네요. 친구 델꼬 왔었는데 친구도 맛있다고 해서 뿌듯한 마음이네용^~^ 2017-05-14

주소 서울시 용산구 이태원동 650 연락처? 영업시간 화-토 17:00 - 22:00, 일 12:00 - 22:00(월휴무) 쉬는시간 일 15:00 - 17:00

(37.53442, 126.9882)

춘 맛있습니다. 주문을 하면 먼저 나쵸칩이랑 4가지 살사소스를 주는데 살사소스 하나하나 맛이 딱! 좋네요. 살사소스란게 신선한 재료와 함께 허브나 페퍼들을 딱 적당히 넣어야 맛있는데.. 신선한 느낌이 들면서 딱 적당히 균형을 갖춘.. 살짝은 매콤하기도 한 맛있는 소스들이 나옵니다. 이 소스들과 신선한 과카몰리가 베이스가 되어 타코 부리또 퀘사디아가 탄생할텐데.. 기본이 되는 소스들이 맛있으니 음식이 맛없을리 없네요. 우선 쓰리 와이즈 프라이즈는 기대를 크게 안 했는데 정말 맛있었습니다. 감자튀김에 함께 올라간 토핑들이 정말 실했고 살사소스와의 조화가 너무 좋아서 맥주가 계속 땡기더라구요. 에피타이저로 꼭 시켜보시길.. 그리고 타코와 퀘사디아. 타코는 시트러스 치킨 타코였는데 살~짝 시큼한 맛이 은근히 치킨과도 조화가 잘 이루어졌습니다. 이집 또 띠아는 상당히 부들부들한 식감인데 맛이 약간 느끼? 하다고 느껴질 수도 있을거 같은데 안에 들어가는 재료들이 밸런스를 잡아주는 것 같습니다. 수퍼 퀘사디아 수이자는 그 두께에 놀랐고 첫 한입 맛에 놀랐습니다. 소고기가 완전 듬뿍들어갔는데 치즈도 그에 못지 않게 어마어마하게 들어있습니다. 느끼함과 짭짜름함에서 오는 리치한 맛. 그리고 그 위에 올라가 있는 사워소스 약간의 시큼한 맛과 과카몰리의 부드러움도 정말 너무 괜찮더라구요. 다만, 첫 한입은 정말 괜찮은데 시간이 흘러 음식이 약간 식게 되면 그 많은 치즈가 굳어서 좀 꾸덕꾸덕한 식감을 줍니다. 제가 보기엔 여기 퀘사디아는 한 4명 정도가 가서 한입씩 딱 먹고 끝내는게 베스트일거 같네요. … 2017-01-22

정민 메뉴를 다양하게 먹어볼걸 넷이 가서 파티스키즐에 맥주를 마셨네요 아쉽네요ㅜㅜ 일단 맛있었어요 분위기도 좋고 직원분들도 친절하세요! … 근데 또띠아가 조금 적게 나오는데 추가할때마다 가격이 있어요. 그리고 아보카도 소스도 리필에 얼마? 이렇게 다 추가 가격이 있더라구요ㅜㅜ 그래서 나중에 계산할때 놀래요..... 2017-01-08

쌤J 슈퍼 퀘사디아 먹고왔어요! 맥주 마시러 간거라 마니시키진 못했지만 역시 코레아노스는 퀘사디아 짱이네요. 소고기, 치즈, 과카몰레, 사워크림! 맛이 없을수가 없죵ㅜㅜ 2017-01-15

주소 서울시 용산구 이태원동 457-3 연락처 02-795-4427 영업시간 12:00 - 23:00

베트남요리	# 레호이(소월길 본점)	MP

(37.54322, 126.9902)

odds정 12:40분 도착하니 앞에 13팀이나 있었다 생각보다 자리가 많아서 회전율이 좋아 20분 웨이팅 끝에 착석! 소문대로 굉장히 맛있었다.사람 많은 이유를 알겠음 ㅜㅜ •포보: 국물이 정말 깔끔! • 분짜: 분짜소스에 면발 풍덩해서 채소랑 고기랑 먹으니 간이 딱 맞고 맛있었당 포보랑 같이 먹다보니 분짜 맛이 강해 분짜만 먹게되는 단점이 ㅎㅎㅎ •옥수수알튀김: 그냥 궁금해서 시켜봄. 반미랑 가격이 같다는 점에서 윙? 하지만 맥주랑 같이 먹으면 참 좋겠단 생각이 듦 분짜 소스나 포 국물이랑 같이 먹으니 고소하니 다먹게 됐음 ㅎㅎㅎ • 반미: 반미는 의외로 평범! 불고기스러운 고기가 특징 4개시켰는데 배불리 … 잘먹었다 ++자리가 좁은거 감안하고 기다리고 먹을만한 가치가 있음!!!! 2017-07-02

J H 소월길에 위치한 베트남 음식점 "레호이". 베트남어로 '축제'라는 뜻이래요!! … 쨩마싯!! 찾아가기 힘든 곳에 있는데도 사람 많은 이유가 있네요. 추천!! :) 'Pho Bo'. 소고기 쌀국수지요. 맛있어요!! 엄지척!!bb 진하면서도 부드러운 국물맛이 일품이었어요. 정말인지 해장으로 최고였던 쌀국수!! 면도 좋았고 고기도 좋았어요. 고수 좋아하냐고도 여쭤봐주시고는 고수 넣어주셔서 고수 특유의 깔끔하고 향긋한 맛도 함께 즐길 수 있었어요. 'Bahn Mi'. 오 여기 반미 맛있네요!! 바게트 빵은 부드러운 편이었어요. 달걀이 후라이 형태로 들어간 게 인상적이었는데, 달걀 노른자가 반숙으로 익혀져서 짱짱 좋았어요. 매콤달콤한 소스도 굿굿!! 전반적으로 밸런스 잘 맞춰진 반미였어요. 사장님이 정말 정말 친절하셨어요. 가격도 나쁘지 않고 음식도 맛있어서 사람들이 찾아오는 이유를 알 것 같더라구요. 내부는 생각보다 좁았지만 분위기도 나름 좋았어요!! 노란색 건물 외벽도 기억에 남네요. 재방문 의사 있음!! 2017-05-07

우주 일요일 아침 오픈시간보다 10분 늦게 도착했더니 웨이팅 35분. 반미, 쌀국수, 분짜를 모두 시켜 둘이서 나눠먹었다. 반미를 이 곳에서 처음 먹었는데 정말 대대대만족. 분짜는 (내가) 서울에서 최고로 치는 곳. 쌀국수도 국물이 참 맛났다. 또 먹고 싶은데 기다릴 엄두가 좀 안난다. 2017-04-12

주소 서울시 용산구 이태원동 261-9 연락처 070-4242-0426 영업시간 12:00 - 22:00(월휴무) 쉬는시간 15:00 - 17:00

(37.54877, 126.9164)

😊 **요롤로잉**　가을 바람이 솔솔 불었다. 좀 쌀쌀했는지 눈앞의 간판을 보고 아무생각없이 들어가서 앉아버렸다. 물론 냄새에 유혹된것이다. 하필 데이터 없는 월말이라, 여기서 뭘 먹어야하는지 몰라서...그냥 제일 끌리는 것으로! 불고기 쌀국수이다. 작년 가을겨울에 쌀국수 먹으러 꽤나 다녔는데 불고기와 쌀국수의 조합은 처음이다. 한정이라는 딱지가 붙은 닭고기 칼국수가 다이어터로서의 양심에 솜방망이질을 했다. 무시했다. 숙주랑 양파절임. 넉넉히 먼저 나와서 좋았다. 상당히 빠르게 쌀국수도 나왔다. 불고기가 매우 얇고 부들부들하니 기름지군. 곧바로 숙주들 면 맨 밑에 넣어버리고는 고수를 부탁드렸다. 여기서도 넉넉함이~ 쌀국수 집의 아량은 고수로 판가름 나는 것 같다. 그런 면에서 이집은 마음이 넓군! 저 접시로 2번 받았다. 국물도 면도 고기양념도 굉장히 보편적으로 맛있었다. 대중적인 맛으로 딱! 입문하기에 좋은 집인듯다. 요즘 쌀국수 한번 안 먹어본 사람 어딧겠냐 싶지만서도 혹시 아직이라면 여기서 시작해볼만하겠다. 혼자 가서 기다리는 시간에 줄곧 다른사람들은 뭐 시키는지 듣게 되는데, 양지가 압도적이다. 군만두도 꽤 자나가는 듯. 혼자오면 바에 앉는다. 혼밥 초보자들에게 좋을 듯. 2017-09-29

😊 **예 림**　리틀파파포는 정말 사랑.. ♥ 늘 그렇듯이 웨이팅이 있었지만 혼밥하면 리스트 꼴찌라도 첫번째로 자리가 생긴다 !!!! 혼밥짱 히히.. 양지 쌀국수를 먹었는데 이미 얼마나 맛있는지 알면서도 한입 딱 먹자마자 커다란 쌀국수 그릇이 너무 작게 보이고 옆에 사람것도 뺏어먹을 수 있을 것 같은 그런 맛.. (하지만 양 정말 많아서 결국 남기고 왔어요;ㅎㅎ) 고기도 국수도 모두 양많구 국물도 너무 느끼하지 않고 적당히 진해서 정말 맛있다. 한가지 아쉬운 건 사람이 많을 땐 볶음요리들을 안한다는 점인데 쌀국수 만으로도 맛이 충분하니 이해할 수 있다! 2017-02-15

😊 **subing**　역시 명불허전 리틀파파포♡ 비프에그누들 넘나 내 취향ㅎㅎ 살짝 매콤하고 감칠맛 짱짱ㅠㅠ 파인애플 볶음밥은 처음 먹어봤는데 고소하고 간도 적당한 게 이것도 사랑..ㅎ 근데 밥이랑 생 파인애플 같이 먹는 건 안 어울리길래 파인애플은 후식으로 먹음..(원래 같이 먹는 거 맞나요?-?) 2017-03-12

주소 서울시 마포구 합정동 413-15 연락처 02-326-2788 영업시간 11:00 - 21:50

(37.57921, 126.9862)

SERA 친구랑 주변에 어디 갈가 고민하다가 평가도 높고 그래서 찾아왔어요! 들어가시면 딱 뭔가 베트남에 온듯해요! 직원들도 다 베트남 분들이구요~ 돼지 분짜랑 쌀국수 주문했어요 분짜는 따로따로 먹는건 처음 먹어봐요~ 원하시는 양의 삶은 국수랑 야채랑 굴(?)소스에 담겨있는 돼지고기랑 먹으면 넘나 맛있는것!!! 일단 먹는 방법부터 신기했어요 ㅋㅋ 조합도 좋아요! 소스가 짜고 고기도 짜지만 국수랑야채랑 먹으면 그 짠맛을 덜 해줘서 간이 딱 좋아요~ 쌀국수는 고기육수 맛이 좀 강한편이고 향도 별루 쎈편은 아니에요~ 고수 따로 달라고하면 됩니다! 현지인맛을 느낄수 있는 곳이라고 생각해요! 2017-08-01

림 현대미술관 가기전에 망플 추천으로 들렸어요 소문 대로 맛있었습니다 처음 먹어본 분짜는 정말 맛있었어요 냄새 때문에 돼지 고기를 거의 안먹는데 잡내 없이 맛있게 먹었습니다. 베트남식 소바라고 불리듯 쌀국수를 숯불에 구운 국물에 적셔 먹어요. 쌀국수는 두꺼운 면이 나와요. 기본 차림에 고수가 빠져 있으니 드시고 싶으신 분들은 말씀하면 양껏 가져다 주십니다ㅎㅎ저는 두꺼운 쌀국수 면을 별로 안좋아해서 분짜가 더 좋았지만 국물은 맛이 좋았어요. 재방문 의사 200프로!! 2017-02-12

참조기 쌀국수에 한창 꽂혀있을때 갔던 곳! 헌법재판소 근처에 있어서 찾아가기 어렵지 않았다. 예전 포스팅을 보니 자리가 좁다고 했는데, 지금은 넓어진 것이 아마 확장을 한 것도 같다. 주말 늦은 점심에 갔더니 사람이 많지 않았다. 일하시는 분들이 베트남 분들인데 진짜진짜 친절하시다! 기분좋게 먹을 수 있었다ㅎㅎ 기본 쌀국수와 분보남보 주문! 쌀국수 국물이 정말 맛있었고 면도 좋아하는 굵은 면이었다! 분보남보는 생각보다 너무 달아서 아쉬웠다ㅜㅜ 그래도 산뜻하게 먹을 수 있는 맛이었다. 북촌 놀러가면 또 가지않을까 싶다ㅎㅎ 2017-10-11

해나 뭔가 평소에 갔던 일반적인 베트남 레스토랑은 다르게 특별했어요!! 딱히 엄청 다른 맛은 아닌데 왠지 모르게 특별하게 느껴지는? 반찬으로 나오는 단무지김치?도 맛있게 잘 먹었네요 ㅎㅎ 아쉬운점은 일반 베트남음식점에서 나오는 절인양파랑 그 갈색소스가 없다는것..!ㅜ 2017-05-31

주소 서울시 종로구 계동 102-1 연락처 02-744-1868 영업시간 10:00 - 21:00

안녕베트남

(37.47827, 126.9564)

😊 **정진관**

껌진 하이산 / 분짜 / 반미 샤로수길에 위치한 베트남 음식집! 저녁시간에가면 웨이팅이 많고 웨이팅하는 통로는 더워죽을거같으니 유의하시길 껌진하이산은 처음 먹었을때 오 맛있다는 생각이 많이 들었다 ㅋㅋㅋ 자극적인맛은 아니어서 약간 매운 소스를 뿌려먹어야 진가가 발휘되는맛..? 밥도 고슬고슬하니 괜찮았다 분짜가 진짜 메인메뉴였다 더위먹을정도로 땀흘리고 지치고 피곤한 동기가 폭풍흡입한 분짜...! 없던 입맛도 돌아오게해주는 새콤하면서도 상큼한 맛이 강하다 ㅋㅋㅋㅋ 고기도 많고 야채도 많고 자극적이지도 않아서 맛있다 반미는 안에 고수가 들어있어서 빼고 먹었는데 생각보다 양이 많고 맛있었다 계란 노른자도 텁텁하지 않고 좋음! 여기도 빨간소스 뿌려먹으면 좀더 맛있다! 2017-08-13

😊 **맛집은 나의 빛**

평일 저녁에도 줄이 길게 밖까지 늘어서 있던 안녕베트남 전부터 가고 싶었던 곳이었는데 드디어 방문했어요! 반미 샌드위치랑 분짜를 주문했어요. 일단 가장 놀란 점 하나는 고수향이 강하다는 것! 저는 그동안 고수향을 못맡는게 아닌.. 싶을 정도로 잘 인식하지 못하고 먹었었는데요! 여기선 고수 향을 확실히 알겠더라구요. 전 그래서 더 좋았어요. 아마 이런 향이 올라오는게 다른 재료들 덕분인 것 같아요! 각각의 재료들이 지닌 맛을 내되, 너무 자극적이지 않게 조리되어서 오히려 향이 더 살아난 것 같았어요. 맛있었습니다 ㅎㅎ 그리고 분짜 면이 촉촉하니 좋았어요..! 병맥주도 두병 시켰는데(타이완이랑 미얀마) 너무 강하지 않은데 시원!!! 한 맛이어서 좋았어요 요리랑 찰떡궁합! 반쎄오? 가 먹어보고 싶어서 시키려고 했으나 방문한 날에는 주문이 불가능해서 못먹었어요ㅠㅠ 다음에 또 가야겠네요 허허 2017-07-03

😊 **Jessica**

지난주에 베트남 갔다왔는데 현지보다 더 맛있었음. 국물이 더 진하고 한국인의 입맛에 조금 변형되다 보니 볶음밥이나 쌀국수나 모두 중식,한식,베트남식이 섞여있음 분위기도 베트남 소품들로 아기자기하게 꾸몄고 서비스도 최고. 고수는 추가요청 가능. 단점이 화장실인데 남녀공용에다 건물 전체가 하나를 사용해서 민망스러운 순간이 빈번하게 발생 ㅠㅠ 2017-10-17

주소 서울시 관악구 봉천동 1619-1 연락처 02-877-3875 영업시간 월-토 17:00 - 02:00, 일 15:00 - 24:00(화휴무)

써머칭구

JH

JH

JH

써머칭구

(37.52213, 127.0217)

JH 가로수길에 위치한 양갈비 전문점 "램브라튼". Lamb(어린 양) + Braten(불에 구운) 이라는 뜻으로 렘브란트와는 관련이 없다. 직접 구워주시는 양고기는 정말 세젤맛이군요!! :) '프렌치 랙'. 최고급 양고기래요.(사실 양알못이라 메뉴판 제일 위에 있는 거 시킴ㅠㅠ) 역시 고기는 남이 구워주는 고기가 제일 맛있다고, 직원분께서 딱 알맞은 정도로 잘 구워주셔서 맛있게 먹었어요. 입 안에서 육즙이 팡팡!! 양 누린내도 정말 하나~도 안 나서 좋았어요. 소스로는 민트젤리, 갈릭버터, 소금 요렇게 세 가지 있었는데, 개인적으로 <갈릭버터>!! 매우 추천합니다. 양고기 지방 특유의 고소~한 맛을 갈릭버터가 주욱~ 늘려주는 느낌!! 입 안이 정말 행복해졌어요ㅎㅎ 함께 나온 명이나물과 빠라따 둘 다 굿굿. 양이 많지는 않아서 '토마토 달걀 볶음밥'도 추가로. 라이언고슬링 같은 고슬고슬한 계란밥을 기대했는데 달걀 후라이가 올라간 볶음밥이다!? (응?) 조금 비싼 감이 없지않아 있는데, 또 배채우기엔 나름 괜찮았어요. 직원분도 아주 친절하셨고, 창문 열린 창가쪽에 앉아서 가로수길의 힙!한 바람을 맞으며 양고기를 즐길 수 있어서 좋았어요. 또 좋았던 점은 고기 냄새가 옷에 거의 배지 않았던 점!! 가로수길에서 맛있는 거 먹고싶을 때 추천합니다. 2017-06-07

DD 구워줘서 편하다. 부드럽고 맛있다. 양이 너무 적어서 한사람이 2인분 먹어야됨ㅋ
2017-08-05

클짱 모임하기 좋은 램브라튼! 질좋은 양고기를 맛 볼수 있는 곳으로 냄새도 안나고 직접 구워주셔서 부담없다. 가장 맛있는 때에 다 잘라 주시기까지 하니 정말 먹기만 하면 됨. 고기를 불판에 올릴 때 선명한 선홍색 빛깔의 생양고기를 보면 얼마나 상태가 좋은지 확 느껴진다. 잘 구워진 고기를 소금에 찍어 명이나물에 돌돌 싸먹으면 굿. 그리고 씹으면서 맥주한잔까지 하면 완벽하다!!! 개인적으로 민트젤리 소스는 안좋아해서 소금이랑만 먹었는데 오히려 풍부한 육즙과 고기맛이 느껴져 좋았음. 다 먹고 나와서 옷에 고기냄새도 안 배어있다. 아주 쾌적하고 깔끔하게 한끼 먹을 수 있는 곳으로 추천한다 2017-12-09

주소 서울시 강남구 신사동 524-28 연락처 02-545-4191 영업시간 17:30 - 24:00

양고기   램랜드 (본점)   마포

(37.54349, 126.93877)

춘 한국식 양갈비 구이집. 요즘 보기에도 이쁘고 맛도 좋은 그런 고급 양고기집들이 많이 생겼는데, 이곳은 풋고추 당근 쌈장 백김치가 같이 나오는 한국 고기집 스타일의 투박함 양고기집입니다. 그런데 맛은 상당히 좋네요 :) 시즈닝을 많이 안 했는데 잡냄새 거의 없고 고기 육질은 정말 연하고 부드러웠습니다. 특유의 향 때문에 양고기 싫어하시는 분들이 있지만 이곳은 그런 냄새 걱정없이 맛있게 양고기를 즐길 수 있는 곳인 것 같아요. 수육도 먹었는데 기대 이상으로 아주 담백하고 맛있었습니다. 고기를 다 먹고 시킨 전골은 어마어마한 소주 안주였구요 ㅎㅎ 가게 생긴건 무슨 곱창구이 돼지갈비 이런거 파는 곳처럼 생겼는데 이런 괜찮는 양고기를 팔다니.. 반전맛집이었습니다 :) 용강동 먹자골목 끝에 위치해있습니다. 2017-06-01

뿔뿔 아빠 사무실과 가까워서 알게 된 램랜드..! 이 근처 직장인 분들 사이에서 이미 오래전부터 유명한 곳이에요. … 여긴 진짜 맛있어요..!!! 이 곳은 6개월 어린양(lamb)고기를 냉장숙성하신다고 해요. 그래서 그런지 잡내가 거의 나지않아요. 특이한 점은 또띠아를 주시는데요. 양갈비 고기에 겨자소스를 찍어서 또띠아에 양파, 마늘과 함께 싸먹으라고 점원분이 친절하게 알려주세요.ㅎㅎ 첨에 먹었을 땐 또띠아가 좀 뜬끔없었는데 먹으니깐 신기하게 잘어울리더라구요. 착한 퓨전 인정합니다!!ㅋㅋㅋ 그리고 고기나올 때부터 먹을 때까지 하나하나 챙겨주세요. 구우시면서 먹으라고 계속 접시에 고기 올려주시고~~ 매우 다정하심ㅎㅎ 전골에는 양갈비가 아닌 양다리고기가 나와요. 라면이 기본적으로 들어있고 밥을 넣어달라고하면 넣어주시기도 합니다. 고기 양이 그렇게 많진않아요 양갈비 가볍게 먹고 이거 시키면 딱 좋을 것 같아요. 전 전골 맛은 제 취향이 아니였어요. 이건 제가 원래 이런 국물 종류를 잘 안좋아해서 그럴거에요. 들깨가루가 뿌려져있어 들깨맛이 강하고 안에 깻잎도 있어서 한식느낌이 풀풀!! 다른 가족들은 맛있게 잘 먹었어요.ㅎㅎ … 4인가족이서 양갈비 6인분, 전골 2인분 시키니 배불렀습니다. 양고기 질이나 맛은 괜찮긴한데 주변에 이 가게 빼고는 갈데도 없고 분위기는 별로라는 점이 아쉬워요.ㅜㅜ 그래도 램랜드 전용 주차장이 가게 바로 뒷편에 있어 데이트보다는 가족끼리 외식할 때 차타고 가시면 추천합니다. 2017-02-08

주소 서울시 마포구 용강동 494-32 연락처 02-704-0223 영업시간 11:30 - 22:00

이치류 (홍대본점)

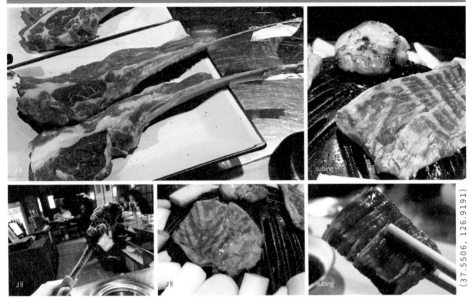

(37.5506, 126.9191)

jinee 맛있다... 양갈비로만 양껏먹어 배부르려면 십만원홀쩍넘게 먹을듯ㅋㅋ 양갈비먹으면 입에 육즙이 ㄹㅇ빵팡함... 특히 양갈비대를 들고 원시인처럼 뜯어먹을때의 쾌감은 말할것두 없다. 고기먹고 나서 먹는 밥도 소스에 비벼먹으니 좋음. 다만 밥을 먹을때 고기가 남아있었으면....!하는 아쉬움이 남았다. 고기 +밥은 ㄹㅇ꿀맛일터인데... 개인적으로 밥먹을때 숭늉에 말아먹는 것보다 소스밥 조합이 더 좋았다. 자극적인맛이 더좋아서! 솔직히 너무 맛있는데 웨이팅이 길어서 좀.... 그렇다. 1시간 반 넘게 기다린듯하다. 2017-03-06

핑키뚱 웨이팅이 굉장히 길지만 따로 대기실을 만들어주어 나름 따뜻하게 기다릴 수 있다(5시 오픈인데 우리 5시 15분에 이름적고 1시간 반 좀 넘게 기다림 ㅠㅠ) 3명에서 살치 등심 양갈비 1인분씩 시켰는데 마지막에 먹은 양갈비가 제일 맛있었다^^b 뜯는 맛도 있구 ㅎㅎㅎ 여기 밥이 유명하대서 밥도 먹었는데 내 입맛엔 그냥 쌀밥이었뚬.. 세가지 버전이 있는데 그중 소스에 비벼먹는게 젤 맛있었다 양파 및 파도 마구마구 구워 주시고 고기도 여기서 직접 구워주시니 먹기도 편했어^.^ 아, 그리고 양고기는 특유 냄새가 있다던데 여기는 정말 그런 냄새 하나도 안났고 깔끔하니 맛있었다 다음에 또 가야지.. 2017-03-06

subing 다들 같은 마음이었나봐요ㅎㅎ저도 양갈비 살치살 등심 순입니다 (사실 이 가격이면 등심이 가장 싸지만 전 그래도 등심 안 먹을 것 같아요 양갈비 두 번 드세요ㅎㅎ)양갈비는 지방의 비율이 딱! 적당한 듯 느끼하지도 질기지도 않고 딱 좋게 씹히면서 부드럽다 고기의 맛 그대로 너무 좋음 살치살은 비쥬얼 부터 육즙 좌르르 (다른 것들도 마찬가지지만) 고기의 결 사이로 육즙 맺혀있는 게 아름다웠다고 한다 부드럽고 잡 내는 전혀 확실히 양고기만의 매력이 있다는 생각이 드는 맛 등심은 생각보다 쏘쏘 지방질이 적고 두꺼워서 퍽퍽 하다고 느낄 수 있음 고기 자체도 크게 잘라주셔서 소스에 찍어 먹어도 약간 심심한 맛ㅎㅎ고기 찍어먹는 소스를 찰진 밥에 뿌려먹는데 밥 자체도 너무 맛있고 소스도 반칙 오차즈케는 내 스타일 아닐 것 같아서 그냥 소스 뿌려서 다 먹었다 ㅋㅋㅋㅋㅋ웨이팅 1시간 30분했는데 가격도 있고 해서 이렇게까지 해서 또 먹을 것 같진 않다 다만 양 갈비가 너무 땡기면 사람 없는 평일 저녁에나 올 것 같다 2017-03-05

주소 서울시 마포구 서교동 395-124 연락처 02-3144-1312 영업시간 17:00 - 22:00

트렌치타운

ChoeMatt / 프랭크 / SHP / 이아영 / SHP

(37.53213, 126.9944)

MJ … 무려 자메이칸 비비큐!! 비비큐를 그리 많이 먹어본건 아니었어서 게더링 신청서 쓸때도 애를 먹었지만 ㅋㅋ … :9 마침 가자마자 음식이 나와서 행복하게 저크 치킨과 립 플레이트 영접! 설명은 못들었지만 눈치로 ㅋㅋㅋ 뭐가 뭔가보다 하면서 폭풍흡입 해버렸네요…. … 그리고 사실 개인적으로 이 날의 베스트 메뉴는 마지막에 주신 양갈비였네요 ㅠㅠ 이렇게 실한 양갈비는 거의 처음 먹어봐요..! 소스도 딱 적당했고 굽기도 개인적으로 무척 맘에 들었습니다 >,< 서비스로 주신거라고 들었는데 메뉴에 있는거라면 이거 먹으러 또 가보고 싶다…. …; 수준이셔서 정말 배터지게 잘먹었는데 어제는 이상하게 조금 배가 고픈 느낌이… (아 아무래도 제가 이상했던듯…ㅠㅠ) 아무튼 가보고 싶던 트렌치 타운 가볼 수 있어서 너무 좋았어요! 분위기도 너무 좋고- 친구들하고 또 찾아가려고 합니당 :9 … 2017-06-15

songpyun 헐헐 ㅠㅠ 대박 진짜 맛있었음 ㅠㅠㅠㅠㅠ이번 게더링 성공적 ㅜㅜㅜㅜ 으앙 ㅠㅠ 칵테일은 허리케인 시켰는데 오오 술맛 하나도 안나고 개맛있음 ㅠ 과일주스 같음!! 상큼해!!!그래서 열심히 마셔서 취함 ㅜ 아 미친 ㅠㅠㅜㅜ 알콜쓰레기 나… 또르르 ㅠㅠ … 양갈비진짜 미친맛임 ㅠㅠㅠㅠ 특히 양갈비 엄청 두툼해서 조으다 ㅠㅠㅠㅠㅠ 크으 이렇게 리뷰를 쓰니까 또 먹고 싶어지네 ㅠㅠ 엉엉엉 ㅠㅠㅠ 꼭 오늘먹은거 혼자 먹을거임 ㅠㅠ 엉엉 ㅠㅠㅠㅠㅠㅠㅠㅠ 무튼 이런 기회를 주셔서 넘나 감사합니다 망고플레이트! 2017-06-15

뿔뿔 크리스틴님 리뷰보고 가고싶다 눌렀는데 아직 플래터 리뷰는 없더라구요.. 갈까말까 고민하다가 모험해볼겸 가봤어요! 결과는 대성공! 짝짝짝~ 레게 플래터로 먹었는데 블랙 타이거 새우 2마리, 양갈비 2개, 코코넛 라이스가 들어있는 플래터에요. 사이드는 감자튀김이랑 덤플링, 코울슬로 선택했어요. 나온 음식들 다 맛있었네요. 양갈비랑 새우 시즈닝이 진짜 맛있어요!! 밥과 함께 나온 그레이비 소스도 존맛… 근데 다 먹고 양안차서 피자 한조각씩 더 먹었을정도로 양은 많지않아요.(제 기준..) 단품으로도 다양하게 팔아서 2차로 왔을 땐 단품하나에 맥주 시켜먹어도 좋을 것 같아요. 2017-05-05

주소 서울시 용산구 이태원동 99-14 연락처 02-794-9992 영업시간 수-금17:30 - 23:00, 토-일 11:30 - 23:00(월, 화휴무) 쉬는시간 토-일 15:00 - 17:30

깔리

(37.58245, 126.9993)

집요정 가성비도 좋고 맛도 좋은 커리집! 둘이서 사모사+a세트(탄두리+커리+난or밥)로 먹었는데 엄청 배불렀다. 사모사는 생각보다 튀김옷도 두껍고 약간 퍽퍽해서 아쉬웠다. 그치만 콩이나 감자 등 내용물은 굉장히 튼실하다. 탄두리는 다른곳들보다 더 촉촉하고 순살이라 먹기 편했다. 세트메뉴에 나오는 탄두리는 half인데 양도 적당했다. 치킨마크니는 굉장히 크리미한맛!! 부담없이 먹기 좋고, 안에 들어있는 치킨이 굉장히 부드러워서 감탄했다. 근데 너무 크리미해서 먹다보니 피클을 많이먹게 된다ㅎㅎ 갈릭난 시켰는데 마늘맛은 강하지 않아서 갈릭난 맞아? 싶었고, 강황밥은...아쉬웠다. 커리는 훌훌날라다니는 밥에 먹는맛인데 ㅠㅠ 서버분들 서비스가 좋아서 먹는내내 기분은 좋았다. 담에는 초우면을 먹어봐야지!!! 2017-02-28

준영 호평이 정말 많아서 기대가 좀 있던 깔리인데 정말 맛있게 먹고왔어요! 직원분들 정말 슈퍼친절하시구ㅎㅎ 밥 먹는 동안 옆테이블도 안치우시는게 정말 배려빵빵하다 생각됐어요!!bb 스페셜 B세트로 먹었는데 뭐 샐러드는 그냥 토마토, 깡통귤과 풀이라 굳이 있어야하나 싶지만 나머지가 다 만족스럽:) 양고기 탄두리도 맛있고 양송이도 신기했어요. 버섯이라 촉촉한게 정말 매력적! 새우 마크니는 생각보다 매운맛이 거의 없었지만 그래도 맛있었구요ㅎㅎ 무엇보다 껍질 다 깐 큼지막한 새우라 너무 좋았어요bb 2017-09-04

지현 꼭 한번 가보고싶었던 깔리! 커리와 버터난 기본밥과 오리지널난을 추가해서 먹었습니다. 난이 굉장히 커서 양이 많아요. 개인적으로 버터난은 살짝 기름져서 오리지널난쪽이 커리에 찍어먹기는 더 좋았습니다. 커리도 조금만 준것같아서 더 시켰어야했나 싶었는데 생각보다 양이 ㅋㅋㅋ 많았어요. 찍어먹기만 했는데. 커리 맛있더라구요. 밥보다는 난이 맛있었습니다. 난+커리 굳 2017-02-21

올치잘해그랫 여긴 정말 맛집!! 양고기도 냄새도 잘안나고 맛있더라구요!! 나오는 구성도 좋고 다행히 인도 커리 처음 먹어보는 친구와 갔는데 성공했습니당! 서비스도 좋구요!! 다만 맛집인 만큼 사람들이 정말 많아서 웨이팅 하는게 단점이지만 기다렸다 먹어도 맛있어요!! 인도 커리는 … 깔리가 가까웠다면 전 아마 항상 깔리만 갔을꺼에요 흑ㅠㅠ … 2017-06-25

주소 서울시 종로구 명륜4가 171 **연락처** 02-747-5050 **영업시간** 12:00 - 21:30(격주월휴무) **쉬는시간** 주말, 공휴일 16:00 - 17:30

(37.51595, 126.9061)

😊 **이아영**

양고기 커리(정확히 기억이 안남ㅠ), 치킨 마크니, 탄두리 치킨 한마리, 버터 난 2개, 갈릭 난 2개를 주문했다. … 인도 커리를 생각하면 저렴하다. 맛을 생각해도 저렴하다. … 서비스- 친절하시다. 물도 지나다니면서 채워주시는데 감사하다 ㅠ 분위기- 지하에 있어서 뭔가 망설여지지만 들어가면 꽤 넓고 나름의 분위기가 있다 ㅋㅋㅋㅋㅋ 저번에 리뷰를 한번 썼는데 다시 쓰는거라 가볍게 작성한다. 이번에는 양고기 커리를 처음 도전!!! 인도 커리 처음 먹는 친구들과 함께라 망설였는데 친구들이 적극적... 근데 최종적으로 치킨 마크니가 더 맛있었다. 양고기 특유의 향이나 그런 문제가 아니라 그냥 치킨 마크니가 맛있는 듯... 그래도 싹싹 비웠음 ㅎ 양고기 냄새는 거슬리는 것도 아니여서 다음에 양고기 종류를 다시 주문할 의사가 있다. 하지만 처음이라면 치킨을 드세여! 난은 할 말이 없다. 왜냐면 너무 맛있어 ㅠㅠ 따끈하게 갓 구워 나온 난은 아무것도 없이 그냥 먹어도 부드럽고 고소하고 맛있다. 세트 주문할때 추가금액 내고 밥을 난으로 바꿀 수 있는데 밥은 굳이 주문하지 않아도 좋은 메뉴라서 난으로 바꾸길... 친구 한 명이 또 가자며 단톡방에서 조르고 있다. 또 방문할 예정. 재방문 의사
100 2017-09-24

😊 **효끼의 먹부림**

… 카레아니고 '커리'집인데 서빙부터 음식까지 다 인도분들이 해주셔서 진짜 잠시 인도에서 밥먹는 기분입니당ㅋㅋㅋㅋ양고기 커리를 먹었는데 맛은 진짜 특이하고 맛있어요!!!근데 커리가 밥그릇사이즈에 나와서 당황했죠; 배고플때 갔는데 행여나 간에 기별도 안갈까봐ㅎㅎ배부르진 않았지만 여운남게 맛있게 먹고 왔어요!!! … 그리고 사진에 '난'이 되게 커보이는데 네 진짜 커요 쟁반국수 두개 크기ㅋㅋ핵쫀쫀핵담백!!한개시켜도 충분합니다!!탄두리는 우리나라 닭볶음탕을 기름기 쫙빼서 구운맛인데 맛있어요!!닭이즈뭔들!! 저는 추천입니다 2017-04-29

😊 **flavor**

왠지하에 이런 현지네팔식당이 있는지 넘 의문 스러웠지만 역시 평점처럼 너무 맛이 진하고 인상 깊었다. 인도커리와는 또 다른 느낌이고 한가지아쉬운점은 커리의양이좀 적었다는점. 가격은 그리 저렴하진않았던것같다. 2명이서 3개정도 커리를 시킨다면 넉넉하게 아낌없이먹을수있을듯! 치킨마살라? 는 역시나 쉬림프어쩌구는 그냥쏘쏘 2017-02-21

주소 서울시 영등포구 영등포동 423-103 연락처 02-3667-8848 영업시간 11:00 - 23:00

(37.47985, 126.9528)

😊 **S E R A**　서울대입구역에 위치한 옷살! 식당 들어가자 마자 새롭고 이국적인 나라에 입장하는 느낌이 확 들었어요! 데코가 엄청 화사하고 조명도 막 여러 색깔? 나고 완전 현지인 스타일이에요. 인도 사람들이 운영하는 곳이고 직원들도 인도 사람들이에요! 진짜 인도에 온 느낌 나요ㅋㅋ 커리 종류도 많고 매운 단계도 고를 수 있어요~ 버터치킨커리: 어느 인도레스트랑에 가면 필수이죠 이건! 커리가 길쭉하고 creamy 해요. 향도 좀 쎈편이지만 저는 그게 좋아요 ㅎㅎ 밥이나 난이랑 같이 먹으면 음식천국 ㅎㅎ 또 생각나네요... 시금치커리: 생각보다 괜찮았어요! 시금치를 엄청 좋아하는 편이 아니라서... 근데 같이 온 언니가 맛있다고 시키자고 해서 먹었는데 생각보다 시금치 맛이 강하지 않았어요! 이건 좀 담백하고 버터치킨커리 보다 확실히 덜 자극적이에요~ 갈릭난 꼭 필.수! 커리랑 찍어 먹으면 맛있어요 ㅎㅎ 밥도 시키면 무한제공인걸루 기억하는데 한번 다시 확인하세요~ 참고로 인도식 밥은 우리 한국 밥이랑 좀 다른데 한국씩 밥도 따로 말씀드리면 제공해준다고 합니다! 2017-08-24

💬 **함냐함냐**　양고기 좋아해서 호기심에 양고기피자 한번 시켜봤어요ㅋㅋ 인도커리집에 피자 메뉴는 처음 보는 것이기도해서 먹어봤는데 꽤 맛있네요. 또띠아에 끝에 크러스트 1도 없이 토핑이 가득 차 있구요. 양파, 올리브, 토마토스튜같은 소스, 부드러운 양고기가 나름 듬뿍 올라가있어요. 기본 치즈 위에 성기게 채썬 치즈가 올라가있는게 웬지 이국적이구요! 아무래도 새로운 맛은 고기가 양고기이기 때문일듯해요. 사실 머릿속은 이 조금 특이한 맛이 소스 때문인지 고기 때문인지 대혼란! 다른 고기를 고를 수도 있는데 그러면 판별이 나겠지만 좀 아쉬울거 같아요ㅋㅋㅋ 식사의 시작에 나오는 칩과 끝에 나오는 짜이티 서비스가 쏠쏠한 식사의 재미를 더해주네요. 직원분들 거의다 외국인인 듯한데 한국말 잘하고 응대도 빠르고 친절해요. 입구 장식이 생각보다 휘황찬란해서 당황했었지만 다음에 또 오고 싶어요 ㅋㅋ 2017-11-02

주소 서울시 관악구 봉천동 856-5 연락처 02-882-6527 영업시간 11:00 - 22:00

죠티레스토랑

(37.55495, 126.938)

😊 **프로홍익러** 단품으로 시키는 것보다 세트로 시키는게 더 실속있다. 2인세트를 시켰는데 사모사를 먼저 먹다보니 나중에 커리 나올때 쯤 배가 이미 부르기 시작함. 탄두리랑 치킨 버터마살라를 시켰는데 여긴 탄두리가 맛있다. 버터마살라는 평범한 편! 서비스도 친절하고 양도 많아서 신촌에 인도음식 땡기면 오기 좋을듯! 가게는 인도티비도 볼 수 있고 현지 분위기가 많이 나게 꾸며짐. 2017-08-13

😊 **퐝뎅** 한줄평/신촌 홍대 통틀어 최고 맛있는 인도음식점 신촌에 있는 인도음식점. 굉장히 몰생한데 있어 찾기 어렵다. 들어가면서도 잘못 찾아간줄 알았으니.. 그러나 허름한 외관에 비해 굉장히 맛은 고급스럽다. 근래에 먹어봤던 인도 음식점중에 가장 현지의 맛을 잘 구현한 듯한 곳. 무엇보다 음식에 한국패치가 안깔려 있어 좋다. 다른 인디안 음식점들은 과하게 달콤하게 맛을 내는 면이 없지 않은데 여긴 담백하고 쌉쌀한 현지 그대로의 맛을 구현한듯 하여 정말 좋았다. 3명이 가서 난과 카레, 탄두리 치킨, 볶음밥 등을 골고루 시켰다. 팔락 파니르는 치즈가 들어간 시금치커리인데 치즈가 큼지막하게 들어가서 더 고소했다. 시금치커리 특유의 꿉꿉한 향이 은은하게 나는게 일품. 사실 팔락 파니르보다 더 맛있었던게 치킨버터마살라다. 토마토커리에 치킨을 넣은 맛으로 살짝 매콤하면서도 중독성 있게 감칠맛 나 계속 퍼먹게 되는 묘한 매력이 있었다. 램 빈달루는 양고기 카레인데 양고기의 비린냄새 없이 잘 조리해 플레인 난이랑 함께 먹으니 참 잘어울렸다. 세 종류의 카레 모두 만족스럽게 먹음. 난은 플레인난, 버터난, 허니난 골고루 시켜먹어보았는데 난은 평범한 편이다. 플레인난이나 쌀밥을 시켜서 커리와 함께 먹기를 추천. 무엇보다 가장 대박을 외쳤던 메뉴는 치킨볶음밥.. 아 이게 정말 요물(?)이다. 다른 인디안에서는 먹어보지 못한 메뉴인데 치킨볶음밥이 버터리조또처럼 부드러우면서도 촉촉하면서도 고슬고슬한게 정말정말 맛있었다. 한국이나 서양의 치킨볶음밥과 다른 인디안 특유의 향도 갖고있으면서 식감이 부드러운게 정말 이색적이었다. 탄두리 치킨도 지금껏 인도네팔레스토랑에서 먹어본 치킨 중에 가장 맛있었다. 보통 탄두리치킨은 그냥 숯불향만 나고 너무 병아리처럼 살이 없어서 감칠맛 났는데.. 여기는 진짜 한국의 치킨집처럼 치킨살이 끝없이 뜯어져 나오는데 행복했다.. 아 이게 진짜 탄두리치킨맛이구나 하는.. 진정한 탄두리치킨을 먹고 싶으면 여기에 오시라.. 암튼 종합적으로 뭐하나 아쉬움없이 너무 맛있었다. 아쉬운점/찾기어렵다.. 2017-12-18

주소 서울시 마포구 노고산동 31-4 연락처 02-703-3535 영업시간 11:30 - 22:00 쉬는시간 14:30 - 17:00

(37.54862, 126.9224)

팡뎀
팡뎀
프로홍익러
팡뎀
프로홍익러

미루 … 급 망플 검색해서 방문! 상수역 근처 요즘 로렌스길이라 불리는 곳에 위치 주문메뉴는 태국씩 쌀국수 똠양꿍+면사리 이날 엄청 춥고 감기까지 걸린 상태였는데 우와 아주 화끈한 맛이었다ㅋㅋㅋ 국물이 땡겨서 메뉴 두개를 국물을 시켰더니 아주 그릇끝까지 국물을 주심ㅋㅋ 태국요리는 팟타이랑 타이커리위주로 먹어왔는데 오우 똠양꿍은 또 새로운 미식경험이었다 독보적인 신맛ㅋㅋ 한숟갈뜨고 빵터졌다ㅋㅋ 온몸이 짜릿하면서도 상큼하니 좋았다! 뜨거우면서 상큼한 국물요리는 없을것같다ㅋㅋ 역시 세계3대 스프다운 포스있는 요리. 쌀국수면을 말아먹어도 잘 어울림♡ 태국식 쌀국수는 베트남 쌀국수랑은 다른 맛! 고기국물인데 시큼한맛이 느껴진다 얘도 맛있었는데 똠양꿍에는 좀 밀림ㅋㅋ … 식기며 음악이며 태국 길거리같고ㅋㅋ 즐거운 맛 경험이었당 한달에 한번씩 생각날것같은 맛...ㅋㅋ 2017-02-12

프로홍익러 홍대 부근에서 툭툭누들타이 다음으로 좋아하는 태국 맛집 음식 대부분이 현지 음식이랑 비슷하고 무엇보다도 맛있다! 진정한 태국음식점을 가르는 기준의 네가지 소스통도 함께 나와서 좋다 ㅋㅋ 거의 모든 요리가 맛있지만 팟타이, 얌운센(매콤), 랍무(매움), 뿌팟퐁커리 추천 간이 너무 자극적이지도 않으면서 맛이 다채로워서 무엇을 시켜도 실패하지 않을 집이다 참고로 수끼남(샤브샤브 쌀국수)은 태국의 MK 체인점을 생각하고 시켰으나 맛은 비슷했지만 쌀국수 자체는 좀 아쉬웠음 차라리 ?양꿍+면추가가 나은듯 가게는 카오산로드 사진이 가득한 소박하면서도 정감 있는 분위기다 일요일 저녁과 같이 시간을 잘 맞춰서 가면 웨이팅을 피할 수 있음 2017-11-24

EJ 동남아에서 먹었던 현지의 쏨땀이 너무 먹고싶어서 홍대에서 순위 높은 타이음식점으로 갔습니다 쏨땀은 현지에서도 음식점마다 맛이 달라 여긴 어떤 맛일지 궁금했는데 현지처럼 맵진 않았지만 맛있었어요! 팟타이도 재료가 풍부해서 좋았고 우육면은 좀 단 느낌이 있습니다 가격도 괜찮고 전체적으로 맛있어서 또 가고싶어요 2017-03-17

주소 서울시 마포구 상수동 93-113 연락처 070-8236-9138 영업시간 11:30 - 21:00(월,마지막화휴무) 쉬는시간 15:00 - 17:00

소이연남 (본점)

happiermyo
미댕
떵시
미댕
허니이

(37.56352, 126.9254)

😊 **머큐리** 소이연남~소이연남~하는덴 이유가 있다ㅠㅠ 고추식초 피쉬소스 설탕 적당양 넣어 먹으면 핵존 맛 얇은 면은 너무 얇고 내 기준 씹는 맛이 적어 별로니 중간면 추천해용 ㅎㅎㅎㅎ 위에 샐러리랑 땅콩 올라간 것부터 고기까지 ㅠㅠㅠㅠㅠ넘나리 맛있어서 날씨 꿀꿀하면 어느새 소이연남 ㅎㅎ(고순 따로 추가해야함) 4시 50분쯤 웨이팅리스트에 이름적으면 10분만 기다리고 빨리먹어요. 저-번에 5시 오픈이라고 맞춰갔다가 한텀 돌고 들어간 이후론 오픈 10분전에 가는게 맘편해영ㅎㅎ 2017-04-06

😊 **이진쓰** 태국식 쌀국수를 파는 소이연남. 소고기쌀국수2, 소이뽀삐아(튀긴스프링롤), 쏨땀 나오는 B세트에 칭따오 시켰어요. 소고기쌀국수는 달큰한 간장 국물이었어요. 간장 국물에 부들부들한 사태가 들어가있어요. (양지도 있는듯?ㅋ) 부들부들한게 우육탕면 국물 같기도 하지만 달랐어요 ㅋㅋ 좀더 달큰하고 라이트한 맛. 저는 매운 게 좋아서 옆에 있던 고춧가루를 팍팍 넣어 먹었는데 시원하고 칼칼하고 매콤해서 넘 좋았어용. 쌀국수면도 짱짱하고 잘 익어서 좋았고용- 그런데 기대만큼은 아니었어요. 소이뽀삐아는 되게 피가 바삭했어요. 진짜 부스러질 정도로 바삭했고, 속은 표고버섯, 새우, 죽순 같은 재료가 들어가있었어요. 표고버섯새우만두랑 비슷한 맛이었고 저는 향신료 향을 강하게 못느꼈어요. 그리고 속이 엄청 꽉 차있다는 생각도 덜 했구요. 소스 찍어먹으니 상큼하고 좋습니당ㅋㅋ 쏨땀! 아니 왜 다들 쌀국수에 소이뽀삐아를 시키는 거예요? 쏨땀이 맛있던데. 쏨땀 피쉬소스 맛 강하면 어쩌지 걱정했는데 1도 안강했어요. 오히려 부드럽고 피쉬소스는 적당히 감칠맛만 냈어요. 파파야는 오독오독 씹는 맛이 정말 좋았고 땅콩이 많이 들어가있어서 고소함도 즐길 수 있었어요. 저는 소이뽀삐아보다 쏨땀이 훨씬- 맛있었어요. 아, 그리고 여름에는 많이 덥네여 헥헥-덥고 습해서 진짜 태국온줄. 에어컨이 있으나 없으나여... 코끼리 바지 입고가는 거 아니면 그냥 겨울이나 선선할 때 먹는게 더 좋을듯.! 2017-07-10

😊 **프로홍익러** 태국식 쌀국수를 맛볼 수 있는 곳. 쏨탐이랑 뽀삐아도 맛있다. 육수가 태국식이라 달짝지근한데 피쉬소스를 첨가하면 더욱 맛있음. 웨이팅이 조금 긴게 단점이지만 회전율은 빠르다. 태국 쌀국수를 먹고 싶을때 추천. 2017-09-05

주소 서울시 마포구 연남동 229-67 연락처 02-323-5130 영업시간 11:30 - 21:00 쉬는시간 15:00 - 17:00

(37.53442, 126.9908)

😊 **E.T Jun** … 태국 정부가 인정한 태국식 음식점! 이태원역에서 잘 찾아갈 수 있는 거리에 있다 들어서면 왠지 비쌀거 같은 아우라가 풍기며 나가고 싶어질 수 있으니 주의하시길ㅎㅎㅎㅎ 식당 자체는 진짜 고급진 태국음식을 팔거같이 생겼고 종업원분들이 모두 엄청 친절하시다 대부분 예약을 많이 하는 것 같으니 예약을 하고 가는걸 추천한다! 메뉴판은 당황스러운 이름이 많다 ㅎㅎㅎㄹ 가장 먼저 시킨 똠얌꿍은 한국에서 먹어본 것 중 태국 현지와 가장 비슷하다 현지 똠얌꿍은 어어엄청 자극적이진 않고 입에 착착 감기는데 여기가 딱 그렇다!! 다만 약간 단 맛이 나는 것은 아쉬웠다.. 팟 씨우-가이는 닭고기와 브로콜리 청경채 같은 야채를 넣어서 간장 베이스의 소스에 볶은 면 요리다 생각보다 독특한 맛이 났지만 맛있었고 면도 탱탱해서 좋았다 카오 팟 뿌는 게 살볶음밥이다 ㅋㅋㅋ 진짜 이름 너무 독특... 무튼 진짜 게살이 통으로 왕많이 들어있어서 맛있고 가장 기대하지 않고 시킨 메뉴였지만 가장 반응이 좋았다 ㅋㅋㅋ 여기 계란 후라이가 얹어서 나오는데 이게 진짜 맛있었다 ㅋㅋㅋ 계란 후라이 어떻게 하는지 물어보고싶었다.... 이름이 가장 어려운 가이 팟 메드 마멍.... 이건 뭔가 깐풍기같은 닭고기 요리인데 캐슈넛이 왕많이 들어있다 ㅋㅋㅋㅋ 익숙한 맛인것 같으면서도 캐슈넛 때문에 고소한 맛도 나서 약간 새로웠다 잡내같은거 하나도 안나고 맛있었다 뭔가 술땡기는 맛 ㅎㅎㅎ 다 먹고나니 디저트를 주셨는데 코코넛 밀크에 리치가 동동 떠있는 디저트였다 진짜 예상치못하게 나온 디저트가 왕맛있다..... 달다구리한게 정신차리면 싹 비워져있다 ㅎㅎㅎㅎ 전반적으로 가성비가 좋진 않지만 맛은 가성비를 능가하게 훌륭해서 가보는걸 추천!!!
2017-05-05

😊 **먹는곰** 이번에는 매번 시키던 똠양꿍 쌀국수 대신 쇠고기 칼국수를 시켜보았다. 같이주는 양념은 알려주신데로 한스푼씩 (전 매운걸 좋아해서 고추는 한번 더). 이걸 왜 이제 먹어 봤을까하는 후회가 밀려오는 맛이었다. 진하면서 개운하고 향신료도 상당히 매력적이어서 정말 맛있게 먹었다. 추천으로 시킨 텃만꿍도 앞으로 자주 시키게 될것 같은 예감이든다. 새우를 어떻게 하신건지 처음에는 이게 새우 맞어?! 할 정도로정말 부드럽고 맛있었다. 2017-10-30

주소 서울시 용산구 이태원동 176-2 연락처 02-749-2746 영업시간 11:30 - 22:00(월휴무) 쉬는시간 15:00 - 17:00

(37.53905, 126.9893)

MJ 요기요기 원래 좋아하는 집인데 리뷰는 처음 쓰네요! 지금 자리로 옮기기 전, 경리단길 입구 2층에 있
을 때 부터 종종 갔어요 ㅋㅋ 지금은 안쪽으로 옮겨서 더 넓고 멋져졌죠- 상대적으로 엄청 유명한 집은
아닌데 전 여기가 맛도 괜찮고 항상 만족해요 ㅋㅋ 특히 좋아하는건 똠양꿍! 제가 똠양꿍 제대로 먹은게 여기가 처
음이어서 그랬을지도 모르겠지만 똠양꿍 먹고 싶다하면 자동으로 여기부터 생각이 납니다 ㅋㅋㅋ 이 날 뭔가 해장
(?)하고 싶은 마음으로 가서 넘나 잘먹은 ㅋㅋㅋ 거기다 팟타이랑 그린 커리까지 먹었어요- 음식 고를때 토핑과 맵
기 조절 가능해요! 전 매운거 안좋아해서 항상 거의 1로 하는데 이날 팟타이는 살짝 단 느낌도 나서 2정도도 괜찮
겠다 생각했네요 ㅋㅋ 팟타이도 맛나고 코코넛향 진한 그린 커리도 언제나 너무 맛있습니다- 커리도 맵기 너무 낮
게하면 조금 달다고 느끼실 수도 있겠네요 ㅋㅋ 간만에 가서 너무 잘먹고 왔어요- 또 가고 싶다아 >_< 2017-02-20

망고푸딩 베트남 음식과 비슷한듯 하면서도 무언가 조금 더 동남아시아 스러운 태국음식이 땡겨서 경리
단길로 발걸음을 향했다. 기본적으로 맛과 향이 강한 음식들이기 때문에 그나마 음식의 맵기
조절로 너무 강한 향신료를 적당히 줄였다. 매운 음식을 좋아하시는 분들은 맵기를 5단계까지 조절을 하면된다.
피쉬소스를 곁들인 파파야 샐러드를 시작으로 새우들어간 팟누들, 통후추 블랙빈소스와 소고기까지 주문을 해
서 먹었다. 전체적으로 타이 특유의 맛과 향을 잘 살렸다. 내부 인테리어부터 일단은 베트남과는 차별을 두고 무언
가 다른 매력을 뽐낸다. 양이 생각보단 적긴 하지만 맛으로 충분히 커버할만하다. 다음에는 팟타이와 똠양꿍을 시
도해보고 싶다. 2017-05-30

이진쓰 팟타이 그린커리 볶음밥. 팟타이는 새우토핑에 맵기는 보통으로 했는데 역시 살짝 매운게 더 맛나
네용 ㅋㅋ그래도 잘 먹었어요. 입에 착 달라붙고 감칠맛도 좋아요! 그린커리는 제 입에 좀 달았어
요. 이것도 맵기 선택할 수 있는데 맵게 할 걸 그랬어요 ㅋㅋㅋㅋ건더기는 적당히 있었어요. 볶음밥은 매우 무난
했어요. 맛있는 볶음밥. 이건 돼지고기로 해달라했는데 돼지고기가 조금 더 잘게 썰려있었으면 좋았겠다 싶었습니
당ㅋㅋ 분위기는 고급지고 깔끔해요! 2017-05-27

주소 서울시 용산구 이태원동 224-3 연락처 02-790-2722 영업시간 11:00 - 22:00

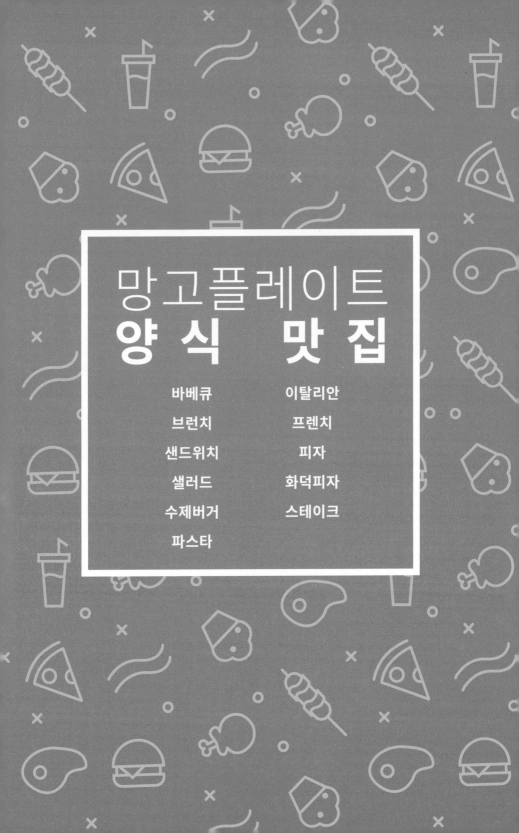

망고플레이트
양식 맛집

바베큐   이탈리안

브런치   프렌치

샌드위치   피자

샐러드   화덕피자

수제버거   스테이크

파스타

(37.53379, 126.9897)

😊 **S E R A**   역시 입소문대로 맛있는 라이너스. 텍사스씩 바베큐 집은 여러번 갔지만 그중에 라이너스가 여기가 제일 맛있는 바베큐인거 같아요! 정확히 어떤 플레타를 시켰는지 기억나지 않지만... 립, 풀드포크, 브리스킷 다 나왔어요. 3가지 중 개인적으로 립이 제일 맛어요. 고기가 부드럽고 양념도 되어있고 살짝 불맛(?)이 나서 더 맛있던거 같아요! 그냥 먹어도 맛있고 샌드위치로 만들어도 맛있어요... 빵에다 고기랑 코우슬로우, 머쉬포테이토, 바베큐 소스랑 칠리 소스를 넣고 먹으면 입안에서 녹아요 ㅠㅠ 여기는 사이드 전부다 맛있어요! 감자튀김은 얇아서 살짝 바삭했고 시즈닝도 되어있어서 맛있어요. 머쉬포테이토도 감자맛이 진하고 그래이비 소스랑 비율이 적당해서 좋아여 맥볼 진짜 내 취향ㅠㅠ. 맥앤치즈가 튀김안에 있는 것인데... 느끼하지만 내 스타일이에요 ㅎㅎㅠㅠ 진짜 잠시 미국에서 식사를하는 느낌들어서 좋았구ㅠㅠ 또 가고싶어요... 2017-09-30

😊 **림**   200번째 리뷰♥ 드디어 매번 실패했던 라이너스 바베큐를 평일 점심에 방문해서 성공했어요! 여기는 너무 유명해서 설명이 필요 없을 듯ㅎㅎ 소문대로 맛있었습니다 친구랑 2인 플래터를 주문해서 빵을 추가해서 먹었어요!! 남자인 친구와 같이 먹어도 부족하지 않았어요~~ 사이드는 코울슬로, 그레이비 그리고 프라이를 주문! 따로 먹어도 좋고 같이 나오는 빵으로 버거처럼 만들어 먹어도 좋아요ㅎㅎ 소고기와 돼지고기 둘 다 맛있었어요 잡내가 나지 않았고, 코울슬로와 그레이비도 맛있었어요! 보통 두껍고 바삭한 프라이를 좋아하는데 외려 가늘게 조리된게 더 좋았던 것 같아요 두꺼웠음 식사 너무 헤비했을 듯! 음료는 스프라이트와 아이스티(종류 여러개임)를 주문했는데 이 역시 맛있었어요~ 게다가 매장 안팎으로 미국 바베큐 분위기 물씬 느낄 수 있으니 꼭 한 번 방문해 보시길! 2017-07-19

😊 **dany**   무조건 그냥 2인플래터로 먹는게 최고! 맥앤치즈볼도 먹었는데 배터지는줄 알았다. 립이렁것보다 플래터가맛있고, 4명이수 4인플래터보다 2인짜리 두개시켜 각자먹는 것이 양에도 맞고 먹기에도 편한기분..ㅋㅋㅋ 사이드류도 다 맛있아옹>_< 하지만 예약이 주말엔 안되고 웨이팅도 쩐다는거.. 2017-02-15

주소 서울시 용산구 이태원동 56-20 연락처 02-790-2920 영업시간 11:00 - 22:30 쉬는시간 월-금 15:00 - 17:00

매니멀스모크하우스

바베큐

MP

(37.53453, 126.9885)

보람 고기좋아하시는 분들 특히 바베큐 좋아하시는분들 여기 꼭꼭 가보세요!! … 외국인 분들도 많이오시고 5시반부터 오후 오픈시작인데 5시에 갔는데 웨이팅이ㅋㅋ있었어요 하지만ㅜㅜ웨이팅 1도 힘들다는 생각이 안들었어요 둘이서ㅋㅋ3미트+3사이드디쉬 시켰는데 아배부르다 하면서ㅋㅋㅋㅋㅋ다먹었어요 가장 감동적이었던건 소세지 소세지!!!!!!! 한입 베어물면 톡 하고 터지면서 육즙이 꽝꽝 터져나오고 훈제향??이 콧속으로 쑥 들어오면서 끝맛은 매콤함 아아..치킨도 안은 부드럽고 촉촉하고 겉은 바삭하게 익혀나오니 대동강맥주랑 넘나 잘어울리는ㅜㅜ 맥앤치즈도 넘나 맛있고 리뷰쓰면서 도대체 침을 몇번삼키는건지...최근에 갔던 맛집중에 젤 만족스러웠던곳 2017-03-05

재니 고기덕후 심쿵하는 매니멀스모크하우스.. 진짜 일주일치 고기 먹고왔어용...ㅋㅋㅋㅌㅌㅌㅌㅌㅌㅋㅋㅋ 둘이서 플래터 (고기2 사이드2)먹었는데 배불렀어용 하지만 남기진 않았구... 고기는 치킨이 평이 좋길래 치킨이랑 무난한 풀드포크 먹었어용!! 치킨이 진짜 맛있었어용 겉은 바삭하구 고기는 부드럽ㄱㄱ!! 풀드포크도 괜찮았어요!! 조금 싱거운 느낌인데 소스 찍어먹으면 딱 맛있어요!! 햄버거로 만들어먹는게 개꿀~ 사이드는 맥앤치즈랑 애플코울슬로 먹었어용ㅎㅎ 애플코울슬로는 꼭 시켜야할 메뉴.. 상큼한거 없으면 좀 질릴 수도 있으니까용!! 게다가 마싯음... 맥앤치즈가 생각 이상으로 괜찮았어요~ 간이 딱 적당하구 약간 매콤해서 생각보다 안 느끼했어요~ 여긴 미국맥주 종류가 많아서 조음ㅠ 블루문에 오렌지 껴주는 센스봐ㅠ.ㅠ 드래프트도 팔지만 솔직히 미쿡 병맥주 이렇게 많은데 머거주장ㅠ 아 일욜 점심에 갔는데 비와서 그랬나 웨이팅 전혀 없었어요~ 저희 나올때까지 없었어요!! 서비스도 갠춘하공~ 분위기도 갠춘~ 가격은 비싸요ㅠㅠ어쩔수없징... 흑... 쨋든 마싯어용ㅎㅎ일주일치고기먹고왔다 2017-07-02

써머칭구 2미츠 플래터로 브리스켓,로스트 치킨 먹었는데 양 너무 많아서 남김..ㅜㅜ 둘다 부드럽고 양념도 좋았다! 바에 앉아서 밖을 보며(뷰는 그냥 그렇지만..) 맥주와 함께하니 정말 좋았음 오픈시간 15분 전에갔고 거의 곧장 만석 된듯하다 2017-06-19

주소 서울시 용산구 이태원동 455-33 연락처 02-790-6788 영업시간 화-목 17:30 - 22:30, 금-일 11:30 - 22:30(월휴무) 쉬는시간 금-일 16:00 - 17:30

(37.53353, 126.9908)

😊 **형석**　남아공 요리라는 틈새시장을 연 브라이리퍼블릭 가게의 첫 느낌은 편안한 대중식당 음식도 그들에 겐 익숙한 가정식을 먹는 느낌이다 외국에 많이 나가보진 못했으나 그들에겐 우리가 백반집 가는거 랑 크게 다르지 않은 느낌 아닐까 그정도로 투박하고 꾸미지 않은 편안한 느낌이 참 좋다 그런데 음식은 어우... 양 고기 최고다 최고 불쾌하지 않을 정도로 개성을 살려 남아있는 양냄새와 완벽한 굽기, 푸짐한 양 완전 마음에 쏙 드 는 코울슬로 투박한 매쉬포테이토와 육즙이 꽤 남아있는 수제소세지도 괜찮았다 사장님이신지 외국인 아저씨 한 분이 손님 하나하나 챙기는 모습도 인상적이었고 가성비도 최고고 다음엔 양고기만 잔뜩시켜 맥주와 배터지게 먹 어볼까 한다 2017-10-01

😊 **행복하자**　양고기 실컷 먹을 수 있는 외국 느낌 펍. 양고기 진짜 맛있다. 양고기 특유의 냄새가 너무 심하 지 않고 굽기도 적당. 완전 미트러버들 취향저격할 것 같다:) 가장 의외였던 건 크리미 스피니 치! 이거 보기보다 상당히 맛있다. 나중에 집에서 이렇게 요리해봐야겠다. 데쳐서 깨소금뿌리는 시금치 요리법 말 고! 시금치의 재발견이랄까..ㅋㅋ 감자와 콘샐러드 같은 것의 양도 넉넉하다. 참고로 제공되는 소세지는 가장 먼저 먹을 것을 요청한다. 소세지는 특이한 향이 난다. 향신료에 강하다면 추천한다. 이곳만의 특징인것 같기에. 램파이 역시 가격대가 있지만 그 안에 엄청난 양의 고기가 들어있어 하나도 아깝지 않다. 오히려 따뜻하게 고기와 야채를 가득 먹을 수 있어 좋다:) 코젤다크와 에일은 평타. 외국인 굉장히 많고 합석 가능하다. 소개팅하러도? 오는 것 같 다. 이런데서 소개팅하고 2차로 조용한 곳에 가는 것도 난 괜찮을 것 같다. 주인장이 한국말 영어로 중간중간 맛있 냐고 물어봐주고 먹는 방법에 대해 친절히 설명해준다. 우리 옆테이블 여자분이 양갈비 칼로 자르는데 고전하고 있었는데 친히 짝! 도와준다. 쿨가이~~~ 2017-02-13

😊 **쌤J**　캐쥬얼한 느낌의 남아공음식점 브라이리퍼블릭 미트플래터와 미트파이, 새우를 먹었는데 하나같이 맛 있었다. 개인적으로 베스트 메뉴는 미트파이! 소스가 호불호가 갈릴 수 있을것같은데 쌉싸름한 소스와 달콤한 파이의 조화가 인상적이었다. 서브로 나오는 스피니치도 아주 맛있었다 남아공 병맥도 굿굿! 2017-03-21

주소 서울시 용산구 이태원동 63-4 연락처 070-8879-1967 영업시간 월~금: 17:00 - 21:00, 토·일: 12:00 - 21:00

(37.54857, 126.9222)

😊 **Seo Suyeon** 뭇 육식러들의 가슴을 설레게 하는 홍대 오스틴. 운좋게 망고플레이트 홀릭 모임으로 갈 기회가 생겨 다양한 메뉴를 먹어볼 수 있어서 좋았어요U///U 이 날 다른 홀릭분들과 먹었던 메뉴는 쉬림프샐러드, 연어샐러드, 3인용 BBQ플래터, 스모어딥(마쉬멜로+초콜릿+쿠키), 스왐프 워터(칵테일), 브루클린 에일, 망고에이드, 레몬에이드입니다ㅋㅋㅋ 많...많다! 바베큐들 표면이 시컴시컴한 게 탄 거 아닐까 하고 의심하고 있을 찰나, 직원분께서 특제 소스와 훈연의 만남으로 그리 되었다 하시매 저희를 안심시켜 주셨습니다:3 전체적으로 살짝 짜기도 했지만 야들야들하고 맛있었어요. 어마어마한 양의 고기가 술술 들어가니 위장이 부담스러워했지만 행복했다고 합니다ㅋㅋ 고기 좋아요... 샐러드는 연어보단 쉬림프가 더 먹을 게 많고 풍부한 느낌이니 참고하시구요! 오븐에 구운 마쉬멜로+초코에 통밀쿠키를 찍어먹는 달달구리 스모어딥 추천해요:) 스왐프워터는 비쥬얼에 혹해서 다같이 시켜보았는데 맛은 그닥이네요. 안 먹어봤지만 샤크어택이나 핑크파인을 시켰으면 만족했을 것 같아요! 그 외에 브루클린 맥주와 에이드도 맛있었답니다:3 고기덕후라면 추천! 2017-05-30

😊 **지슈** 미국맛ㅋㅋㅋㅋ 3인 플래터 + 진저에일, 모히또, 핑크파인 플래터 - 풀드포크가 제일 촉촉하고 부드러웠다! 스페어립도 맛있음. 브리스킷은 맛있긴한데, 지방질이 많아서 단독으로 먹으면 느끼해서 꼭 뭐랑 같이 먹어야 한다!! 소스랑 같이 먹으면 진짜 미국맛이 확난당ㅎㅎㅎ 사이드 메뉴 맥앤치즈는 조금 느끼하긴 했으나 빵이랑 같이 먹으니 괜찮았음. 치폴리 쉬림프가 유일한 매운 맛 메뉴였는데 느끼함을 살짝 잡아준다. 어니언 링은 기름 많이 머금지 않고, 눅눅하지 않아서 좋았음! 진저에일 - 진짜 생강을 엄청 좋아하는 사람이 먹어야 할 것 같은...;;;ㅠㅠㅋㅋㅋ 모히또 - 우리가 다 아는 모히또 맛이라 역시나 맛있음 핑크 파인 - 비쥬얼이 너무 예뻐서 시켰는데, 맛도 상큼하니 좋았다!! 다만 질감이 음료가 아닌 죽같은 느낌적인 느낌...?ㅋㅋㅋ 식당 외관부터 외쿡느낌이 물씬 났다! 은근 양도 푸짐하고 미국 맛이 느낄 수 있어서 좋았다ㅎㅎ 서비스도 빠르고 친절했다! + 망플 바우처로 할인 받아서 더더더욱 좋았음♥ 2017-03-15

주소 서울시 마포구 상수동 93-108 연락처 02-334-5324 영업시간 12:00 - 23:00

YSL　가마니멍하니　thanhnguyen (joey)　thanhnguyen (joey)　미댕

(37.535, 126.992)

😊 **가마니멍하니**　이태원 브런치 맛집으로 이미 익히 알려진 이곳은 주말 아침 느지막히 일어나 맛있고 든 든한 아점을 먹고 싶을 때 생각나서 종종 찾는 곳이에요! 맛집이라고 해도 재방문하는 경우는 드문데 여긴 너무 맛있게 먹던 게 생각나서 여러번 가게 되는 곳이에요. 비오는 날 가면 운치있고 겨울시즌에 가면 아늑해요. 작은 공간이지만 천장이 지붕같이 생겨서 그 사이사이 책이나 호두까끼 인형이 놓여 있는 아기자기한 데코로 데이트하기에도 친구들과 오붓하게 즐기기에도 좋은 사랑스러운 공간이에요!! 이곳은 분위기 뿐만 아니라 음식 플레이팅과 맛도 정말 이국적인데요. 일단 양이 미국식. 푸짐해요. 메뉴가 전반적으로 다 맛있는데 제가 특히 좋아하는 브런치 메뉴는 프렌치토스트, 토마토스프, 소시지에요. 음식들이 너무 달거나 짜지 않으면서 미쿡 현지맛과 느낌을 풍부하게 느낄 수 있어요. 무엇보다 진짜 단짠의 조화가 예술이에요!! 프렌치토스트 같은 경우는 말랑말랑한 맛에 먹는다지만 시럽에 적셔지면 결국 나중엔 물려서 남기게 되거든요. 근데 여기는 겉표면에 시리얼이 붙어 있어서 끝까지 바삭함이 사라있어 싹싹 비우게 됩니다. 소시지는 진짜 탱탱해서 씹어 먹을 때 껍질이 터지며 육즙팡팡 해야 하는데 여기 소시지가 정석입니다ㅠㅠ짜않아 핫소스를 섞은 케찹에 찍어 먹으면 이미 여기 천국ㅠㅠ 토마토스프는 의외였는데 이건 진짜 현지에서나 먹어 본 맛이에요. 걸쭉한데 깊은 야채육수향이 나는 것이 한 스푼에 감동이 밀려 옵니다. 조그마한 스프그릇에 나와서 누구 코에 붙이지 싶을 정도로 적은 양이었는데 그래서 식전에 먹으면 감질맛이 납니다. 메뉴 실패한 적이 없어서 하나하나 다 시켜보고 싶은데 늘 저 맛을 잊지 못해 이렇게 3개는 꼭 시키게 되더라구요. 한 끼 식사치고 가격대가 부담없진 않아서 이것저것 사이드 메뉴라고 가볍게 여기고 시키다 보면 계산할 때 약간 놀랄 수 있지만 맛과 분위기는 정말 톱입니다. 2017-04-04

😊 **dany**　팬케이크와 핫도그, 오믈렛, 프렌치 토스트는 매우 전형적인 브런치였어요! 맛있게 가족 모두 잘 먹었습니다. 특히 오믈렛이 매우 치지하고 좋았고 프렌티 토스트는 엄청 달콤해서 기분 좋아요. 샐러드는 좀 별로였어서, 메뉴 1인 1개 시키면 먹을수있는 작은사이즈로 시켰더니 프레쉬한게 나쁘지 않지만 굳이 추천은안해요. 2017-06-25

주소 서울시 용산구 이태원동 118-18 연락처 02-790-5390 영업시간 10:30 - 22:00, 금 10:30 - 23:30, 토·일 10:30 - 18:00(월휴무)

르브런쉬 (가로수길점)

(37.52204, 127.0211)

YennaPPa / 엘몬 / YennaPPa / YennaPPa / YennaPPa

쌤J 맛있는 브런치 추천입니다!! 가게가 생각보다 작고 테이블 간격이 좁긴하지만 조명이나 분위기가 오순도 순 얘기 나누며 브런치 먹기 좋았어요 아보카도 치킨 샐러드는 시저소스에 아보카도랑 치킨 바게트 야채 가 들어있어요! 기대이상으로 맛있었던 메뉴이고 에그베네딕트도 기본에 충실하게 아주 맛있었어요~ 2017-04-03

행복하자 에그 베네딕트가 먹고푸면 가는 곳. … 개인적으로 애정하는 장소. 에그 베네딕트와 봉골레 에 그 베네딕트가 너무나 적당하고 맛나다. 토스트도 맛있다!!춥거나 비오는날에는 안쪽에서 바 깥풍경을 운치있게 감상할 수 있고, 날이 좋은 날에는 테라스 석에서 선글라스 끼고 유럽낭만 느끼며 밥먹을 수 있 다ㅋㅋㅋ 넘나 조아!! 사계절, 날씨에 상관없이 언제가도 좋은 곳:) 2017-01-24

엘몬 버거 베네딕트 + 까르보나라 에그베네딕트로 유명한 르브런쉬. 다른지점보다 분위기도 아늑하면서 세련되고 맛도좋다! 저는 기본인 에그 말고, 버거 베네딕트를 주문했어요. 기본 에그 베네딕트에서 햄버거 패티 두장과 양파볶음, 토마토 그리고 치즈가 들어있어요. 나이프로 슥 자르면, 두터운 고기의 질감과 계란 의 단면이 모두 보이면서 입에 침부터 고여요. 맛은 단연 최고ㅠ一ㅠ!! 패티의 육즙부터 팡 하고 터지고 그 후에 양 파볶음의 달짝지근함, 소스의 단맛, 그리고 토마토의 상큼함과 어우러진 치즈의 고소하고 짠맛이 한데모여서 정 말 풍부한 맛을 느낄 수 있어요. 보통의 수제버거집에서 먹는 햄버거보다 더 수준급인 느낌? 이건 수제버거가 아니 다~ 라고 생각해도 진짜 수제버거 먹는 느낌이었어요. … 평일 오후에 방문해서 한적하고 조용하게 식사해서 더욱 좋았던 르브런쉬! 2017-08-11

Steve Kong 살몬 에그베네딕트 먹고 만족. 연어는 차고 계란은 뜨거웠는데 원래 콘셉트 인지 연어를 미 쳐 못 데웠는지 모르겠으나 전체적으로 균형 이룬 맛. 브런지 뿐 아니라 일반 메뉴로도 자주 가게 된 듯. 2017-05-27

주소 서울시 강남구 신사동 524 연락처 02-542-1985 영업시간 월-금 10:30 - 21:30 토·일 09:30 - 21:30

아날로그가든

미댕 · 민수~ · subing · 26737_1487469610962_40577 · 미댕

(37.55547, 126.918)

😊 subing 풀드포르게따 팔라펠랩 둘다 굳굳이요ㅠㅠ 포르게따는 이름도 생소한 음식이었는데 향신료에 대한 거부감이 심하지 않으시면 맛있게 드실 수 있을 거에요! 잘게 찢은 돼지고기를 커리에 버무린 듯한 것과 각종 채소가 치아바타 사이에 들어 있어요. 다 같이 먹기 힘들지만 먹어보면 세상에 이런 맛이♡ 빵은 촉촉 담백하고 고기는 커리향이 나고 채소는 신선해서 아삭..ㄷㄷ정체모를 음식이었는데 아무튼 내맛 땅땅땅^0^ 팔라펠랩은 무맛일까 살짝 걱정했는데 괜한 걱정. 적당히 간이 된 팔라펠은 겉은 잘 튀겨져서 바삭하고 속은 넘나 고소했다. 신선한 채소와 함께 베어 물면 식감 장난없다. 플랫화이트랑 에스프레소 마끼아또도 함께 먹었는데 무난하게 괜찮다. 그치만 아메리카노 먹을걸 싶었다ㅎ 2017-02-19

😊 이진쓰 아날로그 가든 오랜만에 방문했어요 ♥ 저희는 가든브런치와 풀드포르케타를 주문했어요. 가든브런치는 가든에그스에 스모크햄과 아보카도가 올라간 메뉴여요. 풀드포르케타는 다양한 향신료로 요리한 돼지고기가 올라간 감칠맛 나는 메뉴구요. 모두 밑에 빵이 깔려잇어여. 예전에 방문했을 때 풀드포르케타를 너무 맛있게 먹어서 이번에도 주문했는데 고기때문인지 뭐때문인지 빵이 느끼하더라고요. 밑에 깔린 빵이 기름으로 촉촉/축축하게 적셔있어서 좀 느끼했어요. 그거 빼면 모든게 다 좋았습니다. 다음에는 빵에 올리브오일을 뿌리지 말아달라고 하든가 해야겠어요. 이게 모두 포크 기름이면 어찌할 도리가 없겠지만 ㅠ 그래도 그거 빼곤 다 만족스러웠어요. 진짜 포크질을 멈출 수 없는 극강의 부드러움과 따사로움. 진짜 여유로운 주말 낮에 가기 딱 좋은 곳이라 생각해요. 으 취한다 취해 카페에 늘씬하고 고급진 멍멍이 한 마리도 있으니 반려동물을 사랑하는 분들은 꼭 방문해보셔용~ 2017-09-08

😊 지현 애그스앤 아보카도 - 건강한데 조화로운 맛이예요. 빵 계란 토마토와 아보카도로 조화로운 브런치가 탄생! 후다닥 해치워버렸어요. 양이 조금 적은 것 같은건 기분탓이겠죠? 팔라펠랩 - 무난한 맛이예요. 병아리콩샌드위치맛. 상추와 샐러드들과 병아리콩이 들어있는 샌드위치를 느낄 수 있어요. 분위기가 굉장히 이국스러웠어요. 강아지도 귀욤귀욤 2017-02-13

주소 서울시 마포구 서교동 446-58 연락처 010-9213-8560 영업시간 11:00 - 22:00

카페413프로젝트

(37.50234, 127.0345)

😊 **이진쓰**
연어아보카도에그베네딕트(이름이기네..ㅎㅎ) ··· 아이스카페라떼와 주문 ··· 요즘 날씨가 좋아서인지 실내도, 실외도 분위기가 너무 좋았어요! 기다리고 기다리던 에그베네딕트가 등장했어요. 색감에 반해버렸어요. 홀란다이즈 소스가 없어도 너무 아름답더군요! 초록색상의 아보카도와 채소들, 그리고 하얀 계란과 주황빛 연어! 색감만으로도 치유되는 느낌이었어요. 수란을 탁 터트려서 칼질해서 계란/연어/아보카도/빵 다 포크로 찍어 야무지게 먹었습니다. 사람들이 왜 이게 이렇게 맛있다는 지 알겠더라고요. 아보카도+연어+닭살. 충분히 예상가능한 맛일 거라 생각했는데 오 기대를 뛰어넘는 그런 맛이었어요. 왜 이렇게 맛있나 고민했더니, 일단 재료가 좋았어요. 빵은 담백했고, 아보카도는 적당히(제가 좋아하는 정도로) 잘 익었고, 연어는 그라브락스처럼 약간 짭잘하게 간이 배어있어 좋았습니다. 달걀이나 뭐나 다 잡내 1도 없이 깔끔했어요. 그리고, 소스가 맛있었어요. 치즈베이스이지만 절대 무겁지 않은, 그렇다고 맛이 가볍지도 않은 그런 소스였어요. 소스와 케이퍼가 진짜 사람 정신 없게끔 만드는 화려한 맛이었어요!! 라떼는 처음에는 약간 수돗물 냄새가 났지만 이내 곧 약간 찐한 라떼 맛으로 바뀌어서 괜찮았어요. 다음에도 또 연어아보카도에그베네딕트 시킬꺼라긔..★ 2017-09-05

😊 **odds정**
브런치 먹으러~ 주택을 개조한 카페고 내부는 곳곳에, 천장까지 드라이플라워가 흐드러지게 널려있는 곳이었다. 식물과 꽃으로 꾸민게 너무 예쁜 카페! 저녁에 조명 켜도 참 이쁠 듯! 일단 아보카도&연어 샌드딕트랑 디저트로 바나나케이크(?)를 시킴! (+망고코코넛밀크 스무디:고소하고 부드러운 맛!!) 수란이랑 아보카도+샌드위치는 맛없을 수 없는 조합이었고 바나나팬케익빵(?)은 생크림이랑 꾸덕한 식감의 빵, 바나나도 잘어울렸다. 분위기도 좋고 맛도 좋은 곳! 2017-03-31

😊 **스텔라 정**
새우, 문어, 오징어 등에 오일을 넣어 바글바글 끓인 감바스 오믈렛, 상큼한 루꼴라를 그득담고 스테이크와 아스파라거스를 올려 푸짐한 샐러드, 계란노른자를 톡 터트려서 아보카도와 함께 먹으면 고소함에 탄성이 나오는 연어&아보카도를 먹었어요. 높은 평점에도 불구하고 평이 갈려서 큰 기대는 하지 않았는데요, 그래서인지 아주 만족스러운 브런치를 즐길 수 있었어요. 함께 먹은 자몽티와 커피도 괜찮았어요. 역삼쪽에 간다면 재방문할 것 같아요. 2017-08-29

주소 서울시 강남구 역삼동 640-9 연락처 070-7798-0544 영업시간 화-토 10:30 - 22:00, 일 10:30 - 21:00(월휴무)

(37.50981, 127.1056)

😊 **EJ** 그저그런 샌드위치들 비싸게 파는 곳 많은데 여긴 샌드위치가 뭐이렇게 맛있나싶은 곳이다. 마감 한시간 전에 갔더니 재료가 떨어진 메뉴들이 있어 크림마효와 과카몰리댄스, 와인에이드 주문. 과카몰리댄스는 기대했던대로 과카몰리가 정말 듬뿍듬뿍있어 아보카도러버인 저로서는 대만족. 아보카도메뉴라고 하려면 이정도는 넣어야지라고 할 수 있는 메뉴. 크림마효는 그냥 치킨샌드위치일 줄 알았는데 식빵이 제일 맛있는 정도로 빠싹 구워져 씹을때 바사삭하다가 부드럽게 여러재료가 잘 어우러진 속이 부드럽게 씹히고 치즈도 살짝 늘어나기까지... 먹을때 '아..맛있다' 싶음. 히트는 와인에이드. 지금까지 먹어본 와인에이드는 그냥 와인향 탄산수정도였다면 이건 제대로 와인맛 너무 맛있다. 스페인에서 먹는 샹그리아만큼 진한 맛으로 타주는 띤또베라노 먹는 느낌. 이거 마시고싶어서 얼른 또가고 싶을 정도로 좋다. 간단히 먹는다고 샌드위치 집 갔는데 사이드 샐러드도 넉넉하고 양이 푸짐, 실내 분위기도 겉에서 보는 것보다 아늑하고 좋음. 뭘 시켜도 제대로 하겠다 싶게 제대로 주는 곳.
2017-08-20

😊 **JH** 석촌호수 옆에 위치한 "뉴질랜드스토리". 분위기가 정말정말 좋은 카페에요 :) 공간이 생각보다 넓지는 않았지만 분위기가 정말 예뻐요!! 음식도 건강하고 깔끔해서 좋았어요. '크림마효'와 '모르칸 키친'. 둘 다 자극적이지 않고 편안해요!! 담백한데도 맛있어서 정말 부담없이 즐길 수 있었어요. 간이 세지 않으면서도 맛있기가 쉽지 않은데.. 그 어려운 걸 자꾸 해냅니다. ㅋㅋㅋㅋ '사과 샐러드'도 달콤하니 맛있네요!! 음식도 음식이지만 분위기가 정말 다 한 카페!! 아기자기한 분위기는 인생 사진 건지기에도 부족함이 없어요. 잠실에서 분위기 있게 브런치를 먹고 싶을 때 추천!! 2017-01-31

😊 **보람** 날이 좋은날엔 더 간절히 생각나는 뉴질랜드스토리 샌드위치♡ 크림마효샌드위치 싸들고 봄바람 쿰쿰 맞으며 놀러가고 싶어요ㅜㅠ잠실가면ㅋㅋㅋㅋ 일부러 약속잡고 가서 꼭 먹으러 가는 곳! 프렌차이즈 스멜 없이 먼가 엄마가 해주는 홈메이드 샌드위치 스탈 먹을때마다 반함ㅋㅋ 2017-04-15

주소 서울시 송파구 송파동 32-1 연락처 070-7523-6265 영업시간 10:30 - 22:00(화휴무) 쉬는시간 16:00 - 18:00

라이포스트

(37.53416, 126.9922)

홍콩오리 항상 가보고 싶었는데 드디어 가봤다! 생각보다 내부가 넓고 깔끔했는데 유명세에 비해 손님은 많지 않았다! 웨이팅없이 널널하게 앉음. 테익아웃 손님이 많은걸까? 베이컨아보카도와 제일많이먹는것 같은 스테이크샌드위치를 먹었다. 근데 생각보다 베이컨아보카도가 넘나 맛난거.. 베이컨아보카도는 빵이 좀 딱딱하긴 했는데 속재료의 궁합이 정말 잘맞는것 같았다. 스테이크샌드위치는 예상할수있는 그맛!! 고기가 듬뿍 들어있으나 가성비가 좋단 생각은 안든다. 근데 여기 남자들은 세트메뉴 안먹으면 양이 부족하실수도 있겠다. 절대 내가 그렇다는건 아니다. 2017-08-31

함냐함냐 한 4번째 방문으로 기억해요. 그만큼 이태원가면 생각나는 맛집! 남자인 친구들 데려갔더니 맛은 있는데 가격창렬이라는 소리 들어서 기분나빴던 기억이 나네요 제 기준에서는 적절한 가격에 맛도 좋고 친절한 좋은 곳이에요. 여기 가면 필리치즈스테이크샌드위치나 반미샌드위치를 먹는데요. 특히 반미는 고수랑 오이에 대한 거부감을 없애주는 좋은 샌드위치라고 생각해요. 고수의 향과 소스 맛 때문인지 평소에는 오이 잘 안먹는데 반미 샌드위치 먹을 때는 상쾌하게 잘 먹어지더라구요 ㅋㅋ 망고플레이트인기맛집! 스티커가 보여서 괜히 또 기분 좋았네요 2017-05-21

이진쓰 나도 갔지요!! 필리치즈랑 반미시키고 불고기김치후라이 시켰어요! 필리치즈 진짜 맛나네요! 고기를 피망에 볶아내서 죄책감은 덜해요! 아 ~ 채소도 들어있고 건강한 음식이구나 싶어욬ㅋㅋㅋㅋㅋㅋㅋㅋ고기도 맛있고 많이 들어가있고 치즈도 맛있고 느끼하지 않고ㅠㅠ 개쭬려요! 반미도 맛나네용. 이게 쌀바게트인지아닌진 모르겠지만 어쨌든 고수 들어가 있어서 맛있어요. 고기도 두껍게 들어가있고 건강하게 즐길 수 있는 음식이에요. 고수향때문에 진짜 베트남 반미 느낌 확 나요! 빵도 되게 맛있어요! 빵이랑 속이랑 발란스가 딱 맞아서 둘다 풍성하게 즐길 수 있어요. 입안 가득 빵이랑 속재료가 씹히는데 너무 좋네요. 불고기치즈후리이도 괜찮아요! 벌집모양의 바삭한 감자튀김이 엄청 바삭하더라고요! ㅋㅋㅋ그래서 진짜 좋았어요. 원래 김치들어간 후라이나 나쵸 진짜 시러하는데 여기선 맛나게 먹었어욬ㅋㅋㅋ굿굿 2017-06-17

주소 서울시 용산구 이태원동 72-34 연락처 02-792-9991 영업시간 일-목 11:30 - 21:30, 금-토 11:30 - 22:00 쉬는시간 15:30 - 17:30

(37.58038, 126.9708)

minimo

드디어 이곳 샌드위치와 까눌레를 먹어보네요ㅠㅠ 에버델리와 합쳐지면서 빵 종류 줄은 것 같아 아쉬워요.. 흡사 몽둥이를 닮은ㅋㅋㅋ제가 좋아라하는 바작한 비주얼의 샌드위치를 팔아요! 스패니쉬오믈렛 시켰고 두툼한 오믈렛이 부드럽고 지나치게 기름지지 않아 좋았어요! 오믈렛 안에 버섯이 잔뜩 들어가서인지 버섯향이 향긋해요. 버섯 안 좋아하시면 피해야 할 정도로 진하게 나요ㅎㅎ 올리브오일향도 은은하니 버섯과 잘 어우러지구용. 전반적으로 재료들이 갈린게 아니고 육안으로 보일 정도로 들어가 있어 더 믿음직스러웠어요! 빵에 발라진 토마토소스도 달고 짠 시판 소스가 아니라 순수 새큼한 토마토맛이라 맛있어요. 바작한 바게트와 부드러운 오믈렛의 조합이 헤븐! 까눌레도 너무 달지 않고 겉은 바작, 속은 촉촉하고 럼향이 짙어요! … 밤꿀통밀은 묘하게 담백하고 건강한 부시맨브레드st! 통밀함유량도 꽤 높아 일반 깜빠뉴보단 꽤 밀도 있고 갈갈한 질감이지만 호밀빵같은 퍽퍽함은 덜해요. 저같이 건강빵 좋아하시면 정말 강추! 한입 먹을때마다 은은히 느껴지는 밤향이 너무 기분 좋아요:) 다른 곳에선 이런 빵 먹어본 적이 없어 지나가면 쟁일거에요! 스콘은 무난무난한 정도.
2017-03-22

샤샤♥

에버델리 B.L.P.T는 정말 인생 샌드위치!! 다른메뉴들도 다 인기가 많아서 잘 나가는데 비엘피티는 먹으면서도 맛있다는 말이 계속 나왔다ㅠㅠ 샌드위치 하나에 좀 부담스러운 가격이다 싶었는데 맛을 보고나니 값어치 하는거같음ㅋㅋㅋ 그리고 혼자 한쪽만 먹어도 배가 불렀다 인기가 많아서 웨이팅도 좀 있는편인데 자리가 많이 넓지 않아서 좀 기다려야하고 샌드위치 나오는데도 시간이 너무 오래걸렸다. 그리고 알아서 웨이팅을 봐주지 않아서 알아서 기다려야한다.. 그리고 여기는 다른 빵들도 같이 판매되고 있다. 오픈 시간 조금 지나고 갔는데 자리가 없고 웨이팅 있었다. 갈려면 오픈시간쯤으로 일찍 가는걸 추천! 2017-04-13

dany

비엘피티 정말 괜찮아요! 겨자잎을 사용해서 색다른 재미를 주네요. 소스와 야채, 감자와 베이컨, 치즈의 조화가 아주 굿.. 그냥 식빵이 아닌 달콤한 브리오슈 식빵으로 식감과 맛이 아주 최고에요. 그것도 버터에 구워져 나오니.. 더할나위없네요. 2017-06-25

주소 서울시 종로구 통인동 102 연락처 02-720-0850 영업시간 11:00 - 20:30(월,마지막화휴무)

카사블랑카

(37.54154, 126.9871)

😊 **림** 정말 오랜만에 간 카사블랑카, … 해방촌 길가에 위치해 있어서 금방 찾을 수 있어요! 모로칸 샐러드, 치킨 샌드위치 그리고 양 샥슈카(에그인헬) 주문! 국내에서 샥슈카를 처음 먹어봤는데 현지(이집트)에서 먹었을 땐 계란이 들어간 불고기랑 비슷했는데 카사블랑카는 토마토 소스가 넉넉하게 들어가 있었어요 어떤게 정통(?)인지는 모르겠네요ㅋㅋ여튼 맛있었어요 같이 나온 빵도 부드럽고 맛있어서 야무지게 찍어먹음! 모로칸 샐러드는 딱 좋았던 것 같아요 양도 가격도 저렴해서 간단하게 너무 배부르지 않은 스타터로 적당했어요 한 입 먹으면 중동의 향기가 몰려오는 맛ㅎㅎ주로 토마토 베이스에 다양한 야채가 들어가요 치킨 샌드위치는 제가 카사블랑카에서 제일 좋아하는 메뉴예요 정말 오랜만에 왔는데 여전한 맛이었어요! 다만 중동 향신료 특유의 향이 맞지 않는 분들은 여기 음식이 별로일수도 있을 것 같아요 가게 곳곳에 모로코 관련 소품이 여기저기 있어서 현지 느낌도 나고 좋아요 해방촌에 온다면 강력추천!ㅎㅎ 2017-07-23

😊 **Colin B** <서울 속 세계음식: 모로코> 직장 동료들에게 급 점심 벙개 제안하여 방문한 곳. 이태원으로의 일탈은 언제나 옳지만, 모로코 샌드위치라는 메뉴만큼 이국적인 이 곳의 분위기에 모두 잠시 일상에서 벗어나 행복해했다. 일단 샌드위치. 저렴한 가격이 믿기지 않게, 양도 푸짐하고 재료도 꽉꽉 차있다. 생긴 건 바게트인데, 바삭함 속에 부드러운 식감을 가진 빵도 감탄스럽다. 다만, 모로코만의 이국적인 맛에 대한 기대는 좀 채워주지 못했던 것 같다. 그 다음은 샤크슈카. 샤크슈카는 이스라엘을 비롯한 중동, 북 아프리카에서 즐겨먹는 아침 메뉴로, 토마토 베이스의 소스에 계란과 각종 식재료를 졸여내는 요리. 새빨간 소스 위 계란의 모습을 본따, egg in hell이라고도 불린다. 치킨과 양고기 두 가지를 시켰는데, 양고기 강추. 다져진 양고기의 향이 은은하게 녹아들어, 독특한 맛이 난다. 부드러운 바게트에 소스와 계란을 찍어 먹으면, 이거 참 맛나다. 새콤한 모로칸 샐러드와, 가장 이국적인 - 마치 중동이나 아프리카 어디 가정집에서 큼지막한 솥에서 휘휘저어가며 만들어준 듯한 - 렌틸콩 수프도 추천할만하다. … 일탈에 대한 욕구, 맛, 가성비 모든 것을 만족시키는 곳. 칭찬합니다! 2017-07-19

주소 서울시 용산구 용산동2가 44-8 연락처 02-797-8367 영업시간 12:00 - 21:00(월휴무)

라페름

(37.53703, 127.0017)

JH 한남동에 위치한 브런치 맛집 "라페름". 슈퍼푸드를 이용한 맛있고 건강한 브런치가 있는 곳이에요. 요즘 다이어트 중인 저로서는 너무너무 만족스러웠네요. 강추!! 분위기도 좋아요 : D '아보카도 샐러드'. 플레이팅부터 건강함이 마구마구 느껴져요!! 아보카도도 맛있었고 샐러드 드레싱도 맛있어서 완전 맛있게 먹었어요. '치킨 퀴노아 샐러드'도 굿굿!! 수비드 된 치킨도 고소하고 부드러웠어요. 단백질 섭취까지 가능하니 운동하시는 분들에게도 강추!! 퀴노아의 식감도 재미있네요~ … 식물식물한 분위기도 음식과 잘 어울렸어요. 재방문의사 매우 있음!! 2017-04-01

윌리엄 오후 4시에 브레이크타임끝난다고 알아서 4시 반쯤 갔는데 마지막 자리 겟.....!.!!!!! 와우.. 저 다음부터 바로 웨이팅... 신기해요 이렇게 사람이 많이 오다니 얼마나 맛있는지 와보았습니다ㅋㅋㅋㅋㅋ ㅋ 메뉴는 사실 고민할게 없어서 아보카도 샐러드, 치킨 스테이크, 리조또 주문했어요! 사람도 많고 조리시간도 좀 걸려서 음식 나오는덴 좀 걸렸어요! 인테리어는 테이블과 의자들이 다 나무소재고 풀들 화분들이 많아서 넘나 좋아요 (풀 성애자..ㅎ) 초록초록한 느낌! 음식들을 리뷰하자면 아보카도 샐러드는 아보카도도 있고 식빵 한조각에 아보카도 소스발려진게 나와요 추가로 연어 조금? 이렇게 구성되어있는데 연어 들어가있어서 더 맛있었어요! 아보카도도 낭낭하니 많이 들어가 있구요 … 전체적으로 맛도 분위기도 다 만족! 가격은 좀 사악하네요...... … 가격은 좀 사악하네요......ㅎ … 2017-10-15

행복하자 건강한 브런치와 분위기를 잡을 수 있는 곳. 연어스테이크 와 퀴노아 치킨 샐러드. … 퀴노아 치킨 샐러드도 아주 싼 가격은 아니지만 적당히 치킨도 들어가고, 퀴노아도 꽤나 듬뿍 들어가 있다. 잡지책에 소개된 장소라 평소 가고싶다 리스트에 킵했었는데 우연히 가게된 장소. 긴테이블에 합석해서 앉아도 바로 옆에 앉지 않아서 좋다. 나름 사적인 공간을 그래도 배려하며 운영하는 느낌. 2017-04-24

요롤로잉 샐러드인 척하는 닭구이!맛있음 양 많음 분위기 좋음 친절함 쵸큼비싸지만 이태원이라 인정
2017-10-11

주소 서울시 용산구 한남동 683-8 연락처 02-790-6685 영업시간 11:30 - 21:00

(37.53735, 127.00000)

😊 **맛난거먹쟈**   클린푸드 맛집- 맛있게 다이어트하기도 좋을거 같은 느낌이었어요. 매장자체가 새하얗구 깨끗한데 멀리서 아보카도가 뙇보여서 신기했어요. 한국에서 이렇게 아보카도를 내세워서 운영하는 곳이 생겼구나... 그린볼, 샐러드스시 먹었어요. 그린볼- 아보카도와 닭가슴살이 들어간 샐러드에요! 아 보카도가 잘 익혀져서 정말 부드럽더라구요. 샐러드도 싱싱하고요. 파마산 치즈 가루를 솔솔 전체적으로 뿌리셨던 데 골고루 많이 뿌려져있어서 야채랑 같이 먹기 좋았어요. 샐러드스시- 정말 스시느낌이었어요. 아보카도가 들어 가서 그런지 정말 스시롤을 먹는 느낌! 아보카도의 부드러움에 회를 연상시켜요. 야채도 신선하게 들어있고 간이 되어있는 현미밥으로 만들어서 참 맛있었어요. 별거 없는데 존맛인 느낌b 12시에 갔는데 웨이팅을 20-30분정도 해서 점심에 가시려면 차라리 오픈시간에 가세요. 아님 주중에는 예약도 가능하다고 하시니 예약하셔도 좋구요:)
2017-03-23

😊 **양꾸러기**   요즘 다이어트 중이라 저녁에도 가볍게 먹을수 있는걸 찾다가 한남동 루트 방문하게 되었어 요. 생각보다 가게가 작은규모에 평일 저녁인데도 손님리 바글바글 해서 굉장히 소란스럽더라 구요.. 분위기는 그다지 추천할만한 분위기는 아니었어요. 샐러드스시랑 그린볼 이렇게 2가지 주문. 샐러드는 잘 익은 아보카도가 올라가서 맛있긴 한데 양이 좀 너무 적다는 느낌을 받았구요. 아 그리고 곁들여져 있는 빵이 좀 딱 딱하고 질겼어요ㅜㅜ 샐러드 스시는 김밥처럼 생겼지만 밥은 정말 최소한의 양으로 얇게 깔아서 야채와 아보카도가 들어있어 정말 맛있게 먹었어요. 샐러드스시는 정말 강추! 요즘 다이어트 중이라 너무 힘든데.. 집근처에 이런 샐러 드스시를 파는곳이 있었다면 일주일에 몇번씩은 사먹었을것 같아요! 여자 둘이서 이거 두개먹고.. 친구는 어땠는 지 몰라도 전 넘나 배고팠다는.. 2017-05-07

😊 **Yoonbin Bae**   이틀을 연이어 방문한 곳 스프는 다소 자극적이지만 곁들어 먹기에 나쁘진 않다. 아보카 도 오픈샌드위치는 재료가 아낌없이 들어갔고 샐러드와 샐러드롤(?) 또한 양이 꽤나 푸 짐하다. 양과 맛 두 가지 면에 만족스러운 곳 샌드위치도 맛있다는데 다음에 방문할 때 꼭 먹어보고싶다. 2017-05-08

주소 서울시 용산구 한남동 741-19 연락처 02-797-9505 영업시간 11:30 - 21:00(월, 화휴무)

김모찌

eksk@.@

김모찌

꾸꾸까까

민정찍

(37.52071, 127.0216)

eksk@.@ 여긴 안가면 안될 것 같다. 재방문 꼭 하고싶은 곳. -그릭페타치즈샐러드 굳이 안시켜도 되지만, 심심하고 재료맛을 살린 샐러드는 나름 입맛을 돋운다. … 가운데 소스를 푹 찍어서 피타브레드속에 넣고 샐러드야채를 넣고 후무스나 다른 소스를 채워 한입에 넣으면 그거슨.. -피타브레드 개인적으로 좋아해서 외국나가면 쟁여두고 먹는 빵이다. 호밀로 만들어 달달함이 더 강했다. 정말 맛있었다. -타히니후무스, 후무스 타히니후무스는 검은깨박힌 후무스인데 그냥 후무스가 너무 맛있어서 다른 것 안 섞는게 맛있는 것 같다. 근데 후무스 너무맛있어서 퍼먹고싶은 맛이다. 당장 집에서 만들어봐야지. … 오랜만에 감탄이 나오는 식사를 하고 나온 것 같다. 취향에 너무 맞을 뿐 아니라, 그냥 맛있다. 2017-04-30

써머칭구 지중해 요리! 그릭 페타치즈 샐러드,버섯치즈 무사카, 칠리치킨오븐구이랑 피타브레드 2개! … 음식 퀄리티나 분위기나 위치 등을 고려했을때 좋은 가성비인듯! 음식이 다 정성이 느껴지고 건강하면서도 맛도 좋아서 만족스러웠당 … 2017-05-24

에우노이아 식당문 절대 아닌거 같은 파란 문을 열고 들어가면 아담한 가게가 나와요ㅎㅎ 지중해 음식이라 다소 생소한 향신료가 많이 들어가기 때문에 새로운 음식에 거부감이 있는 분들은 좀 힘들수도 있어요. 와인 콜키지가 무료라서 모임하기도 좋아요. 2017-01-13

스텔라 정 하몽&초리조 샐러드-상큼한 드레싱에 올리브까지 들어있어 매우 만족 비프&토마토 무사카-가지육즙이 끝내주는 부드러운 무사카에 완전 반해버림 크림 숏파스타-여기도 가지와 버섯이 가득. 먹을수록 맛있는 파스타. 정말 건강하면서 맛있는 음식울 맛볼 수 있음!!! 그릭커피와 모로칸 민트티가 free여서 더 좋았음 … 2017-03-25

하요미 엄청 건강하게 맛있었던 그릭퀴진 레스토랑. 특히 … 피타빵이 진짜 존맛이었다.... 샐러드, 치킨, 무사카 모두 엄청 맛있는데 기름지지 않고 매일 먹어도 살 안찔 것 같던 맛... 2017-07-01

주소 서울시 강남구 신사동 520-1 연락처 070-8885-2575 영업시간 월-토 11:30 - 22:30, 일 11:30 - 22:00(월,첫째일휴무) 쉬는시간 15:00 - 18:00

토리토리

예랑

예랑

(37.52418, 126.9228)

😊 **MJ** 드뎌 여의도에 생긴 샐러드 전문점 :) ··· 이번에 spc에서 제법 큰 규모로 샐러드 전문점을 오픈했네요- 기본적으로 고를 수 있는 시그니처 메뉴, 랄까 조합들이 있고 원하면 커스텀 할 수도 있도록 되어있는 스타일입니다- 샐러드 보울과 플레이트로 나뉘어져 있는 것도 특징이더군용! 보통 샐러드로는 양이 차지 않는 남성 동행과 갈 때 아주 좋은 점일듯... 맥주도 파는거 같아서 플레이트는 안주로도 괜찮겠다는 생각이 들었어요!! 저는 샐러드 보울 조합되어있는 메뉴중에 연어가 있는 메뉴로 골랐습니당 빵은 원래 주시는데 빼달라고 했어용- 대신 아보카도는 추가했습니다 야채양도 많았고 신선해서 다 먹으니 배불렀어요! 쪽파? 같은 건 좀 샐러드 구성치고 특이했는데 전 좋았어요 ㅋㅋ 일행이 시킨 플레이트는 포크... 플레이트는 메인인 고기를 네 가지 중에 고르고 사이드도 고를 수 있는데 어째 고른 것들이 맛이 없었다고 하네요 맥앤치즈와 라이스 뭐.. 였는데 아무튼 그랬습니다 ㅜㅜ 저는 가지나 그런 것들 맛있어 보이던데..! 고를 수 있는 사이드가 꽤 다양했어요! 좀 고기고기하게 헤비하게 먹고 싶을 땐 플레이트도 괜찮을 거 같구 샐러드 보울도 무난하고 괜찮습니당 가격이 조금 비싼 느낌이 들고 서버분들이 아직 좀 완전히 숙련되지는 않으신 느낌이 있긴 했으나 친절하셨어요 일요일에도 영업하는 것도 장점 :) 이 근처에서 갈만한 샐러드 집이 생겼다는 것만으로도 매우 감격입니다! 2017-07-07

😊 **HJ** Bowl 메뉴인 연어포케에 아보카도 추가해서 먹었어요 한 입 먹자마자 상큼한 맛이 확 퍼져서 너무 맛있었어요 양도 많고 곡물도 들어가 있어서 저녁으로 먹었는데도 하나도 부족하지 않고 오히려 배부르더라구요 :) 맛 자체로만 치면 괜찮은데 주문하는 방식이 좀 불편했어요 가격이 저렴한것도 아닌데 셀프서비스에 샐러드는 만들어지는 걸 서서 기다렸다가 받아가야해서 줄서서 꽤 기다렸어요 좌석도 생각보다 넓지 않더라구요 사람 없는 시간에 가시길 추천! 2017-05-13

미댕 / 예쏘니 / 미댕 / 미댕 / 허니꿀잼

(37.49605, 126.9997)

😊 **미댕**　한 순간도 쉬지 않고 웨이팅이 흘러넘치는 것이 인상적이었다. 정말 끊임없이 웨이팅이 또 생기고 또 생기던 곳. 빨간 날이라 더 그랬을수도 있지만. 나에겐 브루클린 웍스보다 치즈버거가 더 인상적이었다. 치즈버거는 구운 양파에 패티, 치즈만 들어가는 아주 단순한 구성인만큼 오직 패티만의 육즙과 고소함을 더 진득하게 느낄 수 있었다. 그러나 웍스는 수분 많은 생야채가 많이 들어가 좀 더 프레쉬한 맛이긴 하지만 치즈버거에 비해 상대적으로 패티 본연의 맛이 좀 죽는 편이었다. 사실 어디까지나 치즈버거와 웍스를 비교했을 때의 평이고, 웍스도 충분히 맛있었다. 그리고 오레오 쉐이크는 진짜 아주 진득한 리얼 밀크쉐이크에 큼지막한 오레오 덩어리까지 갈려있어 내 취향 저격. 위에 휘핑크림까지 세상 행복ㅎㅎ 역시 맛있는 거+맛있는 거 = 더 맛있는 거. 감자튀김은 그리 특별하다고는 못 느꼈다. 그냥 일반 수제버거집에서 흔히 볼 수 있는 두꺼운 감자튀김. ⋯ 2017-05-09

😊 **재니**　⋯ 드디어 가본 브루클린ㅜㅜ전 크.림 버거 시켰어용 엄청 느끼한거 땡겨서ㅋㅋㅋㅋ. 살짝 당황하게 진짜 야채가 한조각도 안들어있어욬ㅌㅌㅌㅌ패티랑 베이컨 크림소스 치즈 끝- 이었던 것 같은뎅ㅋㅋㅋㅋㅋㅋ근데 완전 맛있어욬 같이간 언니의 메뉴도 맛있었음! 다른 수제버거 집과 비교해도 진짜 맛있는 편인 것 같아용!! 그리고 오레오민트쉐이크 존맛.... 민트 딱 적절하게 들어간 느낌이고 오레오가 엄청 씹혀용 이것만 먹으러라도 또 가고싶당... 수제버거 집에서 맨날 양심 찔려서 쉐이크는 못 시켰는뎅 정말 존맛탱 매장이 좀 작다는 단점이 있지만 꼭 가보세용ㅎㅎ 2017-03-17

😊 **DD**　위치 옮기고 처음 갔다. 패티는 미디엄으로 시켰고 나는 치즈버거와 브루클린 라거, 남편은 브루클린 웍스와 사이다. 일단 브루클린 라거가 완전 맛났다 부드럽고 쓰지 않고 향긋하니 목넘김이 좋은 맥주였다. 버거와도 넘나 잘어울리는 맛. 치즈버거는 베어무는 순간 진짜 육즙이 좔좔 흘러서 깜짝 놀랐다. 후추 맛이 강하게 났다. 꽤 괜찮다 싶었는데 중간에 브루클린 웍스를 한입 얻어먹었는데 달콤 상큼한 피클과 야채맛이 어울어져서 훨씬 조화로운 맛이 났다. 작년에 갔을땐 쏘쏘였는데 오늘은 꽤나 맛있게 먹은듯ㅎ 식당이 넓어져서 테이블간 간격이 넓어진것도 마음에 든다. 또 가고싶다ㅎ 2017-06-04

주소 서울시 서초구 반포동 78-12 연락처 02-533-7180 영업시간 11:30 - 22:00

(37.57414, 126.9893)

😊 **핑키뚱** 칠리치즈베컨버거 + 하와이안버거 시키고 감자튀김 하나 시켰더니 사장님께서 센스있게 반반 나눠주심! 일단 칠리치즈버거는 매콤한 소스와 치즈+패티가 조화를 이루며 맛있었고 하와이안버거는 뭐 유명한 달달한 파인애플과 패티의 조화.. 내가 칠리치즈를 먹었지만 개인적으로 나는 하와이안이 더 내스타일이었다 가게 내부는 너무 좁아서 먹기 조금 불평한감이 있지만 맛 자체는 훌륭함 2017-03-27

😊 **박지원** 수제버거는 실패한 적이 없는듯. 오늘도 무패행진! 기대를 저버리지 않는 맛이다. 칠리새우버거는 통통한 새우와 매콤한 양념의 조화가 내스타일이었다. 약간 커리 느낌 나는? 그런 소스에 은근하게 씹히는 콩까지. 마지막에는 입이 약간 얼얼하다. … 친구는 가장 기본 버거를 먹었는데 맛있다고 계속 감탄사만 내뱉었다. 치즈가 들어가서 나는 못먹는게 아쉽.. 버거는 좋아하지만 치즈와는 상극이라 수제버거 맛집을 가도 항상 메뉴가 한정적이다. 슬퍼라 사이드로 나온 감자튀김은 세트메뉴임에도 둘이 먹기에 충분했다. 같이 나온 하얀 소스는 약간 느끼한 크림맛? 어디서 먹어본 맛인데 별로 안좋아하는 맛이라 잘은 모르겠다. 예전 알바했던 곳에서 감튀를 마요소스에 찍어먹었는데 그건줄 알고 좋아라하면서 먹었다가 급실망ㅋㅋㅋㅋㅋ …생각보다 저렴한데 맛은 좋음! 콜라는 병으로 주시는 곳 처음 봤다. 보통은 캔으로 주시는데 ㅋㅋㅋ 그동안 먹은 수제버거 중에 가성비로 따지면 가장 좋았다. 찾아가서 먹어볼만한 집인 것 같음.… 2017-02-27

😊 **준영** 오랜만에 맛있는 수제버거를 먹었어요! 생각보다 가게 내부가 좁더라구요. 제 옆 의자에 짐 두고 있었더니 손님 올때마다 눈치보였어요..ㅠㅠ 저는 칠리 치즈 베이컨 버거 먹었는데 진짜 사이즈가 커요! 친구가 주문한 버거보다 엄청 높길래 보니까 칠리가 엄청난 두께로 쌓아올려져 있었어요!! 먹다보면 꽤 매콤해서 매운거 잘 못 드시는 분들은 비추해요ㅎㅎ 베이컨도 적당히 바삭해서 좋았고 패티도 쥬시해서 좋았어요. 물론 빵도 풍신풍신! 가격이 좀 있지만 그만큼 사이즈도 커서 괜찮은 것 같아요ㅎㅎ 2017-03-01

😊 **지원쓰** … 본점과 거의 비슷하게 너무 맛있다 그리구 역시 여기서 버팔로윙은 안시키면 왕속상함 ㅜㅜ 너무 맛있다 ♡ 근데 내부가 진짜 너무 좁다 … ㅋㅋㅋㅋㅋ 2017-08-18

주소 서울시 종로구 익선동 133-2 연락처 070-8801-0815 영업시간 월~토 12:00 - 23:00, 일 12:00 - 22:00

(37.50446, 127.0546)

😊 **불타는찐빵** 아보카도버거, 더블버거 추천드려요! 육즙 최고! … 전체적으로 번이 푹신하고 부드러운 식감. 베스트 메뉴 네 개 정도를 보여주셨는데 가장 인상적이었던 메뉴는 아보카도와 더블버거! 먼저 아보카도 버거. 요즘 핫한 재료인만큼 여기서도 인기 메뉴인 듯. 아보카도를 두 줄이나 넣어주셔서 너무 감동. 맛도 재료들이 따로 놀지 않고 아보카도 특유의 고소한 식감이 더해져 베스트 메뉴였던! 더블버거도 추천! 패티 두 장의 위력! 육즙이 뚝뚝 떨어지는 정말 헤비한 버거! 맛이 다른 수제버거집 더블 버거와 많이 다른 특별함은 아니지만 익숙하게 맛있음..! 느끼한 메뉴를 피하고싶다면 쉬림프 버거를 추천! 통통한 새우 네 마리와 매콤한 소스가 더해져 맛있게 먹었다. 난 육식주의자라 더블에 밀렸지만..매운 맛이 땡긴다면 쉬림프 버거도 좋은 선택이 될 듯! 칠리치즈감자튀김도 사이드메뉴로 너무 훌륭함. 보통 칠리소스가 너무 자극적이게 짜거나 매운 경우가 많은데 이 집은 소스만 먹어도 될 정도로 자극적이지 않게 맛있음! 꼭 한 번 드셔보시는걸 추천함~~! 6월 1일 정식 오픈 예정으로 선릉역 직장인들에게 좋은 점심 장소가 될 듯. 매장이 오픈형 키친이라 보는 재미도 있고 신뢰도 높아짐! 2017-05-26

😊 **맛집사냥꾼** 은 너무 많이 먹어서 어디서 부터 써야할지.. :D 치즈프라이 : 치즈가 별로 없었지만 칠리소스에 찍어먹으면 너어무 맛있써요! 소스 진짜 최고여유 아보카도버거 : 아보카도에 대한 막연한 두려움이 있어서 여태 안먹어봤는데 여기서 먹어보고는 너무 맛있어서 담에 또 먹어야겠다구 생각했어융! 아보카도가 버거랑 잘 어울려서 굳굳 쉬림프버거 : 약간 매콤한것도 좋았구 새우 is 뭔들! 존맛탱 계란들어간... 버거(이름을 모르게써요 ㅠ) : 제일 무난한듯! 이것도 맛있었어융 더블버거 : 치즈랑 패티가 두배로 들어가서 육즙 쩔구 진짜 마시써요 ㅠㅠ 힝 너무 좋아 살찌는맛 8ㅅ8 그리고 사진에는 없지만 피넛버터쉐이쿠! 진짜 취저였어요 ㅠㅠ 이거 사먹으러 또 올듯 ㅠㅠㅠㅠㅠㅠ 모든 버거 맛있었구 패티가 아주아주 맛있네유 <3 2017-05-26

😊 **쌤J** 더버거랑 새우버거 맛있어요!!! 사실 새우버거는 제가 원래 새우버거를 좋아해서 그렇고, 더버거가 제일 취향 안타고 맛있을것같아요 입에 넣자마자 오 이게 제일 맛있다! 했네요ㅎㅎ 분위기도 깔끔하고, 서버분들도 무척 친절하셨습니다. 쉐이크는 그냥 신기하고 예쁘고, 아보카도 들어간 쉐이크가 맛있었어요 (바나나맛) 2017-05-29

주소 서울시 강남구 대치동 894 연락처 02-565-8940 영업시간 11:00 - 21:30(일휴무)

YennaPPa

치킨너만있으면

YennaPPa

SERA

치킨너만있으면

(37.50038, 127.0522)

DD 레오버거 873kcal 하바나 버거 825kcal 프라이 450kcal x2 스프라이트 바닐라 쉐이크 하바나버거는 겉으로 볼땐 하나도 안 맵게 생겼는데 노란 소스가 엄청 매콤하다 익숙한 불량식품 맛?ㅎ 매워서 쉐이크에 딱이다. 레오버거는 하바나보다 더 양이 많은데 신선한 야채와 고기 패티가 굉장히 깔끔하다. 하지만 하바나를 먹다가 레오버거를 먹으면 좀 심심한듯 느껴질수 있다. 여기는 프라이가 진짜 맛있었다. 감자가 포슬해서 약간 식어도 맛있다. 먹고나서 점원들의 옷 등판에 버거 칼로리가 쓰여져있는것을 발견하고는 오늘은 망했다는걸 깨달았다. 오늘 하루 종일 먹은 칼로리의 두배를 순식간에 섭취했다니ㅜㅜ 그래도 맛은 있었다. 집에 돌아가는 길에 하바나 버거 소스 맛이 자꾸 생각났다. 2017-01-16

춘 마냥 불량스러운 패스트푸드를 상상했는데 상당히 고퀄리티의 수제버거를 팔고 있어서 깜짝 놀란 집. 패티를 보면 육즙은 전혀 안 나올 것 처럼 겉면을 바싹 구웠는데 고기가 상당히 부드럽고 또 육즙이 나와서 감탄을 했네요. 찾아보니 우삼겹을 숙성시켜서 패티를 만든다고 합니다. 또 이곳은 번 자체도 아주 부드러운게 괜찮네요 :) 거의 깨찰빵 수준으로 뿌려진 참깨도 고소함을 주어 부드러운 빵식감과 조화를 이루네요. 레오버거는 들어간 야채들의 식감이 살아있어서 좋았구요 맥앤치즈가 가득 들어간 맥버거는 느끼한 맛이 짭짤한 패티랑 정말 잘 어울려서 좋았습니다. … 2017-06-25

subing 맛있당..다른 버거 먹으러 또 가고 싶다. 가장 인기 많지만 어찌보면 가장 평범한 레오버거를 시켰는데도 맛있었어요ㅠㅠ 육즙 적당하고 식감 풍족하고 재료들도 신선하고 밸런스 짱짱! 칠리킹버거는 제 입맛에는 2프로 부족했어요. 매콤하고 리치한 건 좋으나 모두 다 부드러워서 금방 질릴 수 있는? 치즈프라이는 사랑이지요~~포슬포슬 감자에 짭조름 치즈 듬뿍ㅎㅎ 프라이 자체에 간을 조금 덜 했으면 완벽했을걸! 피넛버터&바나나 쉐이크도 제 취향♡ 식빵에 피넛버터랑 잼 같이 발라먹는 거 좋아하는 사람에게 강추ㅎㅎ 2017-02-09

주소 서울시 강남구 대치동 908-17 연락처 02-6489-0041 영업시간 11:30 - 21:30

모이모이짱 … 맛있다고 쓰러 왔지만 웃음이 나오고, 사진보니 또 흐뭇하다. 엄청 맛있었던 가티,, 다시 가야겠다!!! 띵시님의 리뷰를 읽고 급히 왔다가 매우 만족하고 돌아갔던 이 곳. 먹물색 생면 파스타가 정말 맛있었다. 그리고 빵이 어쩜 어쩜 이럴수가 있는지! 기공(?)이 참 크다고 해야하나 쫄깃함이나 재료의 어울림이 진짜 심각하게 창의적이고 맛있었다. 파를 싫어하는데도 두번이나 먹어버렸다. ㅎㅎ 비네가를 흑초로 하신것도 신기방기. 음미하다가 빵이 없어져서 '엇?!'하고 또 주문했다는 ㅋㅋ 가족모임 이나 친구들을 끌어모아서 다시 가야겠다. 참, 소밀꿀 리코타는 온도와 간이 좀 애매했으나 나쁘지 않았다. 2017-01-06

스텔라 정 오랜만에 찾아간 가티, 여전히 맛있어요. 깔끔한 와인을 곁들인 식사가 아주 만족스러웠습니다. 조만간 와인리스트를 업데이트할 예정이라고 하니 기대가 되네요. 한우냉채로 입맛을 자극한 후 여름 시즌 메뉴인 생물 민어전을 먹었는데 담백하고 도톰한 살이 아주 맛있었습니다. 관자를 곁들인 파스타에 저염 명란을 섞어 먹는 파스타도 여전히 맛있었고, 성게알파스타는 우니가 너무 신선해서 바다향 가득한 맛이 매혹적이었어요. 양념한 한우를 숯불에 구워 올려준 리조또는 고소한 밥과 적절한 양념맛에 청양고추로 약간의 매운맛을 넣었는데 그 맛의 조화가 참 좋았어요. 완도 전복 리조또는 상상한 딱 그 맛이었지만 다른 어떤 곳에서 먹은 것보다 맛있었어요. 2017-07-29

Olivia Kim 간만에 정말 맛있게 먹은 점심이였어요~~ 점심 셋트 (명란 먹물 링귀니 / 오미자차 선택) & 오리무침 & 전복성게알리조또 음식들이 다 맛있었어서 우위를 고르기가 힘드네요ㅠㅠ 토마토 들어간 피클까지 너무 맛있게 먹고 왔어요~~ 한식+이탈리안 퀴진인데 하나하나 다 특색있어서 추천해요!! 양이 엄청 많아서 셋트 하나 하고 단품 하나 해도 좋을듯 해요~ 플레이팅도 이쁘고 서비스도 굿굿+_+ 2017-04-08

형석 망플에서 극찬에 기대하고 드디어 찾아가봤습니다 정말 맛있네요... 한식을 베이스로 자극적이지 않고 깔끔한 음식이 인상적입니다 코스가 처음부터 끝까지 괜찮네요 개인적으론 리조또가 리조또 같지 않고 죽 같아서 조금 아쉬웠지만 그래도 맛은 좋았습니다 남성렬 쉐프가 자리를 지키고 있는것도 인상적이고 직원분들도 아주 친절하셔서 좋네요 2017-08-12

주소 서울시 강남구 신사동 510 연락처 02-517-3366 영업시간 11:30 - 22:00(월휴무) 쉬는시간 15:00 - 18:00

미피아체

얌얌

Ashley Jung

Yoon

마중산

Yoon

(37.52449, 127.045)

😊 **마중산** 청담의 오래된 이탈리안 레스토랑. 아늑한 분위기와 안정적인 맛과 와인 리스트가 맘에 들었음. … 가족끼리 온 분들도 많고 연인끼리 온 분들도 많았음. 디너 세트(코스)를 주문했고, 추천에 따라 까네또(이탈리아) 와인을 주문(바디감과 산미가 좀 있고, 드라이하지 않은 것을 요청했는데 딱 맞았음. 가격도 좋은 편) … 가리비 오일 파스타: 담에 이 집 오면 파스타 단품으로 먹어봐야지~! 하는 생각이 들었음. 면의 익힘은 좀 더 딱딱하면 좋겠음. … 1-2층으로 구성돼 있는데, 2층에는 룸도 여러 개 있었음(10여명 들어갈 큰 룸도 하나 있음). 서버 분들 친절하셨고 추천해주신 와인도 너무 입에 잘 맞았음. 컨템포러리 말고 좀 정찬 느낌을 내고 싶다면 추천드림! 2017-01-01

😊 **얌얌** 파스타와 치킨 스테이크가 정말 맛있다. 파스타는 워낙 맛있기로 유명해서 기대만큼 좋았다. 크림소스가 느끼하지 않고 고소하며 면과 잘 어우러진다. 면도 적당히 익혀져서 식감이 좋다. 치킨은 생각 이상으로 맛있었다. 딱 완벽한 굽기! 겉은 바삭하고 속은 촉촉하다. 데이트 하기에 좋은 분위기이다. 테이블이 많지 않아 예약은 필수. 발렛 주차가 된다. 2017-01-12

😊 **happiermyo** T bone스테이크는 1kg 이상 주문 가능하고 예약할 때 미리 주문해야 해요 … 항상 가보고 싶었는데 드디어 가봤네용 ㅋㅋㅋ 진짜 맛있었어요!! 안심은 다른데보다 좀 더 두껍고 씹는 맛이 있어서 제가 먹어본 안심 스테이크들이랑은 좀 달랐어요 등심은 다른 데보다 좀 더 부드러워서 약간 둘의 맛이 평준화된 느낌?? 가까이 붙어있어서 그런가요 … ? 근거는 없지만 ㅋㅋ 굽기가 환상이었어요!! 전복 파스타도 파스타면도 너무 탱탱하고 탁 끊기는게 맛있고 간도 잘 맞았구여 ㅋㅋㅋ 여유만 되면 ㅋㅋㅋ 자주 가고 싶은 곳이에요!! 2017-07-23

주소 서울시 강남구 청담동 97-22 연락처 02-516-6317 영업시간 12:00 - 22:00 쉬는시간 15:00 - 18:00

JH

minimo

JH

minimo

JH

(37.54118, 126.9872)

😊 **So So Def** 드디어 쿠촐로. 요즘은 예전에 비해 예약이 쉬운듯하니 전화해보세요. 리조또아란치니와 트러플 타야린, 우니파스타를 시켰다. 트러플 타야린은 그냥 나혼자 온전히 한그릇 먹고싶은 맛이었다. 한입만 하면 안줄것 같은 맛. 아란치니도 우니파스타도 맛있었지만 트러플타마린이 딱 상상했던 그맛인데 상상했던 그 맛이 맛있었음. sj용님이 경험한 트러플트름 하고싶었는데 셋이 나눠먹어 양이 적었는지 경험못함... 그리고 면 식감이 일본 라멘 식감이어서 특이했다. 여기도 너무 어두워서 연인끼리 가면 좋을것 같다. 난 연인과 방문하지않아 핸드폰 플래쉬를 켰다. 브금도 좋았다. 볼륨이 시끄러운 편이라 파스타를 먹을수있는 바 느낌. 하우스 와인은 스패인화이트와인 마셨는데 너무 가벼웠다. 그래서 다음엔 와인 들고 가야라고 생각함. … 2017-05-07

😊 **odds정** 해방촌 맛집 쿠촐로오스테리아, 에그타야린이라고 해서 계란으로 만든 파스타 면이라고 하는데 그래서인지 약간 꼬들꼬들하고 씹는 질감이 달랐다. 거기에 트러플 향이 완전 굿. 토마토 베이스의 파스타는 페페론치노가 들어가서 매콤하면서도 위에 올라간 리코타 치즈랑 잘 조화된다. 버터치킨은 팬 채로 나오는데 지글지글 끓는 버터가 치킨 안으로 베어 들어 갈 수 있도록 갈라서 먹으면 된다. 레몬과 버터향이 잘 어우러지고 느끼하진 않지만 닭가슴살인지 부드럽진 않았당 2017-05-30

😊 **쌤J** 김지운 셰프의 쿠촐로. 작은 선술집 같은 느낌으로 매우 어둡고 노래도 신나서 술과 곁들이기 딱이다. 시금치 아란치니와 트러플 파스타, 화이트 라구 파스타를 주문했는데 세 메뉴 모두 식감이 인상적이었다. 아란치니는 정말 바삭했고, 파스타면들은 깜짝 놀랄만큼 쫄깃쫄깃했다. 일반 스파게티 면을 좋아하는 편이 아니었는데, 쿠촐로의 면은 너무 찰져서 다른 면들보다 먹는 재미가 있었다. 원래 트러플 향을 좋아하는 편인데, 이번에 먹은 트러플 파스타는 치즈향과 어울러져서 좀 과하다는 느낌이 들었던것 같기도하다. 먹을수록 은은하기는 했음. 화이트라구도 아주 맛있었지만 토마토 하나 시킬껄 하는 생각이 죠금 들었다 2017-03-21

주소 서울시 용산구 용산동2가 45-13 연락처 02-6083-0102 영업시간 18:00 - 01:00

홍차빙수

Ashley Jung

홍차빙수

Ashley Jung

행복하자

(37.52225, 127.0431)

😊 **JENNY** 최근 몇개월간 먹은 파스타 중에 제일!!! 저녁으로 예약하고 가는데 찾아가는 길이 살짝 힘들었어요, 내부도 엄!청! 작고. 파스타 메뉴가 꽤 길어서 고민을 엄청 했어요, 그랬더니 직원분이 친절하게 추천해주시더라구요; 그리고 식전빵과 함께 웰컴드링크도 주시네여! 상큼하니 입맛 돋구기 좋아요ㅎㅎ(참외, 올리브오일, 딸기였나..? 주기적으로 바뀜) "비프라구"와 "파스토 베르데" "비프라구"는 쉐프의 파스타 스페셜 중 하나로, 사녜 아 페찌 면에 파스토만의 스타일로 끓여낸 안심만을 이용한 라구 파스타에요. 면이 되게 특이한데 라자냐 끝에만을 자른듯한 느낌의 숏 파스타에요. 면 익힘정도 아주 좋았어요, 식감 춉오!!! 살짝 꼬독꼬독하며 소스는 또 뭉근하게 끓여서 부드럽고 고기도 어느정도 씹히고. 너무 맛있어요 진짜 "파스토 베르데"는 바질, 시금치, 파슬리로 직접 만든 베르데 소스에 딸리아뗄레 카프리쵸세, 가평 잣을 뿌린 파스타에요. 얘 역시 면 익힘정도 아주 좋았어요. 그리고 크리미보단 좀더 꾸덕에 가까워요. 향, 맛 모두 진해요! 이런 류의 파스타는 처음 먹어보는데, 아주 만족스럽더라구요. 다른 메뉴들 정복하러 다음에 또 오고 싶어요!!! 너무너무 맛있고, 직원분들도 너무 친절하시고, 특히 물잔 비워지기 전에 채워주시는 거 해주는 곳이 제일 좋아요ㅋㅋㅋㅋ 2017-03-20

😊 **형석** 청담동 구석탱이에 자리하고 있는 이탈리안 최근에 파스타에 좀 꽂혀서 여기저기 가보고 있는데 요즘 가본 가게 중에 종합점수로 가장 좋았던 듯 함 샐러드 파스타 리조또 1종류씩 먹었는데 양은 조금 적다 싶지만 맛이 너무 좋다 재료도 신선하고 구성이 너무 좋고 소스들의 밸런스도 좋아서 너무너무 맛있게 먹었다 와인도 먹어보고 싶었는데 너무 아쉽... 서비스도 부담스럽지 않은 선에서 너무 친절하고 분위기도 참 좋다 조만간 꼭 다시 들르는걸로 조개요리가 인기메뉴인거 같은데 금방 품절되는 바람에 못 먹었다 원하면 미리 예약하는게 좋을 듯 2017-09-17

😊 **AP** 요즘 같은 날씨에 가기 딱 좋아요. 테라스에 앉아서 와인과 함께 즐겁게 대화 나누며 맛있게 먹을 수 있어요. 특히 서빙해주시는 분이 아주 센스있으셔서 음식도 먹기 편하게 잘 나눠주시고 와인이랑 잘 어울리는 치즈도 잘 챙겨주셔서 좀 감동이었습니다. 음식도 다 맛났는데 특히 허브를 써서 재밌었어요. 게다가 허브가 엄청 신선해서 평소에 먹던 파슬리와는 매우 다른 향. 2017-06-19

주소 서울시 강남구 청담동 19-4 연락처 02-515-6878 영업시간 12:00 - 23:00(일휴무) 쉬는시간 15:00 - 17:00

뚜또베네

(37.52574, 127.0471)

마중산 감동의 파스타 맛! 그리고 디테일까지 완벽한 공간 구성! 역시는 역시라는 생각! 1. 명란 링귀네: 최근 내 파스타 취향을 찾았다. 바로 링귀네...명란이 알알이 부셔져 소스에 섞여 있고, 호박이 어우러져 맛을 낸다. 훌륭한 맛. 2. 오리 라구 따야린: 따야린 면은 처음인데, 얇은 면이 입안에서 오밀조밀한 즐거움을 줌. 오리 특유의 향이 어우러져 개인적으로 매우 좋았음. 와인을 부르는 맛 ㅠㅠ 이날 짧게 파스타만 먹었는데, 조만간 반드시 와인 하러 갈 것! 와인 리스트와 냉장고가 너무 매력적이었다. 실내는 넓지 않은데, 공간 활용이나 소품, 가구들이 너무 인상적이었다. … 암튼 즐거운 경험 뚜또베네. 강추! 2017-04-02

코코브루니 늘 궁금했던 뚜또베네- … 기대를 갖고 방문했는데 뚜또베네역시 (장소가 비좁은것 빼고는) 음식들이 매우 만족스러웠다. 라자냐에 대한 호불호가 있어서 고민하다가 이집의 가장 유명한 메뉴라해서 라자냐와 리조또, 트러플향의 모듬버섯 볶음을 시켰는데 메뉴 모두 만족스러웠다. 특히 버섯관련한 요리들이 참 훌륭한듯했고 리조또위에 안심스테이크가 올려져 따로 스테이크를 주문하지 않아도 충분했다. 라자냐는 예상했던 맛이라 명란파스타를 주문해볼껄 그랬나 싶기도. 테이블간의 간격이 정말 좁아서 그 부분이 참 아쉬웠고 가게 자체는 무척 아담하다. 특히 입구 간판이 가게의 분위기와는 전혀 상관없는 중국간판같이 한자로 되어있어서 방문시 참고하면 좋을듯 ㅎㅎㅎ 2017-01-06

김모찌 여기 리뷰 쓴 줄 알았는데 안썼다니… 쓴 기억은 꿈인가봐요(ʹ•̀•ʹ) 유명한 라자냐와 훈제한우차돌박이구이를 먹었어요! 라자냐 엄청 기대했는데 맛있긴 한데 막 엄청 손에 꼽힐만큼 특별하고 다른 집과 확실히 다른지는 잘….제가 너무 기대했나봐요ㅠㅠ 기대없이 갔다면 더 맛있게 먹었을듯! 훈제한우차돌박이구이는 별 기대없이 시켜서인지 맛있었어요. 특별히 소스가 강렬하지도 않은데 조화가 잘되고 맛있었음!! 자리가 넓은편은 아닌대신 외투랑 가방까지 보관해주는 점이 좋았어요ㅎㅎ 2017-07-16

주소 서울시 강남구 청담동 118-9 연락처 02-546-1489 영업시간 월-토 12:00 - 23:00, 일 12:00 - 22:00 쉬는시간 15:00 - 18:00

김진영.

JH

뿔뿔

JH

JH

(37.50983, 127.106)

😊 **코코아코** 300번째 리뷰는 '맛집'리뷰로 정성껏. 석촌호수부근 이탈리안음식점. 이 근처에 음식점이 하나둘씩 들어서더니 짧지만 맛집골목(?)이 되었다. 예약없이 갔다가 허탕친 경험이 있어서 이번엔 이틀 전에 미리 예약을 하고 갔는데! 때마침 바로 옆 테이블에서 여러 홀릭분들이 meet-up 중 이었다는 ^^; 아마도 여긴 점점 더 핫해져서 예약을 안하면 절대 못갈.. 그런 곳이 될지도 모르겠다. 식전빵과 함께 나온 얼그레이 소스가 너무 맛있었다! 평소에 밀크티 진짜 좋아하는데ㅜ 밀크티에 빵 찍어먹는 그런 맛! 라자냐 생각보다 양이 적었는데 맛있었다 포크로 찍었는데 안에 면이 초록색이어서 신기했고 오븐에서 나온 그릇이 먹는 동안 뜨겁게 데워져있어서 다 먹을때까지 치즈가 녹아있었다 감동ㅠㅠ 양고기 진짜 비주얼부터 만화에서 툭 튀어나온것처럼 생겼는데 숯불로 구워서 그런지 양고기 특유의 잡내가 없고 괜찮았다 네가지 소금을 주셨는데.. 샤프란, 머물, 또 뭐였는지 잘 기억이 안나지만 색깔도 이쁘고 양고기 주문하길 잘했다는 생각이.. 티라미수 … 자칫 크림부분이 두꺼워지면 느끼할 수 있는데 커피를 적신 시트가 두 층이어서 전혀느끼하지않고 맛있다는. 앞으로 자주와서 다른메뉴도 다 먹어보고싶다 재방문의사 200프로. 2017-02-16

😊 **마이구미** 바베네. 소개팅 여기서 하면 무조건 잘될거 같은 느낌ㅋㅋㅋ 음식이 일단 맛있어서 기분좋고 분위기도 조용하고 차분하니 이야기 나누기 좋아요. 첫 홀릭 밋업으로 가게 된 곳인데 완전 좋았어요! 다섯가지 크림 리가토니, 라자냐, 꽃등심스테이크, 버섯크림리조또, 해산물파스타 시켰는데 리가토니랑 리조또 젤 맛있게 먹었어요. 리가토니 소스가 지이인짜 맛있어서 빵 찍어먹었는데 자꾸 생각나는 맛ㅎㅎ 리조또도 굿굿. 쌀 식감이 꼬들꼬들 살아있어서 자꾸 손이 감. 라자냐는 그냥저냥 무난무난. 해산물파스타는 그저그랬고 스테이크도 무난무난. 스테이크는 소스를 좀더 차별화해주면 좋을듯합니다. 아! 그리고 여긴 티라미수가 진짜 감덩ㅋㅋㅋㅋ 석촌호수 바로 근처라서 데이트하기에도 좋을거 같아요. 재방문의사 500%입니다 2017-02-12

😊 **코코브루니** 꾸덕꾸덕한 리가토니와 꼬들꼬들한 밥알이 인상깊었던 버섯리조또~! 후식으로 나온 티라미수도 참 맛있었다. 친절한 서버분과 아늑한 공간이 만족스러운곳. 석촌호수쪽에 숨은 맛집 ^_^!!! 2017-08-21

주소 서울시 송파구 송파동 32-3 연락처 02-6397-0997 영업시간 11:30 - 22:30(월휴무) 쉬는시간 월·금 15:00 - 17:30

(37.567, 126.9289)

😊 So So Def 평소 신뢰하는 홀릭들의 평이좋아 가봐야지 벼르던 곳. 비현실적으로 더웠던 날 연남,연희동 에서 웨이팅없이 식사를 할 수 있는 것도 분명 큰 장점이다ㅜㅜ 그리고 주차도 가능!(물론 한대였지만...) 일단 치즈가 엄청 땡겼던 날이라 생치즈 피자를 주문하고 실패할리 없는 라구딸리아뗼레를 주문함. 생치즈피자는 엔초비가 들어간대서 신기했는데 엔초비를 갈아 도우에 펴바른듯 함. 뼈째씹히는 통엔초비가 나오려나 걱정할것 없습니다. 블루치즈의 꼬릿함과 엔초비의 꼬릿함이 굉장히 잘 어울렸다. 평소 치즈에 꼬릿함이 못내 아쉬웠던 분들은 분명 좋아할 맛이다. 피자도우는 포카치아같은 식감이었다. 쫄깃하거나 밀도가 빡빡한 스타일이 아니라 먼가 더 가볍게 즐길 수 있었다. 라구딸리아뗼레는 내가 먹어본 딸리아뗼레중 가장 넓은 면이었음. 나이프로 잘라먹지 않으면 입이 약간 미어터짐(이런거 좋아함ㅋㅋ) 삶은 면을 접시에 놓고 라구소스를 끼얹은 느낌이라 일행은 따로따로 논다고 싫어했으나 나는 맛있었다. 무작정 트렌디하고 과하게 모던한 신상맛집 분위기와는 거리가 먼 에스닉하고 빈티지스런 분위기도 참 맘에들었고 가족단위 손님들이 대부분이라 그런지 뭔가 연희동 로컬 맛집에서 식사한 기분이었다. 2017-08-06

💬 DD 창으로 바람이 솔솔 들어오는곳에서 여유롭게 식사할수 있는게 너무 좋았다 치열하게 줄서지도 예약하지도 않고 먹을수 있는것도 좋았다 오늘의 수프로 나왔던 당근스프가 진하고 맛있었고, 버섯치즈뇨끼는 입안에서 살살 녹는다 가지 버섯 페투치니는 면이 약간 단단하게 익혀져있어서 살살 녹는뇨끼와 대비가 돼서 같이 먹기 좋았고 부드러운 가지와 버섯도 맛있었다 디저트로 원래 티라미수가 나와야하는데 떨어져서 초콜렛이 나왔다 브라우니 같이 생겼는데 좀 퍽퍽해서 별로였지만 같이 나온 커피가 맛있었다 디저트 빼고는 전반적으로 좋았다 집에 가깝다면 자주 올텐데 아쉽다 ㅎ 2017-05-28

💬 빵쥬 음식도 맛있고 빵도 매장에서 직접 굽는다 큰 창이 열려있어 테라스에서 식사하는 기분이라 좋으나 미세먼지 때문에 안타까움 ㅜㅜ 한적하고 친절한데 맛까지 있어서 좋음 빵을 판매하고 있어서 몇가지 사왔는데 정말 맛있다!!! 식빵 강추~~ 2017-05-07

주소 서울시 서대문구 연희동 190-1 연락처 02-3789-7817 영업시간 11:30 - 22:00

테라13

(37.52351, 127.0492)

😊 **Gastronomy** 청담동에 위치한 이탈리언 레스토랑. 가장 가고싶었던 곳 중 하나인데 드디어 가보게 됨. … 두번에 걸친 방문을 한번에 담아서 대부분 유명한 메뉴들은 다 먹어 본듯함. 일단 식전빵을 한입하는 순간 공력이 느껴짐. 더불어 이집 피자 맛있겠다리는 느낌 팍옴. 알리오 올리오, 봉골레 등 오일베이스 파스타를 우선 주문해봄. 알리오올리오는 여태 먹었던것 중 최고. 최고의 알덴떼와 살짝 들어간 페퍼론치노 덕분에 매콤하게 맛있음. 봉골레도 가리비를 ㅋ써서 맛이 좋지만 알리오올리오가 더 맛남. 풍기 리조또, 이거 완전 감칠맛의 결정체임. 알알이 살아움직이는 밥알 뿐만 아니라 버섯에서 나온 감칠맛을 극한으로 끌어올린듯함. 매니저님이 추천해주신 시그니처 메뉴인 빠께리 파스타도 어마어마함. 크림소스와 블랙트러플 오일을 뿌렸는데 넓쩍한 빠께리 파스타에 완전 적셔져서 맛있음. … 한국인들의 입맛에 어느정도 타협해준다고 하심. 더불어 오너라서 매일 주방을 지키고 손님들과 커뮤니케이션 해주심. 캐나다에서 오셔서 그런지 영어도 잘함. 2017-08-12

😊 **Ashley Jung** 아직까지도 제일 맛있는 파스타! 멧돼지 소시지가 들어간 펜네와 판체타, 포르치니와 표고버섯이 들어간 파파르델레. 펜네는 꽤 매콤한 편이나 맛있었다. 난 원래 펜네를 좋아하므로.. 면도 맛있고 신선한 토마토 소스도 굿ㅠㅠ 보스카이올라(?)는 버섯과 판체타가 든 짭짤한 소스가 굉장히 마음에 들었고 언제나 그렇듯 면적이 넓은 면이라 행복했다고 합니다. 물론 트러플 향이 넘치는 오리도 맛있었음, 소르티노가 자주 계심 2017-01-10

😊 **sapiroth** 너무나도 유명한 소르티노 쉐프의 이탈리안 레스토랑. 결론부터 말하자면 강추. 식전빵 짭쪼름하니 맛있었음. 트러플파스타 냄새가 기가 막힘.. 한입먹는 순간 이집만의 면의 식감 아이덴티티가 있음. 파스타마다 면의 식감이 다 다르면서 맛있음. 약간 설익은 듯하면서 꼬들꼬들한 느낌. 봉골레파스타도 맛있었음(스코파더쉐프의 봉골레가 약간 더 맛있는듯), 라구파스타 면도 면인데 고기소스가 예술. 초강추 2017-02-14

주소 서울시 강남구 청담동 50-8 연락처 02-546-6809 영업시간 12:00 - 22:30 쉬는시간 14:30 - 18:00

고메트리

Karyeong Kim

팥빙수

Ashley Jung

Ashley Jung

프로홍익러

(37.54678, 127.0248)

😊 **Ashley Jung** 아주 오래전부터 가보고 싶었지만 금호동이 너무 애매해서 미뤄왔던... 고메트리! 는 결론부터 말하면 몹시 만족 대만족. … 하나하나 훌륭한 음식들이었다. 수란과 테린이 나오는 리옹 샐러드는 일단 시작부터 굉장히 기대감을 증폭시켜준 풍부한 메뉴. 오랜만에 맛있는 샐러드를 먹었다! 트러플 파스타 풍미가 훌륭했고, 파스타를 또 시키려다 다양하게 먹어보려고 주문한 오리도 정말 괜찮았음. 파스타가 인상적이어서 다른 것도 다 먹어보고 싶어졌다. 지금 생각해보니 빵에 저런 스프레드를 주는 곳은 맛이 없을수가 없음 ㅠㅠ 아파트 상가에 있다보니 와인 곁들이는 동네 주민이 많고, 찾아가는 사람도 많아서 생각보다 자리잡기 쉽지 않다. 나도 예약 실패한적 있고.. 물론 인테리어나 전체적인 느낌은 깔끔하긴 해도 딱 아파트 동네에 있는 아주 살짝 올드한 동네 터줏대감 레스토랑 느낌인데, 맛은 어디 내놔도 빠지지 않을것 같고 가격에 비하면 정말 추천! 와인도 맛있었고 서비스도 무척 만족스러웠다. 2017-05-04

😊 **마중산** 런치에 샐러드, 파스타, 샌드위치, 그리고 디저트와 커피를 두 명이서. 이 가격에 눈과 입이 이렇게 호강할 수 없을 것 같다. 말로만 듣던 고메트리에 처음 방문했는데 역시! 1. 니스식 샐러드: 신선함을 원한다면 강추! 일단 시각이 즐겁고, 재료들도 매우 신선하고 풍부하다. 오렌지 드레싱 얹어주셨는데 맛이 강하거나 부담스럽지 않다. 2. 오일파스타: 면이 얇고 잘 익어 나옴. 내 입엔 좀 별미처럼 느껴졌다. 파스타에 누룽지가 있다면 이런 느낌일까? 싶은.. 아무튼 맛있었다. 오일 풍미도 좋았고 토핑들도 과하지 않아 취향에 잘 맞았다. 3. 크로크 마담 샌드위치: 올려진 계란후라이 노른자를 터뜨려 먹으면 식감도 맛도 나이스! 살짝 짭쪼름하기도 하고. 런치로 더없이 만족스러웠다. 디저트와 커피도 부족함 없었다. 이 가격으로 이 정도 음식 즐길 수 있는 곳은 아마 서울에 없을 듯? 아파트 상가에 입주해 있어 발렛 파킹도 안되고, 조금 쌩뚱 맞은 느낌도 있지만 문 열고 들어가는 순간 깔끔한 인테리어에 의아함은 사라진다. 주말 런치 장소로 자주 생각날 것 같다. 저녁도 괜찮다는 지인의 전언에 따라 디너도 경험해 보고 싶다. 추천! 2017-07-09

주소 서울시 성동구 금호동4가 235 연락처 02-2299-0572 영업시간 11:00 - 22:00(첫째월휴무) 쉬는시간 15:00 - 18:00

홍차빙수 YSL

모이모이짱 유카콜 YSL

(37.53336, 126.9935)

😊 **YSL** 가성비짱 프랑스 음식점이에요 ㅎㅎ 메뉴하나가 양이 적다고 느낄 수도 있지만 이것저것 같이 시키다보니 전혀 부족하다는 생각이 안들었어요 ㅋ 개인적으로 가장 괜찮았던건 오븐구이 머스타드닭(특히 베이스에 깔린 메쉬포테이토 취저)이랑 라따뚜이가 괜찮았고, 감자그라탕은 쪼끔만 덜 짰으면 진짜 두배로 맛있었을 것 같아요! 식전빵음 무제한으로 주시는데 오리고기 리예뜨 시켜서 빵위에 올려 같이 먹으면 훨씬 맛있어요 옆친구는 시킨메뉴보다도 식전 에피용 빵이랑 오리고기 리예뜨가 젤 맛있다고 ㅋㅋㅋㅋ 등심스테이크는 역시 고기라 그런지 평타(고기는 진리입니다)이상이었고, 홍합찜은 전 개인적으로 살짝 매콤한 토마토소스 베이스가 좋은데 이것도 나쁘진 않았어요.. 뵈프부르기뇽은 다른 사람들 리뷰처럼 호불호가 갈릴 수 있을 것 같았어요. 저는 개인적으로 고기냄새가 강해서 별로ㅠㅠ 여튼 와인도 전반적으로 가격이 저렴해서 그런지 레드와인 한병이랑 메뉴 위에꺼 다 시켰는데도 생각보다 얼마 안나왔네요 :) 2017-04-15

😊 **올치잘해그랫** 가정식이라는 말이 너무 잘어울리는 곳. 그만큼 편안했어요!! 근사한 곳이 아니지만 소수의 사람들끼리 와서 식사하면 너무 좋을 것 같다는 생각을 했는데 구석에 앉아서 그런가 음악 소리에 귀가 아팠어요 흑ㅠㅠ 식전 빵과 버터 정말 엄지척!! 홍합찜은 양파가, 오늘의 생선은 메쉬포테이토, 감자그라탕은 정말 감자 고유의 고소하고 부드러운 맛이 잘 살려있어서 마음에 들었어요! 오늘의 생선은 삼치였고 사실 그렇게 먹어본 적이 없어서 몰랐는데 삼치랑 메쉬 포테이토가 같이 먹어도 맛있다라는걸 처음 알았네용:-) 디저트로 크렘브륄레 먹었는데 프랑스 가정식당에서 먹는 프랑스 디저트란...♡ 크렘브륄레가 원래 대조적으로 먹는 맛이라 너무 좋아하는데 바닐라 향의 커스타드 크림과 적당한 온도에 부담없이 정말 막 먹었네용 하하하 사랑하는 사람과 편안하게 식사할 수 있는 곳같아요. 다만 알쓰인 사람에겐 와인이란 세계는 음... 같이 어울리는 음식과 와인을 아신다면 더더욱 좋은 식사가 될 듯한!! 2017-10-24

😊 **happiermyo** 여기 진짜 맛있구 ㅋㅋ 메뉴 가격도 너무 착해서 여러가지 먹어볼 수 있는게 좋았어요 홍합찜 감자그라탕 머스타드치킨 와인칵테일이랑 크림뷔릴레까지 먹었는데 너무너무 잘 먹었어요 ㅎㅎ 다음에 또 올거에요 예약 안하면 자리 없어서 예약은 필수고 테이블크기가 너무 작은건 좀 아쉽네여 2017-09-15

주소 서울시 용산구 이태원동 129-9 연락처 070-7719-3010 영업시간 12:00 - 22:00(일휴무) 쉬는시간 15:00 - 18:00

음식은즐거워   정민

YennaPPa   YennaPPa   YennaPPa

(37.52604, 127.0413)

😊 **정민** 분위기 너무너무 좋아요 정말 프랑스 다이닝 온거 같아요. 뭔가 음악도 그렇게 흘러주었다면 더 좋았을 것 같아요. 저희는 디너코스 먹었어요. 매뉴 하나하나 설명해주시고 추천해주셔서 고민할 필요없이 메뉴 고르는데 편했어요. 서비스 최고:) 전채요리중에 어니언스프 정말 맛있구요:) 연어감자샐러드는 무난해요. 그리고 콥샐러드 전채요리는 약간 시큼하고 뭐없어서 제스타일은 아니었어요. 관자요리도 맛있구요 조개향에 민감하신분은 피하시는게 좋을것 같기도 해요 저희 엄마는 식으니까 비리다는 말도 하셨어요. 페스츄리에 새우랑 크림리조또가 같이 나오는게 있는데 그게 정말 맛있어요! 그리고 메인은 저는 꼬꼬뱅(닭요리) 먹었어요 와인에 재워서 익힌 닭다리요리인데 전 좋았어요 익숙하지 않은 맛이었지만 진짜 프랑스에 온것 같은 맛이었어요ㅎ 채끝등심스테이크는 이곳에서 유명한 메뉴라서 꼭 한분은 드셔보시길 추천해요 :) 생일이라고 하면 서비스로 생일축하 케잌을 주시는데 이 날은 그게 다 떨어져서 아이스크림이 나왔어요ㅜㅜ 럼이 들어간 빵인데 그게 맛있다고 하던데ㅜㅜ 또 하나좋은건 오르골을 가져와서 틀어줘요. 연인분들 생일에 데려가서 오르골 소리에 맞춰서 축하해주시면 너무 분위기 좋을것 같아요 여기 센스 너무좋아요. 폴라로이드 사진도 찍어주셔요. 정말 음식만큼 서비스도 세심해요. 너무 만족!!!!!!! 2017-05-03

😊 **Joon** 차가운 전채+따뜻한 전채+메인+디저트+음료 나오는 저녁 코스 먹어봤어요 차가운 전채가 특히 맛있었던 것 같아요 프랑스식육회랑 연어 짱짱 맛있었고 버섯 타르트도 조합이 신기해서 맛있었어요 ㅋㅋ 메인은 조금 싱겁게 느껴졌는데 아마 그 전에 짠거를 좀 먹고 배도 좀 불러서 그랬던 것 같아요 늦은 시간에 갔더니 솔드아웃된 메뉴가 많아서 달팽이 서비스로 주셨어요. 뭔가 아쉬울뻔했는데 기분 좋았음! 옆테이블 오신 분이 생일이신 것 같은데 생일축하 오르골 틀어주고 초 켠 쪼끄만 디저트 주시고 폴라로이드 사진까지 찍어주시더라고요 특별한 날 가면 너무 좋겠다 싶었어용 서비스 완전 짱짱이에요 2017-07-30

😊 **DD** 넘 예쁜 플레이트에 먹기전부터 기분좋아지는곳. 디너코스로는 차가운전채-따뜻한전채-메인디시-디저트와 차를 선택해서 먹을수있다. 어니언스프와 스테이크가 인상깊었던곳. 스테이크와 함께 나온 감자튀김도 별미였다. 디저트 중에서는 바닐라 아이스크림 초콜렛 푸딩? 그게 제일 맛있었다♡ 데이트하기 좋을만한 곳 2017-09-05

주소 서울시 강남구 청담동 83-6 연락처 02-541-1550 영업시간 12:00 - 22:30 쉬는시간 15:00 - 18:00

파씨오네

마요가지

마요가지

마요가지

마요가지

JhY

(37.52542, 127.03673)

😊 **JhY** 도산공원 부근에서 제일 가격부담 덜한 프렌치 레스토랑. … 프렌치에서 찾아보기 힘든 가격으로 단일 코스로 운영한다. 정해진 메뉴는 없이 메뉴가 그때그때 다르고 메인 육류만 선택. 셰프님이 직접 메뉴판을 들고 설명해주시는 것도 신기했다. … 여기 음식들은 화려하기보단 편안하고 건강한 느낌을 준다. 자극적인 메뉴가 없었고 누구나 호불호 없이 시도해 볼 수 있는 맛들. 바꿔 말하면 강한 인상을 준 단일 플레이트는 없었다고 봐도 된다. 하지만 전체 코스를 보면 음식이 하나하나 나올 때마다 만족도와 기대감이 누적되어서 디저트까지 먹은 뒤에 "아 정말 잘 먹었구나" 하게 만든다. 요리 잘하는 친한 누군가의 집에 초대받아서 식사를 코스로 대접받는다면 이런 느낌이려나 식사 내내 음식이나 서비스나 편안하다. 근데 진짜 가정집에 초대받아 먹는거처럼 음식 나오는 텀이 좀 긴 편ㅋㅋ기다리다 지칠 정도는 아니지만 여유를 가지고 가야한다. 사진에 메인은 순서대로 소뼐 양 한우인데 개인적으로 소뼐은 비추!! 딱 뵈프 부르기뇽 생각하면 된다. 맛없는건 아닌데 뭔가 아쉽..일단 양이 스테이크의 1/3이다ㅠㅠ나머지 메인이랑 사이드 야채 그런건 다 좋았음. 말만 많이 했는데 결론은 음식 분위기 서비스 가격 다 좋다는 것. 런치부터 가짓수 많이 나오고 디저트도 2개나 나와서 여러가지 먹는걸 좋아하는 내 취향. … 2017-12-17

😊 **마요가지** 근래에 갔다왔던 곳중에 제일 만족스러웠던거같아요! 맨 처음에 겉모습이 소박해서 과연 괜찮을것인가 생각했는데, 음식먹고 대만족 하고 나왔습니다! 셰프님께서 직접 나오셔서 메뉴 설명해주시고, 알러지나 못먹는 음식 있나 체크해주셔요. 앞에 나왔던 어뮤즈, 빵, 수프 등도 신경쓰신게 보여서 무척 만족스러웠지만, 광어 카르파쵸 먹었을때 정말 감탄하면서 먹었어요! 자몽과 광어의 조합이라니 상상도 못했었는데 너무 잘어울리고 워낙 제가 좋아하는 재료다보니 진짜 말도 제대로 안하고 먹기 바빴어요. 혼자 오버하면서 남친꺼까지 뺏어먹었어요 ㅎㅎ! 이후에 나온 해산물요리와 라따뚜이의 조합도 너무 좋아서 둘이 감탄하면서 먹었고요. 둘 다 익힌해산물 별로 안좋아하고 야채는 더더욱 안좋아하는데 조합이 너무 좋아서 계속 먹게되는 맛이었어요. 이후 메인 양갈비도 맛있게 먹었는데, 사실 이쯤되면 꽤 배불러요 ㅎㅎ 양도 꽤 많은편이라서요! 메인의 닭요리도 맛은 있었지만 뭔가 평범한 느낌이라 저는 양고기 쪽을 더 추천하고 싶어요! 디저트로 나온 밀푀유와 요거트+패션후르츠의 조합도 맛있게 먹어서 너무 행복했어요! 너무 칭찬만 적었나 싶은데 으음 저는 정말 만족하고 왔습니다 ㅎㅎ 가성비 좋다는 말을 알거같아요! … 2017-12-17

주소 서울시 강남구 신사동 646-23 연락처 02-546-7719 영업시간 12:00 - 22:00(일휴무) 쉬는시간 15:00 - 18:00

(37.53335, 126.9935)

SERA … 평일 점심에 가서 그런지 사람이 없네요. 자리가 별루 없어요... 테이블 몇개 밖에 안되요! 캐주얼하고 편한 그런 공간같아요. 한 슬라이스가 어머어머 하게 크고 정말 정말 맛있어요. 그냥 맛있다가 아니고 와 진짜 레알 맛있다! 이런반응 이였어요 ㅎㅎ - 맥앤치즈 피자 - 마카로니가 듬북 들어가있어요. 비주얼만 보면 한입먹고 못먹을것 처럼 무거워 보이는데 실제로 그렇지 않았어요! 다만 계속 먹다보면 살짝 느끼할 수 있어서 저는 칠리가루 뿌려서 먹으면 맛있더라구요! - 마르게리따 피자 - 박수나오는 피자... 진짜 어떻게 이렇게 맛있지?! 정말 토마토 베이스가 신선하고 상큼해요. 살짝 바삭한 도우랑 상큼한 토마토 베이스랑 치즈랑 바질까지 조합이 최고... 정성이 다 들어간 맛나요! 꼭 이건 추천! 다른 맛도 궁굼해요 ㅠㅠ + 마르게리따 또 먹으러 가야 겠어요!!! 2017-10-05

수영 이태원의 °매덕스피자° 가고싶다만 눌러놓고 못갔던 곳인대, 마침 원래 가려던 음식점이 문을 닫아서 가게되었어요! 저는 평일 낮에 방문해서 웨이팅없이 저희랑 다른한테이블 손님뿐이었어요~ 여기 정말 인생피자!!!!!>. <피자보다 치킨파여서 피자 즐겨먹는편은 아닌데, 먹어본 피자중에서는 젤 맛있었어요!! … '마르게리따'와 '맥앤치즈' 이렇게 2조각 주문했어요! 한조각이 생각보다 엄청 크더라구요~ 여기 피자는 다른곳보다 도우가 바삭바삭하게 특징같아요~과자 먹는거 같았어요ㅎㅎ 마르게리따!! 이거 진짜 추천추천~~ 토마토맛이 강해서 느끼하지도 않고 조화가 좋은거같아요! 호불호 안갈리고 가장 일반적이게 누구나 좋아할맛. 맥앤치즈는 처음에는 맛있더니 먹을수록 물리는 느낌이 있었어요ㅠㅠ 처음엔 치즈향 좀 더 강했으면 좋겠다 싶었는데..더 강했음 큰일날뻔...커팅 부탁드리면 예쁘게 잘라주시더라구요~ 여기다른맛들도너무궁금했던곳!! 재방문의사100퍼예요!! 2017-10-16

정민 처음엔 역시 느끼하네 맥앤치즈. 라고 생각했는데 어느새 한조각 순삭하는 나를 발견합니다. 하. 미국스러운 도우예요. 그래서 많이 딱딱할줄 알았어요. 그래서 일부러 도우빵 부분만 한입 먹어봤는데 왠걸 딱딱한데 또 바삭하면서 맛있게 씹혀요ㅋㅋㅋ 밀러 생맥주를 작은컵으로도 파는 점이 너무 맘에 들어요. 운 좋게 토요일 늦은 저녁에 갔다가 웨이팅 없이 먹을 수 있었어요. 진짜 맛있네욥 다음엔 포장해서 집에서 다리뻗고 냠냠하고 싶네요. 2017-08-07

주소 서울시 용산구 이태원동 129-9 연락처 02-792-2420 영업시간 12:00 - 22:00

(37.53398, 126.9894)

😊 **박지원** 라 마피아 + 감자튀김 이태원 초입즈음에 위치한 피자 맛집! 대존맛!!!6시 좀 넘어서 갔을 땐 웨이팅이 없었는데 우리가 먹고있으니 바글바글 줄 서는게 보였다. 역시 맛집은 빨리빨리 다양한 선택지에 고민하다가 라 마피아를 주문했다. 와... 벌써 또 먹고싶다. 푹신한 치즈+도우에 도우 끝 부분은 바삭바삭하니 진짜 맛있었다. 감튀에도 나오는 초록 소스가 맛을 돋우고 토마토 소스도 맛있었다. 감자튀김은 얇은 케이준 느낌이었는데 예상 가능한 짭조름한 맛이었다. 피클은 … 추가가 가능한데 겨자 맛이 좀 났다. 나는 피클이 없으면 피자를 못먹어서 추가했지만 그런 사람이 아니라면 굳이 시킬 필요는 없어보인다. 피자는 존맛이었지만 디테일이 좀 아쉬웠다. 맥주잔이 따뜻하다뇨..?! 그냥 병채로 들고 마셨다 ㅋㅋㅋ 양은 조금 적은 편이다. 내가 배고픈 상태에서 갔다면 피자 한 판 더 시켰을듯. 하 암튼 또 먹고싶다 ㅠㅠㅠ 2017-10-03

😊 **지현** 맛있는데 전체적으로 짭니다! 곳곳에서 맥주 시켜서 맥주와 함께 하시던데... 그래야할것같습니다! 처음 웨이팅이 길어서 들어갈 수 있을지 불안했는데 생각보다 내부가 넓어요. 물론 다 차고 또 웨이팅이 생겼었지만... 외국인 웨이터분들이 한국어 잘하십니다 신기했어요. 감자튀김! 맛있습니다. 소스가 살짝 짠데 감자튀김 하나로도 충분히 맛있습니다. 소스 향과 맛이 정말 이국적이예요. 디트로이트피자! 부분부분 할라피뇨 맛이 나고 맛있지만 간이 살짝 세서 물릴수도 있어요. 2017-03-05

😊 **은티** 오픈 때부터 너무 가고싶었던 곳! 세명이서 잭슨5, 라마피아, 감튀 주문~~ 디트로이트 스타일의 피자라고 하는데 디트로이트 사람들은 좋겠다 맨날 이런 피자 먹고.. ㅇㅅㅇ 뭔가 빵 같으면서 바삭한 도우가 어떻게 표현해야할지 모르겠지만 되게 색달랐다. 라마피아는 리뷰에 호평이 많아 주문했지만 약간 달큰해서 우리 입맛에는 맞지 않았고.. 뭔가 불고기피자에 꿀바른 느낌이랄까? (그래도 맛있음) 잭슨5가 훨씬! 더 맛있었음! 뭔가 꽉 찬 맛! 몇조각 남기고 아주 배부르게 잘 먹음! 여러명이 와서 여러 종류의 피자를 다양하게 먹는게 더 즐거운 경험이 될것같은데, 공간 특성상 4인 넘어가면 자리 잡기가 힘들것 같아서 아쉽다.. 그래도 나는 재방문을 반드시 할것이다 2017-01-06

주소 서울시 용산구 이태원동 56-30 연락처 02-794-8877 영업시간 일~목 12:00 - 22:30, 금~토 12:00 - 23:00(화휴무) 쉬는시간 14:45 - 17:30

(37.5412, 126.9869)

😊 **머큐리**   1. 맛있다 2. 1층보다 지하가 분위기 좋다.어두컴컴 술이쭉쭉 3. 페페로니 피자 맛을 알게해준 집 4. 직원언니 추천으로 알게된 스노든!!크림소스좋아한다면 꼭 드세요!오늘도 이거 먹음. 까르보나라 소스와 치킨,베이컨,양송이/하프 X 5.할라피뇨와 컵,얼음은 셀프바에서.병맥준 직접 냉장고에서 꺼내 피자 주문할 때 결제 6. 피자 남았을땐 박스 받아서 직접 포장 7. 팬보단 씬 도우!팬도우 특유 쥬시함에 맛있지만 끝까지 먹기엔 버거움. 바삭한 씬이 내 취향 8.지금껏 7명을 데리고 갔는데 다들 맛있어하고 몇몇은 또 가자고 한다. 9. 다이어트 망했다 2017-01-28

😊 **Tiffajy**   촉촉한 토핑과 적절한 치즈에 첫입부터 마지막 한입까지 목안마르게 먹을수 있는 마법피자 보니스. 깍뚝썰기한 토마토가 많이 올려져있어 특히나 촉촉하고 좋았음. 팬피자 도우가 솔드아웃이라 씬피자로 주문했는데, 생각보다 씬피자도 잘 어울렸다. 진토닉 두잔도 주문했는데, 알콜향이 쎄서 토닉을 너무 적게 넣은듯 했다. 레몬으로 커버안되는 알콜향이었지만 촉촉한 피자치즈가 커버해주니 괜춘. 피자는 갈때마다 늘 게눈감추듯 먹게되는 맛. 보니스의 모든 피자메뉴는 정복해보고 싶네요~ 2017-04-02

😊 **박지원**   페퍼로니+하와이안(R) + 코젤 생맥 해방촌에서 줄이 제일 길어보이는 보니스피자펍ㅋㅋㅋ 5시쯤 갔는데도 와글와글하고 이미 웨이팅이 어느 정도 있는걸 보니 그 인기가 실감났다. 20분 정도 웨이팅하고 지하로 감. 남들이 다 시켜먹는 단짠피자와 흑맥주가 아닌 코젤 생맥을 주문했다. 일단 놀란 것은 이태원에서 쉽게 볼 수 없는 가격과 전혀 모자람 없는 맛. 가성비 짱짱! 페퍼로니는 치즈가 폭신폭신하니 맛났고 하와이안보다 매력적이었음 ㅋㅋㅋ 후레이크+핫소스 뿌려먹으면 쫀맛 하와이안은 파인애플이 정말 가득가득 올려져있었다. 여지껏 먹은 파인애플 피자 중에 제일 맛있었음 ㅋㅋㅋ 구운 파인애플은 진리 평소 씬 도우를 좋아하지 않음에도 정말 맛있게 먹고 나왔다. 피클 대신 할라피뇨로 느끼함을 달랬고 신나는 분위기에 맥주 한 잔 곁들이니 흥이 샘솟는 ㅋㅋㅋ 남자친구가 맛있다를 연발했으니 진짜 맛집이 틀림없다! 2017-05-15

주소 서울시 용산구 용산동2가 44-19 연락처 02-792-0303 영업시간 월금 14:00 - 21:30, 토·일 11:30 - 22:00

(37.53442, 126.9882)

Capriccio06

… 사람이 많아 미루다 드디어 방문하게되었다. 대기 리스트에 올려두면 자리가 났을 때 문자로 알려주고, 남은 대기인수를 알려주어서 편리했다. 피자는 부르클린베스트랑 스피니치알프레도를 주문하고, 윙이 유명하다고 해서 레몬 페퍼 윙으로 주문했다. 도우가 바삭 구워진 미국식 피자를 별로 안좋아하는데 이곳은 전체적으로 맛있게 먹었다. 부르클린베스트는 토마토 맛이 제대로 느껴지고 미트볼이 맛있었는데 묘한 향신료 느낌은 호불호가 갈릴 수는 있을 것 같다. 개인적으로는 스피니치 알프레도가 약간 심심한 느낌이어도 파마산 치즈뿌려먹는게 참 맛있었다. 윙도 겉이 바삭하게 잘 익어서 맥주랑 궁합이 잘 맞았다. 보통 핫소스 발라진 메뉴가 새롭기도 하고 많이 먹는편인 것 같은데 레몬도 상큼하고 깔끔한 느낌이 좋았다. 미국 스타일 피자이지만 느끼하지 않고 담백한 느낌이 좋았다. 평일 한적한때 풍경 좋은 창가에서 먹으러 가보고싶다.
2017-02-05

지슈

브루클린 + 스리라차 윙 분위기, 맛 둘다 잡은 곳!! 브루클린 피자 - 유럽 여행하면서 먹었던 피자의 맛이 느껴져서 깜짝놀랐다! 짭조름하면서 중독적이다. 그리고 도우가 마치 '제크'과자랑 맛이 비슷하면서 고소해서 마지막 한입까지 기분 좋게 먹을 수 있었다! 레귤러 사이즈 시켰는데, 얇아서 그런지 맘만 먹으면 한판 다 먹을 수 있을 것 같았다ㅋㅋㅋ 스리라차 윙 - 스리라차 소스 향이 코를 톡 쏜다! 막상 한입 먹으면 시큼한 맛은 안나서 부담없이 먹을 수 있음. 처음 봤을땐 소스가 과하게 발려있지 않나 싶었는데, 전혀 과하지 않고! 딱 알맞음ㅋㅋ 뭔가 맛이 오묘해서 매력적으로 느껴졌다! 맥주랑 먹으면 꿀맛일듯~ㅋㅋ 맛집답게 사람들이 많았는데, 웨이팅할때 번호 입력해 놓으면 문자로 센스있게 메뉴판 보내주고, 차례도 알려줘서 좋았다! 외국 직원분들뿐만 아니라 한국인들도 영어로 대화를 나누고, 팝송이 신나게 흘러나와서 마치 외국의 맛집에 와있는 기분도 살짝쿵 느껴진다ㅋㅋㅋ 홀릭 바우처로 할인 받았는데, 피자만 할인 가능하고 윙은 안해준대서 쪼끔 서운하긴 했지만... 맛도 있고 분위기도 좋아서 만족스러웠던 곳이다!! 2017-01-14

주소 서울시 용산구 이태원동 457-3 연락처 02-792-2234 영업시간 11:30 - 22:00(월휴무) 쉬는시간 15:00 - 17:00

(37.50101, 127.0289)

에우노이아 매콤한걸 좋아해서 디아블로 피자와 크림 펜네 파스타를 시켰어요~ 디아블로 피자는 진짜 맛있네요ㅋ매운거 좋아하시는 분들 꼭 드셔보세요. 막 과하게 매운게 아니고 정말 딱 좋아 요. 분위기도 소개팅, 데이트 하기에도 좋을 것 같아요 :) 2017-04-03

추억의도나쓰 화덕피자, 빈티지감성 인테리어, 소개팅 장소로 유명한 레스토랑! 감베리크레마 파스타, 감베리 에 풍기 샐러드 ,마르게리따 피자는 정말 환상의 조합이었다. 파스타는 크림인데 살짝 매콤해서 느끼하지 않고, 피자는 치즈가 풍성해서 맛있었고, 샐러드는 소스와 버섯과 새우, 야채의 조화가 좋아서 맛있었다. 메뉴도 엄청 빨리 나와서 모든메뉴를 순서대로 뜨끈할때 맛있게 먹을 수 있었다. 창가쪽 자리에 앉았는데 친구들 네명 모두 모기에 물린건 왜일까.. 요즘 모기가 많아서 그렇겠지.. ㅎㅎ 2017-10-23

행복하자 나폴리식 피자, 도치피자. 감베리 & 베르나도치 가지가 들어간 감베리 피자. 가지향이 아주 강 하지 않고 한입크기로 적당히 부드러운 식감이다. 치즈가 사르르 녹는다. 빨간고추 그림이 한 개 있긴했는데 먹다보니 입술이 약간 맵다. 캡사이신을 썼나싶다. 식사 전 팝콘 나쵸처럼 약간 느끼한? 음식을 먹 고 난 후 메뉴로 추천한다. 베르나도치는 해산물이 많이 들어간 올리브오일 파스타. 전반적으로 괜찮다. 파스타보 단 피자가 매력적인 집. 2017-02-05

써머칭구 드뎌 가본 도치피자! 생각보다 분위기가 좋은 다이닝 느낌보다는 캐주얼한 피잣집이엇담 여자 넷이서 콰트로 포르마지, 감베리 크레마, 샐러드랑 피자 하나로! 아주 배불리 잘 먹었어! 콰트 로 포르마지 넘 맛났다 ㅜㅜ 치즈 좋아하는 내게 딱임! 감베리크레마는 생각보다 첨엔 좀 갸우뚱했는데 먹다보니 계속 끌리긴했당 흡사 떡볶이st..ㅋㅋㅋ 샐러드도 맛났음! 근데 맥주,와인등 주류 판매를 하나도 안해서 다소 아쉽. 거의 만석이라 조용한 느낌은 아녔다 2017-11-05

주소 서울시 강남구 역삼동 620-17 연락처 02-556-8001 영업시간 11:30 - 22:00

옥인피자

😊 **야구소년.** 서촌의 러블리한피자, 옥인피자. 단호박피자로 유명한 옥인피자. 사실 단호박을 그리 좋아하 지않아서 다른 맛을 주문한 리뷰 없나해서 블로그 등등 뒤져보니, 거의 90프로 단호박피자를 주문했더라. 그래서 우리도 대세를 따라. 주문전에 고민했던건 세트로 주문할것 인가 아니면 라지 한판을 주문할 것인가 고민했다. 2명이서 라지 하나 버겁다는 리뷰가 많아서.. 하지만 세트 구성이 너무 부실해보여 라지로 주문 했는데, 여자친구와 함께 한판 무난히 클리어.. 토핑이 단호박뿐이라 명 당 4조각 무난히 들어간다. 처음 한조각을 먹고 느낀건 피자맛 단호박인가? 하는 느낌. 굉장히 기품있는 단짠맛이다. 간이 정말 절묘하다. (마치 샤워할때 온 도조절 하는 것처럼 간을 잡았..) 먹다보면 물리겠지 했는데 워낙 간을 잘 잡아서 피클에도 손이 가지않고 쉼없이 들어간다. 또 크리미한 단호박의 식감을 보완하고자 퀘사디아처럼 위에 덮은 바삭한 도우도 참 절묘하다. 단호 박무스와 함께 조화도 훌륭한 뿐더러 입안에 꽉차게 그리고 맛있게 씹힌다. 함께 먹은 여자친구 말로는 여자들이 안좋아할수 없는 맛이라며, 또 여기서 소개팅을 한다면 확률이 많이 올라가지않을까 라고.. 참 신기한게 뒤돌아 생 각해보면 분명 도우도 치즈도 인상적인 피자는 아닌데. 맛의 여운이 오래간다. 참 맛있다. 2017-05-28

😊 **flavor** 대림미술관 갔다가 찾아간곳 생각보다 거리가 있고 위치찾기가 좀 힘들었으나 역시 평점에 실망 하지 않는 맛과 분위기 서비스로 정말 좋았던 곳! 단호박피자는 생각한 그맛이지만 넉넉한 재료 로 맛있었음 ㅎㅎ 약간 협소한 공간이라 웨이팅이 있었지만 친절한 직원 덕에 기분좋게 기다렸다^^ 2017-03-06

😊 **지은** 가벼운 피자 거의 단호박만 들은 피자인것 같당 그래두 맛나고 부담없이 막 먹을 수 있당 단호박만 들었지만 너무 건강한 맛은 아니고 적당히 달달 담백한 맛! 대신 단호박밖에 없어서 맛이 좀 단조롭 게 느껴질 수 있는 것이 단점 그래서 감튀도 나오는(아주조금이지만) 세트로 시키고 리코타 치즈 샐러드도 같이 시 켰당 샐러드는 상상하는 그냥 그 샐러드다 두명이서 피자세트+샐러드 정도면 배가 막 부르진 않고 그냥 배고프지 않을 정도만 되는 것 같당 …그냥 지도만 보고 큰(?)길 가로 가면 된다 2017-01-16

주소 서울시 종로구 옥인동 155 연락처 02-737-9944 영업시간 11:30 - 21:00(일휴무) 쉬는시간 월-금: 15:00 - 17:00

지아니스나폴리(가로수길점)

유딕니 minimo minimo minimo 허니꿀잼

(37.51922, 127.0237)

😊 **진솔** 예전부터 엄청 가보고싶었던 집인데... 결론부터 말하자면 인생피자집이에요!! … 다들 리뷰에 쓰셨듯 식전빵이 쫄깃쫄깃하고 적당히 짭쪼롬해서 정말 맛있었어요! 근데 본 메뉴들이 더더더더 맛있었어요:) 파스타도 꾸덕꾸덕한 것 먹고 싶었던 저와 친구에게 만점이었고 피자도 결국 둘이서 한판 다 먹었어요 ㅋㅋㅋㅋ 가성비도 좋고 가격 아니더라도 정말 맛있게 먹었어요 재방문 의사 20000))!!!! 2017-05-05

😊 **S E R A** 가로수길은 아니지만 근처의 위치해요. 2층이라 입구가 작아서 잘 안보이면 지나치기 쉬워요! 지도보고, 위로 보면 찾을수 있을거에요. 들어오면 아늑한 분위기에 오븐 때매 그런지 따끈따끈 하구 한국식 레스토랑 보다 딱 이탈리아식 식당 같아요 ㅋㅋ 한 5시였나? 어중간한 시간이 가니까 사람도 없어요! 피크때는 어떨지 모르겠네요 ㅠㅠ 여기 피자 도우가 푹신푹신하고 딱 신선한 느낌나요! 재료도 다 살아있는? 가격은 있어도 풍부하고 좀 좋은 재료 쓰는거 같았어요! 자극적이지 않고 단백하고 쫄깃쫄깃한 피자 ㅎㅎ 자극적이고 짜다고 피자 안드시는 어른들도 충분히 좋아할만해요! … 2017-07-08

😊 **행복하자** 마르게리따 피자 & 라자냐 여기 피자 아주 괜찮다. 씬도우도 맛나고 무엇보다 피자 도우가 부드럽고 촉촉하다. 토마토 소스 풍미도 제법 있어 넘나 좋다. 식전빵도 굿굿 :) 라자냐는 메뉴 한가지 인데, 라구 소스가 아주 깊고 간도 적당하다. 최근에 먹은 라자냐 중에 제일 맛있고 가격도 합리적이다. 추운날 따뜻한 피자와 라자냐를 먹는 것도 괜찮은 방법 같다 대만족! 2017-11-25

😊 **스텔라 정** 포르마지오는 최근 먹은 중 제일 맛있는 크림파스타였음. 마르게리따도 괜찮았으나, 파스타가 베스트!! 날이 좋아져서 창문까지 열어주니 살랑이는 봄바람에 흥이 절로났음. 2017-04-16

😊 **샤샤♥** 역시 감베리크레마가 젤 맛있는..! 마르게리따 피자, 풍기샐러드도 맛있는데 그 중 감베리가 최고였당 담번에가면 피자 4가지맛이나 고르곤졸라로 맛보고싶당*•* 여기는 테라스쪽이 진짜 예쁨!!!! 첨에 피자랑 샐러드 파스타 나오는데 양이 너무 적어서 놀랬는데 먹다보니 배부름 2명 피자1 파스타1 3명 피자1 파스타1 샐러드1 이정도가 괜찮을듯ㅋㅋㅋㅋ 여자기준!! 2017-01-17

주소 서울시 강남구 신사동 541-6 연락처 02-3416-0316 영업시간 11:30 - 22:30

피자필

(37.5339, 126.989)

송준현 베이직한 피자의 끝판 왕. 빵, 피자, 소스 등의 피자의 기본적인 것들의 조화의 즐거움. 요즘 유행하고 핫한 피자는 아니지만 피자의 매력을 한껏 끌어올린 멋진 집. 한 입 먹었을 때 느끼한게 아니라 깔끔하게 떨어져서 얼마든지 더 먹을 수 있을 것 같다. 여기 마늘 빵에서 보여지는 여기 빵의 자부심. 바삭한 빵의 겉부분, 속살의 쫀득쫀득함. 올리브 오일, 허브, 버터, 갈릭 솔트를 섞은 소스는 그 자체로 맛있는 빵을 더 돋보이게 해준다. 피자를 얇고 바삭한 씬 피자인데 피자를 처음 받으면 느껴지는 치즈의 향긋함이 느껴진다. 한 입 베어물면 치즈의 감칠맛, 담백함, 토마토 소스의 감칠맛과 후레쉬함, 도우의 바삭함이 조화롭다. 깔조네는 빵이 약간 다른 듯 피자의 도우가 바삭이면 깔조네의 빵은 입에 넣었을 때 파삭한 느낌이다. 피자의 모짜렐라 치즈를 먹을 때는 너무 치즈가 신선해서 먹다가 턱이 아플 지경이었는데 치즈의 담백함과 감칠맛만이 듬뿍 느껴진다. 순수 모짜렐라 치즈는 아닌거 같아서 다시 한번 메뉴판을 보니 모짜렐라, 리코타 치즈가 섞여있다. 정말 어떤 메뉴든지 너무 매력적이고 먹으면 먹을 수록 멋진 집인거 같다. 2017-01-01

은티 귀여운 화덕이 반겨주는 피자필! 기본에 충실한 깔끔하고 군더더기 없는 스타일이라 어떤 메뉴를 주문해도 실패는 없는 곳. 그래서 메뉴 고르는데 매번 고통스럽다! 뭐먹지! 이 날은 콰트로 프로마지를 먹었는데 느끼하기 보단 오히려 신선하고 담백한 느낌이라 놀랐다. 서버분들도 친절하시고 아늑하고~ 불금에 아주 탁월한 선택이었음! 2017-10-29

오세오세 숨어있는 정말 맛있는 피자집! 피자가 땡길때면 늘 피자필이 생각남. 토마토 베이스끼리는 half&half도 가능. 누텔라와 라즈베리 잼 들어간 디저트 피자도 진짜 맛있음 2017-10-29

꽝뎅 미국에 이민온 이태리 가정집에서 만들어 낸 피자같다. 이태리 피자처럼 담백하면서도 미국처럼 치즈와 토마토 소스의 진한 맛을 갖고 있다. 특히 깔조네는 이곳의 숨겨진 히든메뉴! 질 좋은 모짜렐라 치즈가 가득 들어간게 정말 대박이다. 이 곳 피자를 제대로 즐기기 위해서는 (무조건) 갈릭후레이크, 치즈가루, 페퍼론치노를 듬뿍 뿌려 먹어야 한다. 이 묘한 소스들의 조화가 맛을 200% 더 업그레이드 시킨다. 2017-12-18

주소 서울시 용산구 이태원동 34-65 연락처 02-795-3283 영업시간 화 17:00 - 22:00, 수금 11:30 - 22:00, 토·일: 12:00 - 22:00(월휴무) 쉬는시간 수·일: 14:00 - 17:00

팡뎅
이보나
(37.49786, 127.02603)
팡뎅
팡뎅
팡뎅

😊 **이보나**

지금까지 먹어보지 못한 새로운 스테이크의 맛...! 뭐랄까... 이거는 갈비찜 같은 부드러운 맛이었어요! 전 세계적으로 10곳밖에 없는 식당이래용... 내부 분위기는 조명이 어두워서 그런지 엄청 차분하고 고급진 분위기예요! 데이트 하시는 분들이 많은 것 같더라구요~ 여기는 1인 1메뉴를 해야하는 곳이라고 하더라구요! 주문받을때 말씀해 주시지 ㅠㅠ 이미 주문 다 들어간 다음에 주문받으신 분이 아닌 다른 분이 오셔서 1인 1메뉴를 해야한다고 말하셔서 좀 민망했어요 ㅜㅜ... 다른 분들은 미리 숙지하고 가시길 ㅠ 우선 스테이크가 나오기 전에 샐러드가 나와요. 근데 음 제스탈은 ㄴㄴ.. 소스가 너무 인위적이예용 ㅠㅠ 샐러드가 제일 아쉬웠던 것 같아욥 ㅠㅠ 스테이크는 미디움 레어로 주문했어용! 은색 카트에 조리를 하셔서 가져오신 후 사이즈대로 잘라주시는 것 같더라구요 :) 신기했어용... 흐흐 큰 덩이랑 그 위에 감자, 옥수수, 브로콜리를 올려서 서빙해줍니당' 소스는 두 종류가 있는데 하나는 겨자맛이라 코 찡해지고 다른 하나는 무슨 맛인지는 모르겠.... 스테이크가 위에서 말했듯이 찜같은 맛이 나요! 막 육즙이 터지고 이런 느낌이 아니예용.. 굉장히 부드럽습니다! 일반적인 스테이크는 먹다가 좀 느끼해서 물리거나 하는데 이거는 양이 많음에도 많이 느끼해지지 않았어요! 해산물 파스타도 시켰는데 진짜 살면서 제일 비싼 파스타... :(근데 받고 보니까 비쌀만 한 것 같기도 하더라구용.. 해산물이 진짜 잔뜩 들어가 있어욥! 랍스터도 있고, 관자 오징어 등등! 면도 적당히 잘 삶아져서 맛있었어요! 소스도 맛있공 :) 분위기도 좋고 맛도 좋았어요 :) 서빙하시는 분들 서비스도 좋고.. 다만 너무 비싸서 기념일 아니면 못 오겠네용 ㅠㅅㅠ 힝 돈 많이 벌구 싶다 ㅜㅅㅜ
2017-03-11

😊 **모이모이짱**

이 곳 특유의 스테이크 느낌은, 처음 갔을 때도 맛있었지만 두 번째 먹을 때 더 맛있게 느껴졌다. 크기에 상관없이 미디움레어로 주문해야 부들부들 맛이 좋다! 안 익은 층이 없어 뵈는데 고기가 핑크 빛으로 붉고 부드럽다. 다양한 프로모션을 많이 해 갈 기회가 생기긴 하는데, 이번엔 아예 VIP 멤버쉽 까지 가입해버렸다. (담엔 더 큰 고기를 먹어야겠다.) 망고플레이트를 통해 네이버예약을 하니 편하고 빠르며, 평점으로 맛보장도 되니 매우 좋았다. 고기와 와인을 즐기기에 좋은 레스토랑이나, 10시에 마감하기 때문에 늦은 저녁이라면 서둘러 먹어야한다. 2017-03-27

주소 서울시 서초구 서초동 1317-23 연락처 02-590-2800 영업시간 11:30 - 22:00 쉬는시간 15:00 - 17:30

비엘티스테이크 (JW메리어트동대문)

Angela

북악산기슭 곰

Seyeon

Colin B

맛난거먹쟈

(37.57006, 127.00875)

지은 Wine paring에 다녀왔다 사실 스테이크를 위해 예약하려고 보니 그 날이 특별한 날이었던 것 6가지 종류의 와인과 코스요리가 제공된다 와인은 요청해서 계속 마실 수 있다 식전빵(팝오버), 에피타이저(맛조개), 또띠아같은것에치즈...(원지 잘 못들었는데 익숙한 맛에 익숙한 비주얼임), 오리고기, 등심스테이크, 디저트(아이스크림과 베리가 올라간 치즈케이크)가 나왔고 와인은 샴페인부터 음식에 맞게 번갈아가며 나왔다. 사실 와인은 잘 모르니 평을 못하겠고.. 음식 중 최고는..팝오버ㅋㅋㅋㅋㅋㅋ완전 맛있다 겉은 바삭 속은 촉촉한데 짭짤하면서도 고소하다. 살짝 버터끼가 있어 더 풍미가 좋다 일반 버터와 딸기 버터를 발라 먹는데 소금이 올라가있다. 무튼 팝오버가 젤 맛났다..ㅋㅋㅋ 스테이크도 사실은 드라이에이징이 더 내 입맛에 맞는듯 하다 그치만 이건 고를 수 없었으므로.. 고기에 냄새나는 것에 진짜 민감한데 오리고기는 내가 먹기엔 살짝 냄새가 난다 아무리 좋은 레스토랑에서도 양고기는 냄새난다고 느끼는 정도라서..보통 사람들은 괜찮을듯하다 캐비어가 조금 올라간 맛조개 에피타이저는 딱 식감을 돋구어서 좋았다 비릿함도 질긴 감도 없었다 디저트는 진짜 찐한 치즈인데 짠 치즈당 케이크라 하기엔 아주 얇고 치즈 팬케이크같다. 맛있긴 한데 좀 많이 짜서 먹기는 힘들었다 + 서비스가 정말 좋다~ 같은 가격의 다른 스테이크 집 보다도 훨 좋은 것 같다 와인페어링도 뭔가 특별한날 작은 파티를 온 듯한 분위기라 와인을 못 먹고 내가 선택한 스테이크를 못 먹었음에도 만족했다! 담에는 스테이크를 먹으러 다시 와보고프다 2017-03-23

minimo 기대보다 별로란 지인의 평을 듣고 기대 반 의심 반의 마음을 갖고 방문했는데 제 기준 맛있었어요! 티본이 진짜 맛있긴 한데 너무 기름지고 양이 매우 많아서 등심만 먹어도 좋을 듯! 일단 소금 종류가 다양해서 찍어먹는 재미가 있다는 점이 좋았는데 무엇보다 제일 기억나는 건 팝오버 브레드! 원래 식전빵으로 배 채우는 스타일이 아닌데 빵이 너무나 맛있었어요ㅠㅠ 발효된 맛은 전혀 없지만 버터리한 계란향이 진하게 나요! 여기에 발라먹을 버터도 따로 주니 아 내 지방의 한부분이 되겠군하는 진~하고 버터버터한 맛이여서 진짜 맛있어요ㅋㅋㅋ 특히 딸기버터가 정말 독특하고 딱 제 취향이었어요><근데 만드는 법을 보니 의외로 버터가 재료에 없어서 놀랐네용 뷰가 딱히 좋진 않지만 전반적으로 대만족! 2017-07-06

주소 서울시 종로구 종로6가 289-3 연락처 02-2276-3330 영업시간 11:30 - 22:00 쉬는시간 14:30 - 17:30

울프강스테이크하우스 (청담점)

김모찌

홍차빙수

홍차빙수

김모찌

홍차빙수

(37.52436, 127.04134)

😊 **김모찌** 그 유명한 울프강을 뒤늦게 저도 한번...! 테이스트오브뉴욕이라는 립아이스테이크 세트로 먹었어요. 에피타이저 - 리뷰에서 본대로 시저샐러드의 베이컨이 진짜 맛있었어요!! 베이컨 먹고 맛있다고 생각한적 별로 없는뎅...친구랑 경쟁하듯 흡입했어요ㅋㅋ 머쉬룸스프는 진짜 버섯 그 자체. 버섯향이 장난아니에요. 굉장히 버섯버섯해서 버섯덕후는 좋았음ㅎㅅㅎ 립아이스테이크 - 짜다그래서 걱정했는데 짜긴한데 맛있음! 친구랑 저랑 미디엄레어에 대한 아픈 추억이 있어서 미디엄으로 시켰는데, 딱 알맞게 구워져서 만족(··) 소스랑 소금, 후추 다 찍어먹어봤는데 그냥 먹는게 제일 맛있었어용. 사이드 - 매쉬포테이토, 아스파라거스, 소테머쉬룸, 구운숙성김치로 골랐어요. 나머지는 상상가능하게 맛있고, 여러분 "구운 숙성김치" 꼭 시키세요. 궁서체임. 제가 밖에서 김치 먹는걸 싫어하는데, 친구의 지인이 여기가 묵은지 맛집이라고해섬ㅋㅋ시켜봤어요. 맛있음!!! 그리고 스테이크 느끼할때마다 김치가 딱 적당하게 잡아줘서 더 많이 먹을 수 있어요. 구운숙성김치가 킥!이에요. 역시 한국인은 김치죠. 디저트 - 카모마일티와 아이스아메리카노 중 아아메를 선택했는데, 오! 보통 이런데서 커피는 늘 별로인데 생각보다 괜찮았어요. 꽤 마실만함!! 들은대로 서버분들 엄청 친절하세요!! 특히 제가 물을 엄청 마시는데 따로 요청하기 전에 물을 계속해서 채워주시는 점..♡ 기대를 많이 안하고 갔는데 전반적으로 만족스러웠습니당ㅎㅎㅎ 2017-08-02

😊 **프로홍익러** 코스를 먹었는데 솔직히 메인인 고기를 빼고는 나머지 모두 매우 무난했다. 그치만 안심이 정말 부드럽고 맛있었어서 맛있다는 평을 내림. 인테리어도 멋지고 조명도 잔잔해서 연인이랑 특별한 날에 와도 좋을것 같은데, 생각보다 캐쥬얼하게 방문한 가족단위 손님들도 많아서 차려입고 와야할 것 같은 인테리어에 비해 분위기는 그리 무겁지 않았다. 등심보단 안심이 더 맛있는 듯. 번외로 서비스는 친절한듯 싶었으나 사진을 찍으려고 하는데 고기를 바로 썰어서 플레이트에 놓아준다거나, 시도때도 없이 와서 접시를 치우고, 한참 손을 들어야만 테이블로 와주는 등 손님에 대한 배려가 부족해서 아쉬웠음. … 2017-09-05

주소 서울시 강남구 청담동 89-6 연락처 02-556-8700 영업시간 11:00 - 23:00

저스트스테이크

(37.52623, 127.03734)

😊 **SHP**

압구정 로데오거리에 위치한 저스트스테이크. 상호명에서 느낄 수 있듯이 스테이크 참 잘하고 셰프의 자부심도 대단하다. 드라이에이징한 한우를 참숯에 구워내는 스타일의 스테이크인데.. 못 굽지 않는 이상은 맛없기 힘든 음식이다. 그런 음식들이 있다. 이를테면 후라이드 치킨이라든지.. 티본스테이크는 … 1인당 정량이 350~450 정도이다. 일단 드라이에이징 스테이크가 이 정도라면 아마 적어도 이 동네에서는 최저가 수준이라고 본다. 스테이크를 보면 일단 시어링은 훌륭하고, 템퍼도 미디엄 레어로 딱 좋게 나온다. 맛을 보았을 때는 살짝 시어링이 과한 듯 아주 약간의 쓴 맛이 아쉬웠다. 그래도 드라이에이징으로 인한 진한 풍미와 약하게 느껴지는 감칠맛이 훌륭했다. 무엇보다 가격도 너무 좋고.. 드라이에이징 비프를 좋아하시는 분이 간다면 아주 합리적인 가격에 반할 수밖에 없는 곳이라고 생각한다. 물론 가격 좋다는 건 로스율이 20-40% 정도 생길 수밖에 없는 드라이에이징 비프 특성상 그렇다는 것이고 일반 스테이크에 비하면 비싼 편이라는 점은 알아두자. 게다가 이곳은 인당 정량의 스테이크만 주문한다면 콜키지가 프리이기 때문에 저렴한 가격에 좋은 술 마시기도 좋다 ㅎ 2017-07-06

😊 **진솔**

생일 겸 외식하러 간 저스트 스테이크! 티본스테이크 너무너무너무 맛있었어요ㅠㅠㅠㅠ 진짜 입에 넣는 순간 사르르 녹아요! 어느 정도로 익힐지 물어보시지도 않고 딱 셰프님의 철학대로 해주시는거 같아요ㅋㅋㅋㅋㅋ 미디엄레어 정도였던거 같은데 맛있었어요! 콜키지 프리라서 들고간 와인이랑 같이 잘 먹었고요 디저트로 뜨거운 초코 케이크 시켰는데 하나 시켜먹고 와 이건 또 먹어야겠다 싶어서 하나 더 먹었어요ㅠㅠㅠㅠㅠㅠㅠ 진짜 천상의 맛... 대학 와서 먹은 디저트중에 제일 맛있었어요ㅠㅠㅠㅠㅠ흑흑 또먹고싶당 … 동생이 학생이라서 1600g 시켰는데, 원래는 인당 400그램 이상씩 시켜야 콜키지가 된다고 하나 참고하세용!!ㅎㅎㅎㅎ 가게는 작고 아늑한 느낌이에요 예약하고 가시면 됩니당 발렛 가능! 현금이 없어서 현금 뽑으러 돌아다녔어요ㅠㅠㅠㅠ 현금 지참하세요옹 2017-04-09

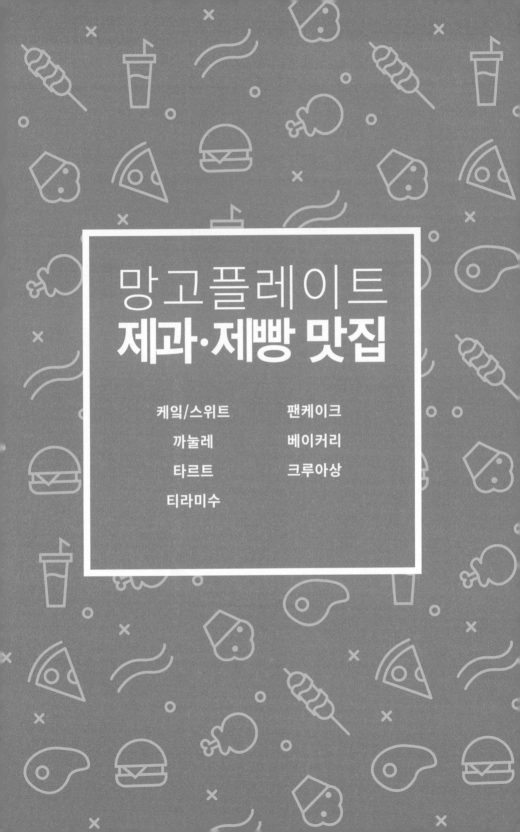

망고플레이트
제과·제빵 맛집

케잌/스위트   팬케이크

까눌레   베이커리

타르트   크루아상

티라미수

(37.51404, 127.0435)

SERA 아주 유명하고 망플에서도 평가가 아주 높은 리틀앤머치! 토요일날 오픈 시간에 맞춰서 찾아갔어요. 내부는 깔끔한데 생각보다 막 여자여자 하진 않았어요. 정말 그냥 심플 그 자체. - 화이트 초콜렛 돔 - 무스가 완전 부드럽고 전체적인 맛이 은은하면서 패션후르츠 맛이 확 나서 정말 매력있었어요. 달달한 것보다 상큼했어요. - 피스타치오 트로피칼 - 스펀지?케익인데 이것도 부드럽고 은은했고 밑에 크럼블 같은 부분과 함께 먹으니까 너무 맛있었어요. 이거 정말 맛있었어요! - 바이올렛 쿼츠 - 베리의 상큼한 맛이 확 느껴져요! 안에 초콜렛과 밑에 크럼블부분이랑 적당한 달달함과 상큼함이 잘 어울린거 같아요~ - 초콜렛 블리온 - 엄청 진한 다크 초콜렛인데 달지도 않고 고급스러워요 ㅠㅠ. 위에 누가? 과자? 이렇게 올려져있어서 같이 먹으면 달달함이 살아나서 저한테 취향저격이었어요~ 자꾸 손이 가네요 ㅠㅠ 다 맛있어요 ㅠㅠ 디저트 하나하나의 정성이 느껴지고 다 깔끔하고 고급스러워요! 2017-10-02

고기고기 예쁘고 맛있고 또 예쁘다. 망플평점 보고 기대치 컸는데 만족. 예쁜 디저트에 찰떡같이 어울리는 플레이팅이랑 밸런스 좋은 맛이 평점의 비결 같음. 달지 않으면서 촉촉하고 약간의 창의성도 돋보이는 케익들이다. 생각보다 가게는 아담하고 부러 찾아가야할 위치에 있지만 여자사람이라면 한 번쯤 찾아갈 만 한 곳. 티라미수보다 스트로베리케익이 더 맛있었고 담엔 극찬인 초코케익을 맛 봐야겠다. 바닐라라떼는 평범했지만 라벤더커피는 라벤더향이 짙게 나면서 커피맛도 잃지 않아 맘에 들었던. 달달구리와의 조화도 좋았다. 담엔 사진을 더 예쁘게 찍어보기로~;) 2017-10-01

Gastronomy 삼성동에 위치한 카페. 방문 및 재방문을 한꺼번에 씀. … 다양한 디저트류의 케익이 많고 그 맛도 매우 훌륭함. 조그만 케익이 가격이 꽤 되지만 보고 있노라면 그냥 음식만은 아닌것 같은 느낌. 거의 대부분의 케익을 다먹어보았지만 그중에서 제일 나았던것은 화이트 초콜렛돔과 스트로베리 치즈케익. 스트로베리 치즈케익은 맛도 맛이지만 그색깔이 너무 영롱함. 물론 다른 케익도 다 맛있음. 더불어 주차까지 가능하여 후식으로 방문하기 부담없음. 2017-06-20

주소 서울시 강남구 삼성동 10-8 연락처 02-545-1023 영업시간 월금 11:00 - 19:00, 토 11:00 - 20:00(일휴무)

메종엠오

minimo

허니꿀잼

허니꿀잼

Capriccio06

(37.48929, 126.9941)

이보나 진짜 인생 케익집.. 최애 케익집... 진짜 어떻게 이렇게 맛있지..? 예측할 수 없는 맛들의 조화가 진짜 신선하고 최고다. 평일 6시즈음 갔더니 케이크는 4-5종류밖에 없었음 ㅠㅠ 그 중에서 바슈랑으로 골랐어요! 머랭 안에 바닐라 무슬린 크림, 감귤 젤리가 있고 밑에는 코코넛 다쿠아즈가 깔려있어요! 바삭하게 부서지는 머랭과 진한 바닐라맛이 나는 크림은 달달한 맛을 내고, 그 안에 있는 주황색 감귤 젤리는 새콤한 맛을 내며 조화를 이루어요. 그리고 그 밑에 뭔가 씹히는 게 있는데 코코넛인 것 같아용 짭쪼름한맛도 간간이 나고.. 그냥 진짜 맛의 조화가 최고입니다... 가격은 비싸지만 그만한 가치가 있는 곳인 것 같아요. 또 갈거예요 모든 케익을 정복하는 그날까지 2017-09-02

맛난거먹쟈 오랜만의 메종엠오:) 근처 카페 잠시 들르면서 갔네요- 먹은 건 이번에 새로나온 마들렌 몽블랑! 커피랑 같이 먹는다고 티푸드로 샀는데, 정말 이제까지 먹은거랑 굉장히 다른 마들렌이었어요! 역시 메종엠오 b 뭔가 조그마한 슈톨렌느낌이랄까. 그래서 참 달아요! 하지만 슈톨렌이 원래 그렇듯 집약된 단맛이랄까! 그래서 좋았어요. 마들렌 안에도 당조림된 밤이 잘게 들어있고 아이싱도 유자인지 레몬인지 참 상큼하게 되어있더라구요. 전체적으로 럼향도 끝에 나면서...:) 제가 아이싱도, 마들렌도, 슈톨렌도 그리 좋아하진 않는데 메종엠오는 참 이 세개를 조합을 잘 해서 만들었는지 신기해요! +산미가 좀 있는 커피랑 마시면 마들렌의 단맛이 중화가 되고 좋더라구요~ 2017-01-23

치킨너만있으면 정말 여기 빵들은 다 맛있다. 구움과자 덕후인 나에겐 너무나도 천국같은 곳. 마들렌, 다쿠아즈 정말 사랑합니다. ㅡ 여기 마들렌이 먹을 때 당시엔 너무 달다고 생각했는데 근데 먹고나니 다른 빵집에서 마들렌을 못 먹는 현상이 발생하고 있음. 촉촉하고 부드럽고 메뉴에 충실하여 재료의 맛이 잘 느껴진다. 다쿠아즈는 겉은 약간 바삭한데 안은 촉촉해서 다쿠아즈 필링이 착 하고 달라붙는 맛이다. 까눌레, 말이 필요 없다. 일단 사고 먹고 즐거워하면 된다. 매장은 솔직히 먹고는 가기 힘들다. 많이 협소하고 자리도 몇개 없다. 그리고 몇몇 메뉴는 일찍가야 구할 수 있다니 미리 전화해보고 가도 나쁘진 않을 것 같다. 2017-03-23

주소 서울시 서초구 방배동 876-41 연락처 070-4239-3335 영업시간 11:30 - 20:30(월,화휴무)

(37.4983, 127.0548)

😊 **Jessic** 유명해서 꼭 방문해야할 먹킷리스트에 저장해놓았던 트레플유오. 핑크핑크한 외관부터 아기자 기한 내부며 소품만봐도 엄청 사랑스러운곳이에요 :) 방문하니 자리가 차있어 조금 기다려야했는 데, 사장님께서 직접 의자도 챙겨서 기다리시는동안 앉아계시라고해주시고, 판매되는 수제초코렛도 하나씩 맛보 시게해주셔서 입장도전부터 넘나감동! 초코렛 사진은없지만 리치맛을 먹어봤는데 기분좋게 달달하며 달콤한맛* 엄청 고급스러운 맛이라 선물로도 좋겠다 생각했어요. 시그니처 메뉴라는 쟈흐당과 로즈퍼퓸으로 선택했는데, 진 열된 디저트를 보시면 아마 선택장애를 겪으실수도.. 그만큼 너무 이뻐요ㅠㅠ 로즈퍼퓸은 한입먹으면 장미향이 입 안을 샥- 감싸주면서 은은하고 향기로운 맛? 이고 쟈흐당역시 상큼하면서 엄청 조화로운 맛! 먹으면서 몇번씩이고 맛있다..행복하다..를 반복했었어요 :) 근처를 방문한다면 꼭꼭 다시가고픈 곳!!! 2017-09-14

😊 **DD** 쟈흐당,블랑몽블랑을 시키고 어울리는 차를 추천해달라고 했더니 두가지를 시향하게 해주셨고 그 중 에 마음에 들었던 마르코폴로로 시켰다. 케이크별로 각각 따로 나이프를 주셨던 점이 좋았고 홍차가 매우 잘 어울렸다. 둘 다 피스타치오 베이스였는데 피스타치오 크림이 워낙 맛있어서 두 개 다 대만족이었다. 블랑 몽블랑은 위에 뿌려진 화이트크림이 좀 꾸덕해서 먹기는 불편했지만 가운데에 통으로 들어가있는 딸기와의 조합 이 끝내줬다. 쟈흐당은 아랫쪽의 시트가 단단한 질감의 빵으로 되어 있어서 씹는 맛이 있어 좋았고 피스타치오가 알로 올려져 있는것을 같이 씹었을때 고소한 피스타치오향이 입 안에 퍼지면서 상큼한 과일도 함께 어울려져 정말 환상적이었다. 꽃도 예쁘고 분위기도 좋고 참 좋았는데, 다만 틀어주신 노래가 분위기에 안 맞아서 그게 집중력을 흐리는 느낌이었다. 좀더 BGM스러운 잔잔한 음악을 틀어주면 좋겠다는 생각. 휴가 내고 평일 낮에 이렇게 카페에 홀로 앉아 책을 읽으며 디저트를 먹으니 천국이 따로 없다:) 대만족!! 2017-01-12

😊 **진솔** 제일 사랑하는 디저트집 트레플유오! 한티역에 과외 하러 갈 때마다 가고 싶어지는 트레플유오 오랜 만에 다녀왔어요! 집에서 먹으려고 테이크아웃 해 왔는데 안망가지게 테이프로 잘 고정시켜주신 디 테일과 어떻게 먹어야 될지 친절한 설명, 문도 열어주실 정도로 친절하신 사장님, 거기에 존맛 존예 디저트라니 정 말 여긴 사기에요!!! 오랜만에 예쁜 접시까지 꺼내서 세팅하고 기분좋게 먹었어요 2017-03-15

주소 서울시 강남구 대치동 935-10 연락처 02-561-6565 영업시간 10:00 - 21:00

띵시   띵시

띵시   MJ   띵시

(37.56897, 126.93011)

😊 **Tiffajy**   요즘은 하도 괜찮은 디저트집들이 판을쳐서 왠만한 디저트집들은 먹어봐도 그닥 새롭지 않고 다 거기서 거기인 느낌이었는데, 오랜만에 너무 맛있다가 입에서 터져나오는 디저트를 맛봄. 밀가루, 버터 등등 제과제빵에 들어가는 모든 재료는 직접 프랑스에서 공수해오신다는데, 진짜 한국에서 여지껏 접해보지 못한 남다른 맛이 남...!! 얼그레이 크림이 든 더블오, 초코타르트, 딸기슈를 먹었는데 하나같이 감탄사가 절로 나오는 맛이었음...음료도 직접 만들어 병에넣어 파시는데 상큼하니 크림디저트와 먹기 딱좋았음. 여기 파티쉐느님 능력자인것 같습니다...재방문의사 100% 2017-06-04

😊 **꽝뎅**   드디어 고대하던 두블오 얼그레이 맛을 먹음. 처음 왔을때는 얼그레이 맛이 없어서 무척 아쉬웠는데 드디어 먹어봐서 완전 좋다. 다른 과일들이 상큼하다면 얼그레이는 달달쌉쌀해서 딱 내취향. 패스츄리는 정말 좋은 재료를 써서 입에 느끼하게 남지 않고 얼그레이 크림도 딱 좋게 올려놓아 정말 잘 어울린다. 거기에 자몽의 상큼함으로 마무리되는게 궁합이 좋다. 그리고 베리 브라우니도 드디어 먹음! 이것 역시 없던메뉴라 MJ님 리뷰보고 먹어보고 싶었는데... 저번에 먹었던 일반 브라우니보다 훨씬 맛있다. 어쩜 이리 꾸덕한데 촉촉할 수 있지.. 보통 브라우니는 따뜻하게 먹어야 제맛인데 여기는 차갑게 식혀 주는데 마치 생쵸콜렛을 덩어리째 먹는 기분이다. 진짜 맛있음. 역시.. 명불허전 쥬마뺄.... 늘 만족하며 먹고갑니다...ㅋㅋ 2017-09-08

😊 **뿔뿔**   두블오 강추!! 딸기, 피스타치오, 얼그레이 두블오를 먹어봤는데 다 너무너무~ 맛있었어요!ㅎㅎ 제 입맛엔 딸기 두블오가 베스트bb 안에 들어간 크림과 위에 올려진 과일의 조합이 좋았던 것 같아요. 비싼 값을 하는 맛~ 치즈케이크와 브라우니는 무난한 맛이었어요. 프랑스에서 좋은 재료를 공수해서 쓰셨다는데 제 입은 고오급이 아닌지 차이를 느끼질 못했네요ㅠㅠ 좀더 디저트 내공이 쌓인다면 느낄지도? 사장님이 친근하게 말걸어주시고 친절하셔서 기분 좋게 먹을 수 있었어요. 테이블 마다 조명이 달린게 신기하고 이쁘더라구요. 직접 주문제작하셨나? 특이해요 ㅎㅎ 2017-08-16

주소 서울시 서대문구 연희동 124-43 연락처 02-332-9011 영업시간 화-토 12:00 - 20:00, 일 12:00 - 19:00(월 휴무)

땡시

eksk@.@

Capriccio06

땡시

땡시

(37.48648, 126.9926)

미댕　까눌레 • 허니버터 무- • 샴피니온 • 아이스 아메리카노 … 몇 번의 시도를 거쳐 알아낸 내 까눌레 취향은, 달걀 비린내가 조금도 나면 안 되고 표면이 너무 단단하지 않아야 하며, 럼 향이 강하지 않아야 한다. … 전체적으로 화려하거나 커다란 빵, 투박한 빵은 찾아보기 힘들다. 실제로 내가 오픈하고 얼마 되지 않아서 가서인지는 모르겠지만 건강빵류는 거의 보이지 않았고, 식사빵류와 미니미한 달다구리 빵들 위주로 있었다. 사장님께서 너무 친절하셔서 기분이 좋아지는 곳이었다. 까눌레는 위에서 언급했듯 내 취향 저격. 물론 표면이 내 이상향보다는 지나치게 부드럽긴 했지만 이 정도로도 만족! … 인상 깊었던 점이 있는데, 내가 까눌레는 데워주지 않으셔도 된다고 했더니, 그럼 허니버터 무도 데우지 말고 샴피니온만 데워드리겠다고 하셨는데 먹어보고 이유를 알았다. 허니버터 무의 식감이 까눌레랑 매우 비슷해서였나보다. 까눌레를 데우면 혹시라도 본래의 식감이 죽을까 봐 걱정한 나의 마음을 알아채신 듯… …. 간이 적당해서 좋았다. 빵도 그렇고 가게 분위기도 그렇고, 일본이 본점인 가게라 그런지 폭신폭신한 느낌이다. (편견일 수도 있겠지만) 학교에서도 가깝고 아직 오리지널 무-를 먹어보지 못해서 최대한 빠른 시일 내에 재방문할 생각이다. 2017-06-18

Capriccio06　유명한 까눌레 먹으러 방문해보았다! 크기가 생각보다 크고, 오픈초반 포스팅과 비교하면 가격이 조정된 느낌인데 맛있어서 만족. 겉은 바삭하고 속은 정말 촉촉한데 럼향은 약한 느낌이긴 하지만 전체적으로 조화가 괜찮았다. 질긴 느낌이 전혀 없어서 좋았고 커피랑도 잘 어울렸다. … 자리가 꽤 넓고 앉기 편해서 간단하게 식사하고 가도 좋을 것 같다. 2017-10-18

ANGELA　까눌레로 유명한 브레드에스프레소앤 왔어요 :) 아이스아메리카노와 함께 먹을 까눌레와 식사용으로 무화과 바게트 구매했어요. 시부야 오모테산도에서 유명한 곳의 한국 매장이라고 해서 까눌레 맛 기대했는데, 겉은 단단하고 속은 촉촉하면서 쫀득한 식감이 느껴지고, 바닐라와 달걀 향이 참 좋아요. … 채광 좋고 붐비지 않아 마음에 드는 곳입니다. 조만간 토스트와 샌드위치도 먹어보러 방문하려고요! 2017-07-16

주소 서울시 서초구 방배동 938-20 연락처 02-522-7450 영업시간 09:00 - 22:00(월휴무)

키다리아저씨

띰시

띰시

띰시

subing

(37.49946, 126.9989)

😊 **머큐리** ··· 오뗄두스는 동경제과에서 공부하고 일본 어느 호텔에서 총괄셰프 하신 셰프님이 한국에 돌아와 낸 브랜드라고 해요.광화문점과 맛이 다를까 궁금했는데, 서래마을에 위치한 작업실에서 디저트가 만들어지고 모든 지점으로 매일 배송되기에 전지점의 메뉴와 맛은 동일할 거라 안내해주셨어요. 바닐라까눌레 ,얼그레이까눌레 , 와인쇼콜라 구매했고 딸기가 들어간 케익 한 조각을 챙겨주셨어요. 언니 멋쟁이 :) !!직원언닌 상냥하고 친절하세요. 디저트 맡아주시기던 했어요 :) 까눌레(바닐라,얼그레이) 적당히 단단한 겉과 쫀쫀하고 향기로운 속 이상하게 요즘 까눌레가 많이 나가서 물량을 늘렸다고 해요. 7시쯤 방문했는데도 두어개 남아있었답니다.ㅎㅎ매일 하나씩 먹고싶어요 ㅠㅠ ··· 2017-03-31

💬 **eksk@.@** 좋아하는 오뗄두스! 옛날에 받은 충격이 점점 입맛이 고급이 되는 터라 그 감동까진 없었지만 집앞에 옮겨오고 싶은 집중 하나예요:) 좋아하는 까눌레 얼그레이맛으로 먹어보고, 그리고 가장 유명한 크림당쥬 또 새로나온 롤케이크 먹어봤어요! 까눌레는 얼그레이맛이 많이 안나용 여기는 럼향이 짙기때문에 기본이 맛있는 것 같네요! ··· 약간 달지만 짙은 럼향 진득함 등이 여기 까눌레 특징이예요! ··· 개인적으로 여기 정말 좋아하는 곳이예요@.@ ··· 2017-04-01

😊 **JENNY** 언제와도 만족스러운! 믿고 먹는 오뗄두스!! ··· "까늘레" - 전보다 크기를 줄이셨대요, 가격도 내려갔구요. 식감이 달라진 느낌..?! 기분탓인가?! 바삭을 넘어 딱딱에 가까운 식감에.. 촉촉쫄깃한 속도 줄어들어 겉부분의 식감을 다 케어해주지 못하는 느낌이 들었어요. 원래 크기로 돌아와요~~~ ··· 2017-10-01

😊 **맛난거먹쟈** 오랜시간 유명했던 디저트전문점- 서래마을 다른 곳에 브런치 병행하는 곳도 운영하는 곳이에요. ··· 얼그레이까눌레- 추천. 얼그레이향도 풍부하게 나고 겉은 적당히-바삭하고 안에는 적당히 촉촉. ··· 2017-04-02

😊 **코코브루니** 최근에는 강남 신세계지하에도 입점되서 서래마을점은 잘 안가게되는데 그래도 백화점에 없는 메뉴들이 많아서 좋다 ㅎㅎ 까눌레, 밀페유, 에끌레어, 마카롱 모두 맛있지만 의외로 바닐라빈이 박힌 아이스크림도 참 맛있음. 2017-04-26

주소 서울시 서초구 반포동 93-5 연락처 02-595-5705 영업시간 10:00 - 21:00

(37.55477, 126.9179)

😊 **쌍뎅** 한줄평/섬세한 텍스쳐의 스콘과 까눌레. 맛/드디어 다녀온 케이트앤케이크. 스콘이나 까눌레나 식감이 섬세하다. 특히 까눌레는 겉은 바삭하고 속은 촉촉한 식감을 정말 잘살린듯 럼향은 많이 나지않지만 식감이 재밌어서 좋다. … 브랜딩/까눌레틀안에 물휴지를 주고 까눌레같은 의자를 둬서 전반적으로 매장이 파는 메뉴와 이미지가 잘 통일된듯 싶었다. 보통 까눌레 접시로 쓰는 대리석판이 아니고 빌레로이앤보흐 그릇이라 독특했음. 2017-10-15

😊 **진진쓰** 걍 존맛탱구리.. 6시쯤 도착해서 가면서 찜해놨던 마차소보루 스콘이나 얼그레이 까눌레 등과 케이크종류는 모두 품절이였다ㅠㅠ (영수증샷 기준) 까눌레4, 스콘1, 다쿠아즈5, 휘낭시에1 해서 포장했는데 엄청나게 공들여서 포장해주셔서 감동받았다 흑 까눌레는 겉은 진짜 바삭하고 안쪽은 촉촉! … 한달안에 재방문할듯.. … 2017-02-11

😊 **JENNY** 인스타에서 우연히 보고, 너무 궁금해서 찾아간 곳이에요, 아직 네이버에도 길이 안 나오더라구요ㅎㅎ어제 맛업 때, 제가 먼저 다녀와서 리뷰 남길거라고 아직 안 알려 드렸던 곳이에요ㅋㅋ 사장님이 원래 송파구에서 베이킹스튜디오를 운영하시다가, 서교동 골목에 디저트 부띠끄 겸 베이킹클래스를 운영하는 곳이에요, 완전 신상맛집!!! 까눌레 8개와 스콘을 주문했더니, 휘낭시에 하나를 주셨어요홍홍^^ 까눌레는 8개면 예쁘게 박스포장해주세요. … 까눌레는 여러 종류가 있고, 크기는 좀 작아요. 아직 플레인과 녹차맛만 먹어봤는데, 맛있었어요. … 여기 전반적으로 향이 풍부한 것 같아요. +까눌레 얼그레이맛 진짜 핵존맛이에여!감동 … 솔티드카라멜도 짱!! 초코는 그냥그래요... 아직까지 많이 안 알려져서 사람이 많지는 않아요, 오픈도 베이킹클래스가 있는 날은 좀 늦게 여세요, 오픈하자마자 가도 종류가 다 없다고 하네요, 오픈하고 한,두시간은 있다 오는 게 제일 좋다고 하셨어요. 다쿠아즈나 케이크도 있고요, 여튼 딴것들 먹으러 또 올 거에요!!! 2017-01-07

주소 서울시 마포구 서교동 464-65 연락처 02-323-0217 영업시간 목·토 13:00 - 21:00, 일 15:00 - 20:00(월,화,수 휴무)

훈고링고브레드(본점)

minimo

미정

코코아코

사시♥

(37.55839, 126.9132)

CAFÉ
HUNGO RINGO
·BREAD·

샤샤♥ 너무나도 늦게가 본 훈고링고:) 인스타에서 한참 올라올때 너무 궁금했는데 마포구쪽은 너무 멀어서 이제서야 다녀왔다. 카페가 1층일 줄 알았는데 2층이였고 12시 오픈! 사실 여기는 녹차파운드 못먹어서 그냥 패스하려고 했는데 비주얼에 끌려서ㅠㅠ 훈고링고 가게 내부가 생각보다 엄청 넓어서 의외였다. 자리도 꽤 많고 테이블도 넓직하니 맘에 들었다. 여기는 녹차파운드케이크가 제일 유명한데 까눌레도 맛있다고해서 녹차파운드케이크, 까눌레, 아이스아메리카노 이렇게 주문! … 까눌레가 진짜 맛있었다! 정말 칭찬하고싶은ㅠㅠ 다른 빵들도 정말 많아서 전부 맛보고 싶지만 특히 스콘..배도 부르고..담에 가면 다른거 먹어보는걸로! 사람들이 녹차파운드케이크 비주얼에 많이들 오는거같기도한데 까눌레를 더 추천하고싶다>< 참고로 여기는 일요일 2시~5시만 영업한다. 2017-05-31

머큐리 훈고링고브레드. 읊조리면 퍽 귀엽다 훈고링고 링고링고 까눌레 (1인당 3개 구매 가능) 인당 세개로 구매제한이 있다길래 어느정도이길래? 궁금했는데..과연 독보적인 까눌레였다. 향과 질감 모두! 크기가 작지만 …원이기도 하고 맛있으니 ㅎㅎ포장한 까눌레 홍차랑 먹을 생각하니 벌써 신난다. … 테이크아웃 전문점이라기엔 접근성이 떨어지고, 디저트카페라기엔 가격이 낮게 측정된 경향이 있으며 불편한 테이블4개가 전부인 협소한 카페라 좀 의아했는데...먹어보니 알겠다!!빵맛으로 몸통박치기하는!맛으로 승부하는 곳인 듯! 포장에 그려진 가게로고 예뻐서 다이어리에 붙여놨다ㅎㅎㅎㅎ예쁘다 ㅎㅎ 집 주변에 이런 카페가 있다면 스콘이랑 까눌레 먹으러 죽칠텐데 2017-04-07

미정 포장해서 나가려고 했는데 어쩌다보니 앉아서 먹게 된 곳이에요. 입구의 문부터 귀여움이 가득한 캐릭터가 있어서, 기분좋게 들어갔어요 !!!! 맛있기로 유명한 까눌레와 그리고 아이스 커피를 마셨습니당 까눌레는 진짜 맛있었어요. 담백 촉촉 ㅠㅠ 다먹고나서 또 생각나는 맛이에요. 한 오십개도 먹을 수 있을듯 커피는 핸드드립으로 내려주시는데, 깔끔하고 맛있었어요. 딱 좋다라는 느낌! 아기자기한 소품들이며 구경하며 좋았지만 몇 개 없는 테이블과 불편한 의자가 단점인 것 같아요. 다음에 간다면 포장해서 먹는걸로!!!!! 2017-03-06

주소 서울시 마포구 성산동 639-10 연락처 02-336-9676 영업시간 월-토 12:00 - 21:00, 일 12:00 - 17:00(월,첫째 셋째 화휴무)

레트로나파이 (삼청점)

샤샤♥

주아팍

JH

JH

수영♥

(37.58357, 126.9812)

😊 샤샤♥ 레트로나파이 한 다섯번 넘게 간듯ㅋㅋ 3층까지 되어있고 자리는 3~4인용 창가 자리가 젤 좋고 나머지는 별루다. 삼청동을 좋아하는 편이라 종종 가는데 레트로나파이를 제일 좋아라했었다 내가 먹어 본 타르트 중에 손꼽히는 곳 무슨 맛 할 것 없이 타르트 자체가 다 맛있다. 갠적으로 딸기랑 얼그레이 추천! 레트로나 갈 때 마다 사진 대충 찍게되서 몇 없는데 갔을 때 찍은 사진 남은거 모두 올리기. 얼그레이는 안찍었나보다ㅋㅋㅋ 커피는 기대하지 말 것! 커피 그냥 그래서 차라리 다른 걸 추천하고 싶은데 갈때마다 아메 마셔서 추천을 못하겠다ㅠㅠ _ 불편한 점 폰 충전안됨, 화장실 불편 이게 어떻게 보면 큰 부분인데 두가지나 불편하다ㅠㅠ 그치만 타르트가 맛있으니까 용서됨ㅋㅋㅋㅋ 삼청동카페 하면 난 여기가 먼저 떠오른다 2017-03-26

😊 주아팍 아아아아아아 바나나크런치 넘 맛있어요~~~~~~ 한 입 먹는 순간 완전 취향저격ㅠㅠ 시그니쳐 메뉴라더니 정말 그럴만한 맛이예요!!!! 부드러운 바나나향에 부담스럽게 달지 않으면서 밑부분의 크런치가 식감까지 살려줘요. 모히칸 스타일(?)에 말린 레몬이 꽂힌 레몬머랭은 입에 넣는 순간 침이 짝 나와요. 상콤한 맛…. 여긴 얇은 쿠키느낌이예요. 두 곳 다 색다르게 맛있는 거 같아요! 가성비따지자면 여기가 좀 더 위예요. … 식당 외부도 참 귀엽지만 비 오는 창가 식탁이 굉장히 운치있더라구요. 바나나 크런치 먹으러 또 갈게요!! 2017-04-05

😊 이보나 출사 나왔다가 먹방 찍으러옴 후후 ㅋㅋㅋㅋㅋ 혼자 케익 먹기 쨈… 요즘 타르트에 빠져서 >.< 들어가서 가장 유명한 거 물어보니까 바나나 크런치라구 해서 하나 시켰어용! 가격대는 나쁘지 않은편! 맨날 가로수길 강남역 일대에서 케익먹다가 보니까 괜찮아보임.. 맛은 오오 굿굿! 바나나의 달콤함이랑 크런치 위의 캬라멜, 그리구 타르트지의 조화가 죠아용!!! 가운데에 있는 크림은 달지 않아서 타르트가 미친듯이 달아지는 것을 방지해줌! 딱 조화롭게 맛있는 것 같아용 >.< 첫맛은 오 쨩 달다 였는데 계속 먹다보니까 그렇게 많이 달지는 않은것같아요, 딱 적당한 단맛 맛있게 먹었습니당- 이 근처에 다시 온다면 재방문하고싶어용! 2017-02-20

주소 서울시 종로구 팔판동 17-2 연락처 02-735-5668 영업시간 11:00 - 22:00

(37.50555, 127.0036)

😊 **이진쓰**
예전에 어떤 곳에서 치즈타르트를 먹은 적이 있는데 생각보다 그냥 그래서 별 기대 안했어요. 왜 이렇게 평점이 높을까 반신반의하고 주문했죠. 1인당 최대 7개 살 수 있어요. 그래서 6개 상자포장하고 한 개는 바로 먹었어요. 오븐에서 갓 나온 뜨끈한 치즈타르트여서 치즈가 부드럽게 흘러내리네요. 신선했어요! 상큼하고 부드러운 치즈크림이 바삭한 타르트지(쿠키)에 스며드는데 그렇게 행복할 수가 없더군요.ㅋㅋ쿠키도 느끼하지 않고 딱 맛있어요. 고소하고 부드럽고...어휴. 집에서는 살짝 냉동실에 넣었다가 먹었는데 정말 치즈케이크 같은 식감이었어요. 얘도 치즈가 넘 부드러워서 입안에서 시원한 치즈가 살살 녹은데 그 느낌이 넘 좋았어요(변태같다). 저희 언니는 실온에 둔 치즈타르트도 먹고 뜨끈하게 데워서도 먹었는데 뜨끈한게 더 좋대요. 치즈필링(크림)이나 타르트쿠키는 대충 맛보면 별로 크게 감동하지 않을 수 있어요. 치즈맛이고 쿠키맛이니까. 그런데 조금더 깔끔한 맛을 내기 위해 재료를 가감하고 맛을 분석한 정성이 느껴져요. 그런 정성의 차이가 맛의 차이로 이어져서 모두가 줄서서 사먹는 치즈타르트가 되었네요ㅋㅋ 2017-02-24

😊 **준영**
예ㅔㅔ전에 외국에서 먹었을때 그냥 그랬길래 이게 한국에서 왜 핫한지 이해 안갔었는데 오늘 먹어보니.. 너무 맛있네요ㅠㅠ 원래 이렇게 진득촉촉한 맛이었나!! 다음부터 이거 보면 기본 세개씩 사먹을 것 같아요:) 2017-08-03

😊 **코코브루니**
언제나 줄이 너무 긴 베이크. 지나가던 분들도 엉겁결에 같이 줄을 서게되버리는 곳이라 줄이 끊이지 않아요 ㅋㅋ 개인적으로 에그타르트는 특별히 좋아하거나 하지 않는데 이건 모양만 에그타르트인 치즈타르트. 식어서도 맛있지만 뜨거울때 아메리카노와 먹으면 참 맛있음@ 2017-04-19

😊 **이보나**
항상 줄이 길게 서있는 베이크! 한번 먹어보면 그 냄새를 맡고 그냥 지나치기 어렵다능... 헷 학교에서 열공하는 애기들 맛있는거 사줄겸 오랜만에 먹으려고 샀당 :) 타르트지는 바삭하구여 안에 있는 필링은 달달 고소 다해먹어부러 치즈가 진해서 존맛입니당ㅠㅠ 이거 먹으면 다른 치즈타르트 못먹음 ㅠ 가격은 너무 비싸지만 맛있으니까 용서해준당 2017-05-01

주소 서울시 서초구 반포동 19-3 연락처 02-3479-1204 영업시간 월-금 10:30 - 20:00, 토-일 10:30 - 20:30

(37.53526, 127.00106)

😊 **뿔뿔** 크림브륄레타르트와 레몬크림타르트를 먹었는데 오오오 너무 맛있어요!!! 여기 리뷰 호불호가 좀 갈리더라구요. 그때마다 가고싶다->가고싶다취소를 반복하다가 도전하는 마음으로 가보았는데 완전 성공!ㅎㅎ 비쥬얼은 레몬크림이 위에 무화과가 올라가있어 그런지 더 이뻐요. 맛은 이름 그대로 상큼한 레몬향이 나는 크림맛. 무화과가 별로 안달아서 좀 심심했어요. 크림브륄레는 겉보기엔 평범하지만 맛은 그렇지않아요. 안에 들은 크림이 진짜 맛있어요. 바닐라빈 콕콕 박혀있고! 조금씩 먹고싶었는데 정신차려보니 순삭되어있었..ㅠㅠㅋㅋㅋ 여기 타르트 크기가 너무 작아서 아쉬워요. 성에 차려면 한 열판은 먹어야하는데ㅠㅠㅠ 이전하기전 한번 들어갔다가 따닥따닥 붙여진 테이블에 기겁하고 나갔었어요ㅋㅋㅋㅋ 이전 후 확실히 전보다는 테이블 간격이 넓어졌네요. (1층기준. 지하는 간격 좁음..ㅠㅠ) 2017-09-20

- -

😊 **odds정** 한남동 카페거리에 있는 @앤드 초코타르트랑 딸기타르트 아이스아메리카노 시킴! 달달함과 새콤함을 동시에 만족시키는 초이스였다. 이 집 타르트 바닥은 캬라멜을 토치에 녹이고 굳힌 거 같았다. 바삭한 캬라멜이랑 달달하고 진한 초코! 부드러운 크림이랑 달달한 딸기랑 ! 안에 잔 견과류도 씹혔던 거 같다 사람도 많고 저녁에는 타르트가 많이 없으니 참고할 것! 2017-03-29

- -

😊 **윌리엄** 골목에 숨어있는 커피집! 간판이 크게 보이진 않아요 1층엔 음식들을 팔길래 맨 아래층으로 내려갔습니다 커피와 타르트가 가득가득! 레몬바닐라 타르트랑 초콜릿라떼, 라떼 주문했어요 자리가 크게 많지는 않아요 하지만 조용하고 아늑해서 좋았어요 초콜릿라떼는 초코가루가 위에 뿌려져있고 달달하니 (당연) 맛있었구요 라떼는 오늘 간 사유의 라떼보다 우유맛이 강했어요 기대하던 레몬바닐라 타르트! 위에 마쉬멜로우 크림이 달달하면서 레몬의 상큼함까지 맛이 나서 맛있네요ㅠㅠㅠㅠ 다른 타르트도 다 먹어보고 싶어요! 2017-10-15

- -

😊 **작약** 맛있어요 타르트도 맛나고 커피도 훌륭! 분위기도 훌륭 !! 이태원 가면 항상 가는 집이에요
2017-04-22

- -

주소 서울시 용산구 한남동 684-51 연락처 02-790-5022 영업시간 11:00 - 22:00(마지막주 월휴무)

(37.55701, 126.935)

😊 **Seyeon. Y** 망고플레이트를 하면서 생긴 습관. 한번 간 식당은 재방문하지 않는다. 그래서 정말 웬만하면 재방문안하는데 파이홀은 지난번에 먹어보고 다른 메뉴도 꼭 먹어보고 싶어 재방문!!! 나는 이제껏 방문해본 타르트, 파이집 통틀어 베스트인듯ㅠㅠ♥ 이번엔 시그니처 얼그레이가나슈랑 오레오말차, 베리초코 포장해왔는데 하나같이 다 맛있었음 ㅠㅠㅠㅠ 특히 오레오말차 강추!!!! 말차가 굉장히 진함. 돌돌베이커리 녹차 타르트를 떠올리게 하는 맛. 얼그레이도 진한데 녹차 먹고 먹으면 얼그레이맛이 안느껴질 정도. 부모님도 좋아하셨음. 얼그레이도 쫀득한 가나슈랑 잘어울리고요. 베리초코는 타르트지가 다른 것들이랑 다름. 얼그레이랑 초코도 다른종류. 쫀득한 가나슈였던 얼그레이랑 다르게 덜달고 약간 쌉쌀한 맛. 식감도 브라우니처럼 약간 단단. 매일 타르트 종류바뀌니 인스타 확인해보고 가길 추천! 근데 모든 종류 다 맛있는듯 ㅠㅠ 2017-06-30

😊 **정은주** 개인적으로 여기 시그너처인 얼그레이보다 단호박이 더 맛있다. 항상 다른 파이를 하시는 것 같은데 왜 내가 가면 항상 같은 파이만 있을까..ㅠㅠ 다른 것도 먹어보고싶은데 잘 안보여서 슬픔 ㅠ
2017-06-09

😊 **뿔뿔** 얼그레이 가나슈와 말차오레오 먹어봤는데 맛있음... 마지막 남은 한조각을 곗어서 그런가 더 기분좋게 먹었던 것 같다. 밑에 깔린 가나슈는 달달!하고 위에 두툼하게 올라간 얼그레이 크림은 부드럽고 밀크티 정도로 달았다. 단거+은은하게 단거 조합이 좋았음. 말차 오레오는 달면서도 녹차의 향이 나는게 좋았다. 돌돌 베이커리의 말차 타르트는 너무 달아서 녹차맛을 못느낄 정도인데 여긴 적당히 조절 잘한듯. 라떼는 좀 맛없었음. 같이 간 후배도 맛없다고 함. 나한테 쓴맛이 너무 강했다. 퉤퉤. 파이홀은 타르트만 맛있는걸로~ 유명세에 비해 가게가 작아서 좀 의외였음. 토요일이라 사람들이 끊임없이 들어오는데 너무 비좁아서 거의 옆 테이블과 합석하다시피 앉음. 화장실 한번 가려면 미션 수행하듯 요리조리 사람들 피해서 가야한다ㅠㅠ 2017-07-09

주소 서울시 서대문구 창천동 57-61 연락처 02-334-1181 영업시간 12:00 - 23:00

광합성카페

준영

꽝뎅

Janis.Pok.

준영

(37.55709, 126.90846)

😊 **꽝뎅** 티라미수가 정말 맛있다. 같이 먹었던 어느님은 아는 디저트집 중에 가장 맛있다 했었을 정도로 티라미수가 크림이 쫀득하고 완성도가 높다. 근래 먹은 티라미수가운데 베스트안에 든다. 양이 좀 적은게 아쉬운데 워낙 크림이 탄탄하게 밀도있어서 금방 배부른다. 디저트로 먹기 딱. 커피나 밀크티는 별 기억에 안남는다. 커피는 신맛나는 편이었고 밀크티는 과하게 달콤했다. 얼음잔에 넣어줘서 금방 밍밍해져서 아쉽. 그냥 병째로 주는게 나았을것 같다. 암튼 티라미수 먹겠다면 망원동에서 여기 강추다. 2017-06-18

😊 **우주** 망원동 올 때마다 생각나는 카페. 요새는 아는 사람이 너무 많아져서 웨이팅도 가끔 하는 것 같던데 그래도 일단 가보는 곳 중에 하나. 사람이 늘 많아서 차분한 분위기는 아닌데 음악이 편안해서 좋다. 오늘을 포함해서 방문 때마다 티라미수를 먹었는데 늘 맛있게 먹었다. 커피나 핫초코, 밀크티도 맛나게 즐길 수 있다. 오늘은 핫초코였는데, 핫초코보다는 밀크티가 좀 더 나은 것 같기도? 2017-04-23

😊 **머큐리** 다크티라미슈과 자몽에이드, 에녹크(에스프레소 녹차 크림 라테) 하루 16개 한정생산하고 발로아 파우더를 사용한다는 티라미슈는 하얗고 예쁜 그릇에 로즈마리로 장식한 비주얼이 예쁘고,부드러운 크림과 간간히 씹히는 초콜릿 가루에 식감도 좋고..무엇보다 맛있어요! 시트가 눅진한게 아쉬웠지만.. 조금에 눅직함 따위 날려버리는 밀도감있는 마스카포네니 이해해요.ㅋㅋ(하루 숙성한다네요) ⋯ 화장실에 신경을 많이 쓴 듯 해요. 디퓨저와 바디미스 등이 많아요.인상깊었습니다. 통유리로 햇살이 비치고, 적당히 어둑한 조명과 여러 식물이 셀카를 빛내요. 셉텐버같은 잔잔하고 간질거리는 음악이 흐르고 얼굴이 예뻐보이니 썸탈때 데이트하면 좋을 것 같아요.골목골목 찾는 재미도 있으니!:) 2017-01-06

😊 **ANGELA** 망원동에서 처음 가 본, 광합성카페! 입구에 식물이 많고 전면 창이라 밤에 갔는데도 탁 트인 느낌이 들었어요. 네온사인도 감각적이고, 테이블 간격도 넉넉해서 여유로운 분위기가 좋았어요. 자몽 갈아서 만들어주는 자몽티가 진하고 맛있었고, 당근케이크도 포실포실 아주 좋았습니다! 2017-03-08

주소 서울시 마포구 망원동 57-36 연락처 02-333-6933 영업시간 월-토 11:00 - 22:00, 일 11:00 - 20:00

클짱

Capriccio06

YSL

김별

허니꿀쨈

(37.53551, 126.9886)

😊 **songpyun**
와 미친.... ㅠㅠㅠ 아는 동생이 한국와서 너무 맛있어가지고 일주일에 세번이나 먹었다는 그곳!! 얼마나 맛있는디 궁금해서 먹어봤는데 진짜 인생 티라미슈가 여기 있구나 ㅠㅠ 엉엉 더치커피도 깔끔하니 진짜진짜 맛있음 ㅠㅠㅠ 더치커피랑 티라미슈의 조합은 환상!! 그나저나 가격 좀만 더 쌌으면 ㅠㅠㅠ 2017-01-15

💬 **EJ**
마차티라미수가 나왔다고 해서 서둘러 찾아갔던 마피아디저트. 말차티라미슈, 동그란 얼음에 더치커피를 부어먹는 더치온더락 온통 마차맛 유행에 발맞춰 그린그린한 비주얼로 등장. 시트는 기존과 동일하게 커피에 촉촉히 적셔있고 크림은 말차가루가 섞여 연한 그린색, 위에 말차가루가 가득 뿌려져 있다. 처음 딱 한 숟갈 먹었을때 거칠다 퍽퍽하다 할 만큼 말차가루가 크림에 꽤 많이 섞여있어 말차맛이 많이 나지만 기존 티라미슈처럼 부드러운 느낌은 아니었는데 먹다보니 이것또한 맛있군...... 마피아디저트에서 선택장애가 더욱 심해지겠군.... 2017-04-08

😊 **Tiffajy**
초코 티라미슈랑 말차 티라미슈 중에 초코가 시그니처라길래 초코로 주문. 사실 커피도 원래 안 먹는데다 크림 덕지덕지한 비주얼땜시 티라미슈는 기피디저트 1호였는데 망고에서 평점이 높길래 가봄. 결론은 여태껏 제대로된 티라미슈를 먹어본적이 없었구나 깨달음....크림이 느끼하지 않고 산뜻ㅠㅠ♡ … 커트러리도 큐티풀이고 나름 플레이팅도 신경 쓰시는듯한 인상을 받음. 야외 테라스에서 먹었는데 먹는동안 입구가 어디냐는 질문을 세네번 받은듯. 문에 Pull/Push 써주셔야 될듯....ㅋㅋㅋㅋ 2017-05-07

😊 **재니**
대박이당! 마피아디저트! 와 분위기 엄청 독특해요!! 문을 못찾았어요 사실은ㅋㅋㅋㅋㅋ 아 접근성은 진짜 안좋아요 가려면 좀 찾아가셔야해용!! 분위기는 좋은데 서비스는 soso... 근데 티라미수 핵맛있어요 말차 티라미수였는데 다른 티라미수랑 식감이 아예 달라요! 쫀득쫀득하고 말캉말캉하고ㅠㅠ녹차도 되게 적당해요 더 진한맛 좋아하시는 분들도 있을 것 같은데 전 좋았구요!! … 흐아앙 추천합니당... 가기 쉬운 곳에 있으면 좀 더 자주 갈 것 같아요!! 너무 유명한 집이지만 다시 한번 추천해용!! 2017-04-18

주소 서울시 용산구 이태원동 451-7 연락처 02-168-5166 영업시간 월-금 13:00 - 22:30, 토-일 12:00 - 22:30

이스트덜위치

맛난거먹쟈

김모찌

eksk@.@

eksk@.@

진솔

(37.50011, 127.0555)

😊 **J H** 한티역 도곡초등학교 앞에 위치한 힙!한 카페 "이스트덜위치". 하양하양한 내부 공간이 너무 예뻐요. 자리가 많지는 않지만, 디저트도 맛있고 분위기도 좋아요. 한티역에 이런 카페가 생기다니 :) '말차 티라미수'. 한 입 먹자마자 '그래! 이거지!'를 (속으로) 외칠 수밖에 없었어요. 항상 꿈꿔오던 말차 티라미수!! 레이디 핑거 시트는 진한 말차에 충분히 적셔져 있었고, 크림도 달콤해요. 맛있다!! 비쥬얼도 장난 없네요. 다이어트는 포기!! … 사장님도 친절하시고 가격도 괜찮은 편. 노래도 마음에 들었고 음.. 다 좋았던 것 같아요. 스콘도 맛있다던데 다음에 도전해봐야지. 2017-03-28

😊 **뿔뿔** 김모찌님 리뷰의 티라미수 사진을 보고 가고싶다를 눌렀는데 어제 드디어 다녀왔어요! 맛있어보이 기만 하고 맛없는 디저트들 많은데 여기는 맛도 있고 비쥬얼도 짱이에요.. 금요일 2시쯤 갔는데도 가 게에 자리가 꽉 찼더라구요. 밖에서 한 15분 정도 웨이팅하고 앉을 수 있었어요. 가게 자체는 너무 만족해요. 인테 리어도 깔끔하고 조명, 소품들까지 여러모로 신경쓰신게 느껴지더라구요. 녹차라떼도 적당히 달달한 맛이 좋았어 요. 티라미수는 너무 맛있어서 순삭했네요..ㅎ 근데 핫한 곳인지 사람들이 끊임없이 들어오더라구요. 그 중에 무례 하신 분들도 있었고.. 그 사람들만 없었으면 참 좋은 경험이었을 것 같아요. 2017-04-15

😊 **하요미** 마차티라미수 최강... 먹어본 마차티라미수중 넘버원.... 마차까눌레, 얼그레이까눌레도 엄청 맛있 었다!!!!! 테이블은 5개정도 있고 공간이 협소해서 기다리시는 분들도 있었다! 인테리어도 이쁘고 디저트도 맛있는 카페♥ 2017-05-03

😊 **김모찌** 운좋게 마지막 티라미수를 시킬 수 있었어요! 딱 제스타일 티라미수라 너무 맛있었음!!!!! 역시 홀 릭분 추천대로 티라미수 시키길 잘한것 같아요ㅎㅎ 밀크티는 제 기준 조금 달았지만 그래도 깔끔 하고 맛있어요. 커피랑 까눌레도 궁금하네요. 다음번에 가면 까눌레가 남아있기를ㅠㅠ 2017-04-04

주소 서울시 강남구 대치동 916-73 연락처 02-6369-1319 영업시간 월-토 10:00 - 22:00, 일 12:00 - 22:00

(37.53775, 126.9889)

😊 **추억의도나쓰**　여유로운 공간, 센스넘치는 데코의 까페. 까페인데 오픈키친인데다 키친 바로 앞에서 키친을 바라보고 앉을 수 있는 테이블이 있다는 것이 독특하다. 카페 안에서 직접 로스팅을 하기도 하고 자몽청 등을 직접 만들어 사용한다고 한다. 티라미수 또한 직접 만들려면 손이 많이 가는 메뉴임에도 많은 분들이 좋아하셔서 계속 판매한다고 한다. 커피 외에 티라미수와 마실만한 음료로 오렌지 자몽티를 추천해주셔서 마셨는데 안에 들어있는 오렌지와 자몽도 너무 맛있어서 한컵 뚝딱 해버렸다. ㅎㅎ 티는 많이 뜨거우니 좀 식혀서 먹어야 한다. 5분정도.. 직원분도 자부심이 있어보이고 친절하시다. 2017-02-23

😊 **박지원**　아이스 아메리카노 + 딥모카 + 마스카포네 티라미수 경리단길 골목에 위치한 카페. 적당히 넓고 적당히 시끌벅적했다. 아메리카노는 블랙/레드 두 가지 원두 중에 하나를 선택할 수 있고 딥모카는 가장 잘나가는 메뉴 같았음. 디저트에 목말라있었어서 티라미수도 주문! 일단 잔이 너무 예쁘다. … 티라미수는 코코아파우더를 듬뿍듬뿍 뿌려주셨고 시트도 에스프레소에 듬뿍 적셔주셨다. 이 정도로 커피 맛이 나는 티라미수는 처음 먹어봤다 ㅋㅋㅋ 시트가 좀 두껍고 크림은 묵직한 편. 아메리카노와 잘어울린다. 인테리어도 예쁜데 중앙 테이블 위에 있는 등이 수술대 위에 있는 등 같아서 좀 무서웠다 ㅋㅋㅋ 2017-10-22

😊 **MJ**　이태원에 경리단길 옆에 위치한 "커피라이터". 맛있는 커피, 괜찮은 티라미수, 좋은 분위기의 만족스러웠던 카페. … '티라미수' 괜찮아요!! 크림 부분은 치즈 맛이 거의 안 나는 그냥 크림에 가까웠어요. 그런데 두꺼운 에스프레소 시트가 커피맛도 세고 달아서 둘을 동시에 먹으면 오묘하게 잘 어우러져요ㅋㅋ 시트가 조금만 더 얇았다면 완전 제 이상형 티라미수였을 것 같아요!! 분위기가 참 좋아요. 세련되면서도 차갑지는 않은 분위기. 좋아요!! 사람이 많아서 혼자 조용히 커피를 즐기기보다는 친구들과 수다 떨기에 좋은 카페인 것 같아요 :) 2017-05-10

주소 서울시 용산구 이태원동 322 연락처 070-4141-3222 영업시간 13:00-23:00

더 팬케이크 에피데믹 서울(서울점)

(37.52597, 127.0358)

odds정 stumptownroasters 가 뭔진 모르겠지만 유명한 커피 로스터인가 보다. 커피 양이 꽤 많다. originalpancake 시킨건데 시럽을 접시에 찰랑찰랑할 정도로 뿌려준다. 맨 아랫장 팬케이크는 시럽에 절여진 수준ㅎㅎ; 위에 올라가 있는 하얀것은 생크림 질감의 버터인데, 시럽은 달고 버터는 짜고 단짠단짠의 정석이다. 가격도 싸고 꽤 훌륭한 맛의 팬케이크라고 생각됨.. 야외에도 자리가 있으므로 테라스의 계절을 만끽하는데도 좋은 곳일듯.. 2017-05-30

스텔라 정 오리지널 팬케이크는 생크림에 메이플 시럽만 있어서 팬케이크 자체의 맛을 즐길 수 있고 본리스팬케이크는 햄, 치즈에 고추피클이 있어서 상큼하게 먹기 좋다 함께하는 아이스라떼도 달지 않아서 굿 2017-04-01

치킨너만있으면 팬케이크에 대한 나의 편견을 무너뜨려준 곳! 어쩜 이렇게 촉촉하고 부드럽고 - 안물리고 맛있을수가! (o´∀`o) — 육층탑을 쌓은 팬케이크에 뿌려진 시럽(?)이 진짜 큰 한몫했다고 생각한다! 묘하게 중독성이 있어서 3차로 간 곳인뎈ㅋㅋ 1,2차 보다 더 잘먹음ㅋㅋ 커피는 무난한 편 2017-03-22

가마니멍하니 곧 무너질 것 같은 비주얼의 팬케이크!! 치즈와 소시지가 사이사이 껴있는 팻보이트릿 팬케이크를 시켰어요. 크림은 느끼하지 않고 시럽은 질감이 걸쭉한 편인데 탄맛이 나면서 진한 편이에요. 그래서 뿌려 먹지 않고 먹을 때마다 찍어 먹었는데 와우!! 팬케잌도 찍먹 맛있네!! 일단 팬케잌이 촉촉하게 수분감이 있고 약간 덜 익은 것 같이 밀가루맛이 나는데 묘하게 매력적이에요. 치즈랑 버터조합으로 같이 먹으면 고소하고 풍부롭고 버터랑 시럽 조합으로 먹으면 클래식, 소시지를 더하면 단짠으로 즐길 수 있어요! 팬케잌은 원래 계속 먹다보면 느끼하고 달아서 물리는데 여긴 양도 과하지 않고, 시럽이랑 버터가 신선해서 질리지 않았어요~ 같이 시킨 바닐라음료랑 같이 먹었는데 연한 에그노그맛이어서 넘 맛나게 먹었어요!! 2017-12-10

주소 서울시 강남구 신사동 645-24 연락처 02-3445-4525 영업시간 10:30 - 22:00

버터밀크(본점)

프리즘
준영
프리즘
프리즘
준영

(37.55337, 126.928)

😊 **정은주** 단언컨데 먹어본 수많은 브런치 중 최고다! 이 가격에 이렇게 푸짐하고 무엇보다 정말 맛이 환상
적이었다 ㅠㅠㅠ 팬케이크가 두꺼운데 폭신하고 가볍다!!! 적당히 달고 나무 느끼하지 않고 그냥
완벽하다ㅠㅠ 이번에는 리코타치즈팬케이크 세트를 먹었는데 다음에는 트리플 치즈를 먹어봐야겠다! 1시 반쯤
가서 30분 웨이팅 하고 들어갔다. 미리 주문해서 들어가자마자 음식은 바로 나왔다. 주문 할때 양 많은데 괜찮냐고
물으시길래, 이거 먹으려고 아침도 안먹었다고 대답했다 ㅋㅋ 진짜 엄청 기대하고 왔다 근데 정말 다 먹고 나니까
엄청 배부른데 너무 너무 맛있어서 그릇 싹싹 긁고 나왔다! 자리도 6개뿐이고 직원도 세명 뿐이어서 회전율이 매
우 느리다. 손이 너무 시려서 그냥 포기하고 가고 싶어질 때 쯤 들여보내줬는데 진짜 여기를 위해서라면 한시간 웨
이팅 쯤이야 그냥 할 수 있을 것 같다! 양파크림 수프는 내가 좋아하는 프랑스식 양파 수프는 아니지만 추웠던 나
에게 뜨끈하게 최고였다. 식전빵으러 토스트도 나오는게 너무너무 좋다! 야채 계란 베이컨 골고루 맛있다 ㅠㅠ 정
말로 먹고 나오는데 무척 행복했다 2017-03-08

😊 **지현** 와 리얼 핵존맛 ㅠㅠㅠ 웨이팅이 긴 이유가 있더라구요. 정말 명불허전이던데요. 아홉시 반에 홍대입
구역에서 출발하여 40분쯤 가서 줄을 섰는데 글쎄 11시넘어서야 입장할 수 있었어요. 음식은 11시
20분쯤 나왔구요. 버터밀크팬케익세트 리코타치즈팬케익세트 트리플치즈팬케익 이렇게 세 종류를 시켰어요.
버터밀크는 나머지 두 종류에 비해 단백하고 트리플은 정말 치즈치즈한느낌. 리코타치즈가 가장 입맛에 맞았어요.
조화로운 느낌이예요! 첫 세 입까지는 정말 신세계에 입문한 느낌이었어요. 맛있음 우와 세상에 대박 와우 허기져
서 그런가 기다림의 수고가 풀리는 느낌. 그 이후부터는 조금씩 물리기 시작해요. 생각보다 양이 적지 않아요. 후반
에는 좀 물려서 시럽과 케찹과 함께 먹었어요. 와우. 웨이팅을 기다려도 괜찮을 여유로운 기간에 동생이랑 한 번 더
올 것 같아요. 가게가 좁고 조리 시간이 길어서 웨이팅이 길 수밖에 없다는게 단점 ㅠㅠㅠㅠㅠ 2017-07-18

주소 서울시 마포구 창전동 6-131 연락처 070-4157-1030 영업시간 10:00 - 17:00

(37.57111, 126.9791)

😊 **쏘쏘** 리코타핫케이크 코코넛 브레드와 버터 BLT샌드위치 후르츠볼 빌즈그린 얻어먹을기회가 생겨서 갔는데 내돈아니라 그렇지 가격은 사악해.. 핫케이크는 정말정말 맛있는데 먹다보면 목이메어온다 시럽을더추가하고 싶어짐...그거빼면 굳 ⋯ 그리고 직원분이 매우친절하심 ㅎ 선택장애가있으면 추천메뉴받아보세요 2017-05-06

😊 **지은** 핫케이크만 먹었는데 아주 두툼한 핫케이크당 두툼한데도 되게 부드러워서 녹는 듯한 맛이다 대신 양이 너무 많고 핫케이크 특성상 느끼해서(바나나까지 느끼함을 더해줌) 많이 먹을 수가 없다 하나 시켜서 나눠 먹어야할듯 음료없이 핫케이크만 먹다가 죽을뻔 맛은 있당! 2017-01-10

😊 **진솔** 아빠와 광화문 데이트 간 김에 방문한 빌즈>< 건물 안에 맛있는 음식점이 엄청 많아서 고민하다가 들어갔어요!! 샐러드와 오렌지 주스, 그리고 팬케이크>< 시켰어요!! 샐러드는 아빠가 드셨구, 오렌지 주스는 갓 갈아서 주셨는데 좀 미지근하구 음 특별한 맛은 아니었어요! ⋯ 가성비는 별로네욥 ㅠㅠ 그치만!! 팬케이크는 정말 맛있었어요! 위에 있는 라스베리 버터가 진짜 맛있더라구요~ 처음엔 양이 적은 줄 알았는데 두꺼운게 3개나 있으니까 두명이 다 먹기도 힘들더라고요! 혹시 가시면 하나 시켜서 나눠드시는거 매우 추천해용 푹신푹신 하고 정말 맛있었어요 집 근처 잠실에도 있어서 또 방문하려고요! 2017-05-05

😊 **프로홍익러** 광화문 디타워에 위치한 브런치 맛집. 주말에 20분정도 웨이팅 후에 입장했다. ⋯ 팬케익은 먹다보니 물리는 감이 있지만 첫 2-3입은 정말 맛있다. 특히 팬케익 위에 버터가 녹기 전 비쥬얼은 인스타감이다! ⋯ 천장이 높아서 인테리어는 확 트여서 좋았다. 햇빛때문에 창을 가려서 전경은 안 보였지만 빌즈란 특성상 그런지 몰라도 약간 외국에 온 느낌이 들었다. 2017-09-05

주소 서울시 종로구 청진동 246 연락처 02-2251-8404 영업시간 월-금 08:00 - 23:00, 토·일 08:00 - 22:00

오리지널팬케이크하우스

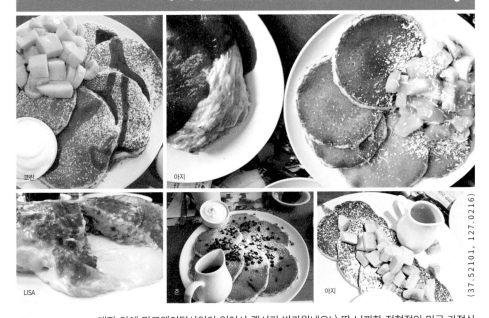

코린   아지   LISA   춘   아지

(37.52101, 127.0216)

😊 **minimo**   매장 앞에 망고웨이팅사인이 있어서 괜시리 반가웠네요:-) 딱 늬끼한 전형적인 미국 가정식을 먹을 수 있어 좋았어요! 이 때 팬케이크가 많이 땡기기도 했지만>< 콥샐러드랑 Bacon and Cheese 오믈렛 시켰는데 정말 칼로리가 오롯하게 느껴지는 느끼느끼한 맛인데도 정말 맛있었어요! 전 건강한 맛을 좋아하는 할머니입맛인데도 정말 맛있게 먹었어요! 오믈렛 시키면 팬케이크 세장을 줘서 여자 셋이 먹었는데도 남을 정도로 양도 정말 많구요. … 팬케이크도 정말 부드러운데 포슬하고 도우가 쫀쫀한 식감이라서 정말 맛있었어요. 전반적으로 정말 오리지널 본토 브런치스타일같달까 재방문의사 강력하게 있어요   2017-07-16

😊 **춘**   명절날 오전부터 한 시간 기다려서 먹은 팬케이크입니다. 남자 넷이 가서 먹었는데.. 남자만 온 그룹은 저희 말고는 없더군요 ;; ㅋ 엄청 보실보실 부드러운 팬케이크에 버터 바르고 달콤한 시럽 부어주니 진짜 요것도 별미네요. 초콜릿팬케이크도 초콜릿 좋아하는 저로써는 정말 맛있었습니다. 그리고 무엇보다 사이드메뉴로 시킨 베이컨의 그 짭짤함이 시럽의 달콤함과 콜라보를 이루면서 단짠단짠한 맛을 배가시키는데 궁합이 생각보다 좋더라구요. … 그동안 이런 브런치 메뉴에는 익숙하지 않았지만 여기는 뭐.. 그냥 명불허전 맛있네요.. ㅎ 가로수길에서 브런치 메뉴로 고민하신다면 여기를 강력 추천해주고 싶습니다.   2017-01-30

😊 **아지**   역시나 팬케이크 맛있고 푸짐하다 ! 주말엔 기본 웨이팅 30분~1시간 ㅎㅎ 그치만 않으면 편안해서 그런지 오래 머물다 가게 됨 ! 역시나 팬케이크 맛있고 오믈렛도 아주 좋았다. 팬케이크에 과일소스 나오는 건 되도록 안뿌려 먹는게 좋을 것 같다 – 커피는 리필이 돼서 한 잔 시켜서 나눠먹었는데, 여기 커피 정말 은은하고 아주 굿이다 ! 커피 마시러 가고 싶을 정도 !! 인원수대로 시키면 정말 많으니 인원수 -1 메뉴 먼저 시키고 추가하시길..   2017-07-10

😊 **김모찌**   베이컨치즈오믈렛과 프렌치토스트를 먹었어요! 둘 다 만족ㅎㅅㅎ 오믈렛을 주문하면 팬케이크가 3장 같이 나오는데, 팬케이크도 맛있어요. 다 예상 가능한 맛들이지만 예상처럼 맛있습니당:)
2017-01-22

주소 서울시 강남구 신사동 523-20 연락처 02-511-7481 영업시간 월-금 09:30 - 21:30, 토·일 08:00 - 21:30

subing 도순

요늘토링 JH 맛난거먹쟈

(37.51292, 127.0389)

혀니이 여긴 가면 안될 것 같아요.. 한번 가면 자꾸 가고싶기 때문 ㅋㅋㅋㅋㅋㅋ 바게트 샌드위치가 궁금해서 프로슈토 바게트 샌드위치와 까눌레, 얼그레이 유자 마들렌 이정도만 구매했어요. 먹고 나서 다른 빵 더 안사온걸 후회중ㅠㅠ 바게트 샌드위치는 주문하면 바로 들어가서 만들어 주시더라구요. 통바게트 반정도 사이즈에 리코타치즈, 무화과잼, 프로슈토가 들어있어요! 프로슈토랑 무화과가 짠단짠단을 잘 이루어주고 바게트도 넘나맛있 ㅠㅠ 치즈가 막 꾸덕한 그런 치즈가 아니지만 그래도 고소한 느낌은 주네요!! 까눌레는 다른 곳에서 먹었을 때 좋아하진 않았어서 기대하진 않았는데 맛있게 먹었어요. 겉바삭 속쫀득 b 마들렌은 가장 잘 나간다는 거 추천받아서 사왔는데 역시 맛있었어요. 한입 먹어본 친구들이 한입인데도 유자향이 확 난다면서 놀랄정도로! 다른 마들렌도 사올걸 ㅠㅠㅠㅠ 맨날 가고싶은데 위치도 그렇고 오전에 가야하니 어렵네요 꼼다않이중.. … 2017-05-08

YSL 바게뜨빵 자체가 굉장히 바삭하고 맛있어서 전반적으로 샌드위치가 다 맛있었다! 샌드위치 네가지맛 먹어본결과 가장 내스타일이었던건 클래식한 오리지널 느낌인 정봉샌드위치! 이게 제일 호불호없이 누구나 좋아할 것 같았다 ㅎㅎ 살라미 샌드위치도 괜찮았는데 짭짤한 맛이 버터랑 바게트랑 잘 어울렸다. 달달한 사과 브리뽐므도 맛있게 먹었으나 이건 단맛이 강해 내스타일은 아니었음 ㅋ 무화과가 들어있는 프로슈토도 치즈랑 나름 잘어울리고 괜찮음!! 버터브레첼은 진짜 가격에 이 맛이라니…! 넘나 행복 :) 버터가 넘나 부드럽고 맛있 ㅠㅠ 그리고 디저트로 먹은 까눌레가 진짜 부드럽고 맛있다. 겉에쪽은 바삭하고 안에는 에그타르트 같은 촉촉한 맛!! 마들렌은 내가 레몬을 별로 안 좋아해서 그렇지 마들렌 좋아하는 사람들은 좋아할 것 같다. 다른 리뷰사진처럼 샌드위치 양이 많진 않으니 다음번엔 더 많이 시킬꺼임 ㅋㅋㅋ 근데 꼭 미리 예약하고 가야할듯.. 당일에 갔더니 이미 빵이 다 소진되어있고 매장도 좁은데 줄도 짱 김 ㅠㅠ 테이크아웃 해야함. … 2017-05-27

엄마는맛선생 논현동 조용한 주택가에 한적하게 자리잡은 빵카페.. 가게 분위기는 깔끔하고, 빵 종류는 많지 않지만 하나같이 정성스럽게 구워져 나온느낌이 드네요.. 치킨샌드위치 와 초코마들렌을 주문해서 먹었는데 둘다 맛은 평균이상이었어요.. 울동네에도 하나쯤 있어줬음직한 빵카페 입니다. 2017-05-27

주소 서울시 강남구 논현동 257 연락처 010-9413-6343 영업시간 11:00 - 18:00(월,일휴무)

브라운브레드 (도곡점)

(37.48318, 127.0446)

ANGELA 저에게 빵의 세계를 열어준 브라운브레드♥ 브브가 이대 앞에 있던 시절에 일주일에 몇번씩 가서 사먹었었는데, 도곡동으로 이사오시고 나서는 처음 가봤어요!!! 여전히 최애 허브빵과 화이트바게트+밀크잼 조합은 사랑♥이고 생크림스콘은 입에서 살살 녹는게 천국이네요 ㅜㅜ 짭짤해서 중독성 있는 올리브치아바타는 말할 것도 없고, 햄치즈샌드위치가 있던 그 시절 생각하고 갔는데 치킨샌드위치도 있어 점심으로 먹었더니... 오후 근무 내내 행복했습니다♥ 나란 빵순이의 시작에 브브가 있었는데, 지금까지 맛있는 빵을 유지해주고 있어서 감격스러웠어요♥ 2017-07-15

치킨너만있으면 누군가 그랬지, 그 빵집이 잘하는지 궁금하면 기본빵을 먹어보라고. 여긴 기본빵을 먹어야 하는 곳이야. … 뭔가 포스 뿜뿜해서 아무 생각없이 발길이 이끄는 대로 들어간 곳. 여기 빵은 저어얼마알 맛있음. 치아바타 강추! 식빵도! 바게트도! 그냥 모든 빵! 작은 동네 가게 같이 생겼지만 강한 훅 한방이 있는 곳 2017-03-29

김모찌 무심한듯 시식을 계속 주신다. 무심한 친절함... 시식용 빵도 크고 밀크잼도 발라주시고... 이 빵 시식하면 저 빵 잘라주시고.. 그래서 홀린듯 남아있는 빵을 거의 종류별로 샀어요.. 일단 전반적으로 빵이 부드러운 편이네요! 요즘은 좀 거친 빵(?)을 많이 먹었는데 간만에 부드러운 빵을 먹으니 이것도 매력있네요. 화이트바게트는 바게트 특유의 쫄깃함(?)보다는 부드러움이 더 커요. 갓구워졌을때 먹어서인지 그냥 빵만 먹어도 맛있었어요! 생크림스콘도 보통 스콘보다 진짜 진짜 부드러워요. 블랙올리브도 올리브와 조화가 잘 되어서 맛있네요! 허브빵도 샀지만 아쉽게도 가족들이 먹어서 저는 맛을 못봤어요ㅜㅜ 가족들은 허브향이 좋았대요! 빵이 전체적으로 다 부드러워서 깜빠뉴는 어떨지 궁금하네요. 동네빵집으로 김영모나 아티제, 나폴레옹만 가다가 여길 가니까 나름의 매력도 있고 가격도 더 저렴해서 좋네요:) 2017-03-18

정민 여기 치아바타부터 바게트 등등 모두 예술이예요. 특히! 생크림 스콘이 있는데 진짜 꼭 먹어보세요!!!!!!! 먹으면서 와... 진짜 맛있다라는 말이 나오면서 먹게돼요. 여기 샌드위치도 바로 만들어서 따끈따끈하게 주는데 정말 맛있어요. 2017-04-02

주소 서울시 강남구 도곡동 424-8 연락처 070-8658-1236 영업시간 11:30 - 19:00(월,일휴무)

소울브레드

허니이

수영

소울브레드

(37.47135, 127.0243)

팡뎅 와우 징짜마시따ㅠㅠㅠ 전반적인 느낌은 재료를 아낌없이 때려부은 느낌ㅠㅠ 치아바타나 바게트나 다 하나같이 촉촉하며 맛있고 크림도 아낌없이 넣었다. 전반적으로 크림이 느끼하지않고 딱정당하다. 특히 바게트는 바사삭거리는게 진짜 맛있었다. 다양한 종류를 먹어봤는데 제일 독특하고 맛있었던건 쑥생크림치즈빵! 인생사처음먹어본 맛이다. 쑥떡갈아서 크림빵에넣은 느낌인데 쑥맛이 은은하게 나면서 크림도 부드러워 맛있다. 그리고 키위넣은 과일치아바타도 신박하니 신기했음. 빵은 촉촉한데 크림은 새콤하여 빵과 크림 밸런스가 잘어울렸다. 오레오 크림치즈도 달콤하면서 부드러워 독특했다. 팥들어간것도 맛있다. 팥을 직접 쑨듯한데 팥알갱이가 잘살아있고 부드러운 크림이랑 정말 잘어울림. 전반적으로 여기는 무조건 크림샌딩빵을 먹어야할듯하다. 정말쏘울있는 쏘울브레드였음. 2017-08-19

빵쮸 빵을 정말 좋아하지만 사실 빵만 먹고나면 속이 좋지만은 않다 그래도 그저 좋아서 생각없이 먹었는데 여기 빵을 먹고나서 이렇게 소화가 잘되는 빵도 있구나 싶다. 알고보니 무반죽 빵이라 글루텐 생성을 막는 반죽법을 쓰신다고...!! 역시 모르고 먹어도 속에서 알아주는군 싶었다 빵 자체가 맛있으니 속재료는 개인 취향에 따라 알아서 고르면 될듯 싶다:) 사진속 빵은 흑임자,앙생크림,콩고물 생크림치즈! 2017-05-26

원냥 빵 알못인 나에게 신세계를 열어준 곳! 밋업으로 운좋게 다녀오게 되었다. 빵이 맛있어봤자 거기서거기지! 했던 과거의 나를 한 대 때려주고 싶은 맛♥ 눈 앞에 펼쳐진 거대한 빵 뭉치를 보고 무엇을 먹어봐야 할 지 당황스러웠다. 그래서 아무거나 찍어먹었는데 하나같이 다 맛있다. 흑 ㅠ―ㅠ 이 전 날에 체를 해서 음식을 못 먹었더니 밋업 날 빵을 많이 먹지 못해 아쉬웠다 ㅠ―ㅠ 한번 더 가고 싶어 위치를 보니 정말 쌩뚱맞은 곳에 위치해있다.... 엄마차 찬스를 써서라도 다시 가고 싶은 빵집이다 푸 2017-08-23

맛난거먹쟈 사진 찾는게 힘들어 몇개만 첨부하지만 오랜 단골집. 얼마전부터 딱딱한걸 못먹는 관계로 안가고 있었고 꽤 오랫동안 못갔지만 마음속으로는 항상 애정하고 가끔 인사드리러 가는 곳. 한창 갔을때는 일주일 두번이상갔던- 맛있어요. 더 이상말해 무엇하리 제 빵리뷰를 아시는 분들은 아마 이 리뷰가 신뢰가실듯. 2017-05-09

주소 서울시 서초구 우면동 59 연락처 070-4235-4748 영업시간 화금 11:00 - 20:00, 토 11:00 - 17:00(월,일휴무)

폴앤폴리나(광화문점)

(37.5739, 126.9731)

혀니이 고대했던 폴앤폴리나 <: 몇 번 저녁에 찾아갔는데 (당연히도) 빵이 없어서 작정하고 낮에 다녀왔어요. 토요일이라 그런건지 줄서서 살 수 있었고요 ㅠㅠ 이미 몇가지는 빠져있었어요. 다행히 사고싶었던 빵들은 남아있어서 버터프레즐과 블랙올리브, 크랜베리 스콘 구매! 시식이 넉넉해서 이것저것 맛보고 살 수 있어요. 버터프레즐. 유명하죠!! 주문하면 바로 옆에서 버터를 넣어주세요. 버터는 고소하고 프레즐은 쪼오올깃 짭짤해요. 맨날 먹고싶음 ㅠㅠㅠ 블랙올리브도 아주 바람직한 맛이었어요. 기본 재료만으로 낼 수 있는 최대의 담백쫄깃함을 느낌..! 크랜베리 스콘은 시식하고 괜찮아서 구매했는데 여긴 스콘마저 맛있네요.. 적당히 뻑뻑하고 크랜베리 낭낭해서 최근 먹은 스콘 중 탑! 가격도 완전 괜찮고! 크로와상류가 궁금해서 또 갈것같아요. 2017-10-07

프리림 마침 빵오쇼콜라 갓 나왔을 때 가서 따끈따끈한 거 시식했는데 짱 맛있어서 샀는데, 역시 패스츄리류는 사서 바로 먹어야하네요 ㅎㅎ 다음날 먹으니 눅눅해져서 원. 버터프레첼이 제 1 목표였는데 다른 빵이 더 맛있더라구요 ㅋㅋ 블랙올리브가 쫄깃쫄깃하면서 부드러워서 맛있었어요! 스콘은 버터맛 풍부해서 좋았구요. 그리고 깜빠뉴! 원래 식빵 사려다가 마침 시식하라고 주신 깜빠뉴가 맛있어서 갈아탔는데, 여기 빵은 다 당일에 먹어야할 것 같아요. 배불러서 당일에 못 먹고 담날 점심에 먹으니 시식 때 그 맛이 안 나더라구요. … 이번엔 유명한 덴 더 맛있을까해서 가봤는데 원래 좋아하던 데가 더 제 취향이라 앞으로 타지역 가면 식사빵 말고 간식빵이나 뭐 다른 종류 빵들 탐방만 하기로! 2017-07-15

Capriccio06 제일 자주 가는 빵집인데 후기를 안쓴것 같아서 이번엔 등록해본다. 식사용 빵이 맛있는 곳으로 판매하는 모든 빵이 다 괜찮지만 가장 좋아하는건 버터프리첼이랑 화이트 치아바타. 씹을수록 고소한 식감과 간이 세지 않는데 딱 좋은 그 느낌이 질리지 않고 좋다. 치아바타나 바게트는 겉이 바삭, 속이 쫄깃한 느낌인데 화이트 치아바타나 화이트 바게트는 더 부드럽고 촉촉한 느낌이 참 좋다. 크로와상이나 스콘도 맛있는데 다 먹을 수가 없어서 대부분 담백한 빵들을 사게된다. 사전에 전화예약하고 픽업하면 편리하다. 줄서면 시식빵도 꽤 인심좋게 많이 주니 맛보면 좋을 듯. 2017-10-16

주소 서울시 종로구 내수동 74 연락처 02-739-5520 영업시간 12:00 - 19:00(일휴무)

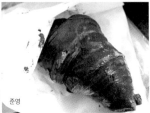

디올드크로와상팩토리

(37.55494, 126.9294)

주아팍 매번 갈 때마다 실패했다가.. 우연히 성공했어요. 3시쯤 방문했는데 곧 마감이라며..(털썩) 맛은 세 가지 남아있었어요, 그 중 쵸코와 새로나온 소시지 크로와상 구매했습니다. 쵸코 크로와상은 기본 크로와상에 쵸코가 가득 묻혀있어요. 쵸코는 달콤 거기에 바삭하고 버터리한 크로와상은 정말 부드러워요! 근데 끝부분은 또 바사삭! 이걸 먹으니 기본 크로와상이 막 나왔을 땐 얼마나 맛있을런지 더 궁금해졌어요. 소세지 크로 와상은 신제품이라는데 바삭하고 부드러운 크로와상에 소세지가 들어있어요. 소세지는 오히려 좀 짜서 별로였지 만 겉에 빵이 감동..ㅠㅠ 언젠가 아침 일찍 방문하면 오리지날 크로와상과 각종 맛을 다 볼 수 있겠죠..? 맛있는데 너무 먹기가 힘들어서 슬픈 곳이예요.. 2017-07-10

지슈 후각 시각 미각 자극하는 크로와상 오리지널 크로와상 - 버터 풍미. 고소. 바삭. 촉촉. 뺑오쇼콜라 - 버 터풍미. 쵸코 달달. 초콜릿 스틱 패스츄리 - 쵸코 달달 쫀득. 바삭 패스츄리. 고메버터만을 이용해서 만드는 크로와상이어서 그런지 버터의 풍미가 참 좋았다! 다들 참 맛있는데, … 가격이 조금 슬펐다ㅠㅠㅋㅋㅋ 비 오늘 날 따뜻한 커피와 잘 어울릴 것 같은 맛있는 크로와상. 2017-07-26

지은 너무 가보고싶던 곳인데 일찍가야해서 항상 가보지 못했던 곳 혹시나~ 하고 한시 이삼십분쯤 도착했 는데 여전히 줄은 길었다 한 삼십분 정도 기다려서 들어간것 같고 메뉴는 딱 세개 남아있었당 소세지 크로와상, 쵸코 크로와상, 뺑오쇼콜라 역시ㅠㅠ크로와상은 진짜 맛있었다 바삭 쫄깃...파리에서 먹는 크로와상인 줄 오리지널을 꼭 먹어보고픈 맛이다 2017-01-01

YangEun Sol 비싼데 맛있다 위에 쵸코로 뒤덮인 뺑오쇼콜라 근데 크기도 크고 안에 쵸코도 많이 박 혀있고 괜찮았다!! 그리고 맛은 걍 말잇못 짱맛있다ㅠㅠㅠ거의 짜장면 먹는 사람처럼 입에 다 묻히고 행복하게 먹었다 약간 냉동실에 넣어서 완전 시원하게 쵸코를 다 얼려서 먹어도 짱맛있을듯다 오후 2시쯤 갔는데 오리지널크로와상은 다 팔리고 없었다ㅠㅠ 진짜 따뜻한 라떼랑 같이 먹으면 완벽 환상 그 자체 2017-07-20

주소 서울시 마포구 서교동 327-44 연락처 -337-3636 영업시간 13:00 - 22:00(토,일휴무)

맛난거먹자　미댕　eksk@,@　echojulie　빵뚜아　(37.4838, 127.0174)

😊 **미루**　예술의 전당 들렀다 문득 떠오른 루엘드파리 들어가자마자 고소한 버터향 죽음이다ㅜㅜ 미리 찾아본 사진에선 크로아상~원이어서 비싸다했는데 내손보다 훨씬 크다!! 고른빵은 미니슈, 아몬드크로아상, (빵오쇼콜라1/3) … 크로아상은 겉은 바삭하고 안은 샤르르- 버터풍미 가득이다!! 표면에 붙은 아몬드+달달한 소보로코팅 조합은 맛없을수가 없다! 크기도 커서 둘이 나눠먹으면 좋을듯! 끄트머리 얻어온 빵오쇼콜라도 버터향 너무 고소하고 레이어가 진짜 얇아서 혀에 닿으면 샤르르 녹는다 빵 끄트머리라 초코는 극소량 맛보았네요... 층이 워낙 얇아서 빵먹고나면 부스러기 파티라 그게 조금 귀찮은데.. 부스러기도 주워먹고싶은 고퀄리티 빵!! 예당가면 무조건 들리게될듯! 2017-02-24

😊 **빵쥬**　일찍가서인지 빵이 많았다 사장님이 너무 친절하셨고 바게트 시식빵을 주셨는데 씹을수록 고소했다 :) 치즈치아바타,아몬드크로와상, 앙버터 세가지만 사와서 먹었는데.. 셋다 넘 맛있었음 역시 유명한 이유가 있었군 ㅋㅋ 2017-03-10

😊 **작약**　연희동에 있을때 '가야지 가야지' 하다가 남부터미널 앞으로 옮겼다고 듣고 '헉 진짜 가야지 가야지' 하고나서도 몇개월이 지나서 갔어요 멀다 생각했는데 예당에서 walking distance 였음을 어제 알았네요.. 빵은 손바닥만한 사이즈이고 무거울 정도로 가득가득 내용물이 차 있어요. 크로아상은 소문대로 바삭하고 층층이 겹이 유독 많이 쌓인 느낌이고, 아몬드 크로아상엔 아몬드 가득. 생레몬 파운드 (미니 사이즈같아요) 계산해주신 분이 조언해주신대로 차갑게 먹으니 레몬향이 가득이었어요. 빵 맛 잘 모르시는 어른들도 맛나다고 하셨어요~ 그런데 늦게가면 빵 없을거같아요 토요일 6시에 갔더니 크로아상 2개 남아있었고 제가 2개 집었는데 더 채워주시진 않으셨네요 :(2017-09-24

😊 **혀니이**　아몬드크루아상 버터리하고 고소하고 바삭하고 ㅠㅠㅠ 올 때마다 먹는데 먹을 때마다 은혜받네요 단호박 샌드위치도 짱맛.. 크기도 아주 바람직하고 여러모로 좋아하는 베이커리! :) 2017-07-15

주소 서울시 서초구 서초동 1445-13 연락처 02-322-0939 영업시간 08:00 - 21:00(일휴무)

(37.52293, 127.0206)

😊 **미댕**　커스터드 크로와상 • 에그 베이컨 메인에 걸린 사진 분위기가 너무 좋아서 늘 가보고 싶다는 생각을 했었는데, 드디어 가보게 되었다. 의외로 외관이 굉장히 빈티지(?)해서 1차로 놀랐고 베이커리 카페라기보다 펍에 가까운 어둑한 분위기에 2차로 놀람. (빵 사진은 바켄에서 찍은 게 아닙니다*´ ˋ*) 오전 11시 28분쯤 들어갔더니 커스터드 크로와상이 트레이에 꽉 들어차있는 감격스러운 모습을 목격할 수 있었다. 사실 예상 가능한 맛이라는 평이 많아 살까말까 고민했지만 시그니처를 먹어봐야 하지 않겠냐 싶어 하나 담고, 많은 분들이 굿 초이스로 꼽으신 에그 베이컨도 하나 담았다. 커스터드 크로와상은 자르자마자 크로와상이 울컥울컥 크림을 토해낸다. 난 분명 손가락 한 마디만큼만 잘랐는데 크림은 손가락 세 마디만큼 흘러내리는 건 무슨 일이죠? 느끼한 걸 좋아하지만 잘 먹지는 못해서 느끼하면 어쩌지, 걱정했는데 정말 가볍고 산뜻한 맛이었다! 분명 예상이 가능한 맛은 맞는데, 그 예상을 좀 뛰어넘는? 앞서가는? 맛이다. 너무 커서 다는 못 먹었지만 끝까지 다 먹었더라도 느끼하지는 않았을 것 같다. 다만 크로와상 자체가 파삭하고 무척 맛있었는데 지나치게 많은 크림에 그 결이 묻혀서 아쉬웠다. 크림을 조금만 줄이셔도 괜찮을 듯. … 다른 리뷰를 보니 오레오 크로와상?이 있다던데 그 맛도 궁금해진다. 재방문 의사 있음! 그리고 여담이지만 포장해주시는 빵봉투가 너무 세련돼서 들고 다니는 동안 괜히 기분이 좋았다. 헤헤.　2017-06-15

😊 **고기고기**　커피랑 밀크티 다 괜찮은 편. 빵은 나오자 마자 동나기 때문에 언능 줄 서서 사수 해야 함. 특히 크림 들어간 혹은 속에 뭐가 들어간 식사대용 빵들이 유명한 듯 한데. 가벼운 느낌의 크림빵이 정말 달지않고 맛. 있. 다. !! 커스터드크로아상이랑 진저초코빵 암튼. 가게가 좁은데 반해 분위기도 괜찮고 음악도 느낌있는 선곡들~ 맥주도 판매함. 이 동네 산다면 자주 찾아올 듯한 느낌. 재방문의사 있음!　2017-02-05

😊 **맛집사냥꾼**　호에에 오레오초코크로와상 너무너무너무 맛있써여 커스터드크림크로와상은 유명해서 먹어보았는데 쏘쏘..! 바나나츄러스도 넘나 마시써여 라콜롬브의 아메리카노도 너무 맛있구… 빵가격이 생각보다 되게 싸서 행복.. 두명이서 빵 4개 먹었는데 옆에 분들은 3명이서 2개 드시길래 조금 부끄러웠습니다^~^　2017-07-14

주소 서울시 강남구 신사동 528-3 연락처 02-516-8889 영업시간 11:00 - 21:00(월휴무)

맛난거먹자 ‖ 준영 ‖ eksk@.@ ‖ 퐝뎅 ‖ 준영

(37.54751, 126.9377)

퐝뎅 한줄평/영롱한 살결의 크로와상 맛/크로와상 유명한데라고 말만 들었는데 진짜 가보니 유명할만 하다고 생각했다. 정--말 맛있다. 근래 먹었던 크로와상 중 가장 맛있는 축에 속하는데 무엇보다 빵을 찢었을때의 결이.. 빵에 영롱하다는 표현을 써도 될런지 모르겠지만 정말 숨막히게 아름답다. 보통 저렴한 버터를 쓴 크로와상들은 한입 베어물었을때 다소 눅지며 푸욱 꺼지는데 여기는 베어물어도 다시 빵이 뽀송 올라오고 결이 그대로 탱탱하다. (너무 감동한 나머지 단면만 주구장창 찍음) 많이 먹어도 느끼하지 않고 입에 착 감기는 기름기도 없다. 한마디로 정말 좋고 신선한 버터를 쓴듯하다. 쵸코크로, 일반크로, 시나몬이 들어간 비엔누아주리를 먹어봤는데 일반 버터가 맛있으니 뭔들.. 사장님도 너무 친절하시고 빵부심이 대단하시다. 정말 딱 만화에 나올법한 사기캐 빵집이었음.. ㅋㅋㅋ 아쉬운점/찾아가기 힘들고 간판이 없다.. 왠 목공소같은 거리 중간에 있어서 가면서 계속 의구심을 갖게 만드는..ㅠㅠㅋ 2017-11-02

정진관 크로와상 / 뺑오쇼콜라 / 비엔누아즈리 대흥역 주변에 위치한 빵집! 일단 간판이 없어서 오헨이라는 이름을 찾을수 없다 ㅋㅋㅋㅋ 다들 유의하시길.. 더운날 걸어갔더니 사장님이 아이스 커피와 크로와상 반쪽을 그냥 내주셨다..... 사장님 천사..... ⋯ 크로와상은 진짜 바삭바삭!!! 거리는 식감 대박 내가 원하던 크로와상이다!!! 뺑오쇼콜라는 사장님의 노하우에 따라 냉동실에 넣어놨다가 먹기전에 실온에서 약간 해동시켰다 그결과.... 겁나 바삭바삭!!! 속은 부들부들 앞으로 크로와상은 금방 먹지 않을거면 냉동실에 넣는걸로...!! ⋯ 전반적으로 빵의 식감이 정말 대애애애애애애박이었다 ㅋㅋㅋㅋㅋ 물론 맛도 엄청났다 ㅋㅋㅋㅋㅋ 마포주변에서 맛있는 크로와상을 먹으려면 여길 가시면 될듯하다..! 사장님도 겁나 친절하셔서 막 구매욕구가 솟구칠수 있으니 주의..! 2017-06-17

깸이 같이간 사람이 극찬을 한 빵맛. 여전히 친절한 사장님과 여전히 맛있는 크로와상. 조그마한 사이즈는 큰 크로와상을 버터맛 때문에 부담스러워하던 내게 안성맞춤. 제발 오래오래 대대손손 여기 있어주세요 ㅠ 2017-01-13

주소 서울시 마포구 신수동 179-2 연락처 02-715-6436 영업시간 12:00 - 20:00(일,월휴무)

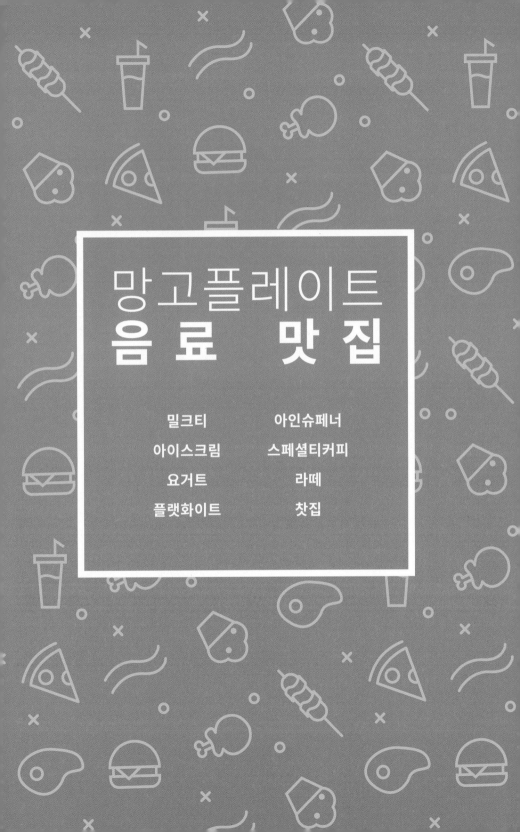

망고플레이트
음 료 맛 집

밀크티	아인슈페너
아이스크림	스페셜티커피
요거트	라떼
플랫화이트	찻집

sweet dew

도도

숯이

찡

(37.56239, 126.9269)

삐약삐약빡　밀크티가 땡겨서 가게된 ㅅㄹㅅㄹ! 날이 너무 쨍쨍해서 마살라차이는 뜨거운거만 된대서 실론살롱블랜드 아이스로 먹었어요! 그 밀크티 기본적으로 많이 쓰이는 고소한맛 나는 스타일의 밀크티였어요! 얼음 많이 넣어주시는데도 진한편이라 맘에 들었어요<3 당도도 별로 높지 않아서 좋았어요!! 바자리 근처에 앉아서 자리는 좀 불편했어요 ㅠㅠ 사람이 다 차서 ㅠㅠ 그리고 화장실이 동진시장이라 좀... ㅠㅠ 완벽한 카페의 조건은 갖추지 못했지만 밀크티 맛은 좋았어요! 디저트페어 갔다 온 이후로 디저트는 생각도 안나서... 당케는 먹지 못했습니당ㅠㅠ 겨울에 마살라차이 먹으러 가보고 싶어요~ 그리고 카페가 작은편이라 ㅠㅠ 시간 잘 맞춰서 테이블 앉으셔야할 것 같아요! 아니면 바자리만 남아있어요 ㅠㅠ 그리고 커피 시키시는 분 진짜 많으신데 왠만하면 홍차나 밀크티 전문 집이니까 커피보다 이런걸 시키는게 훨씬 좋을 것 같아요!!! ㅠㅠ 옆에서 보는데 넘나 안타깝더라구요... 2017-10-02

odds정　ㅅㄹㅅㄹ 실론 살롱 연남동 골목의 카페거리? 쪽 연남동의 분위기를 맛볼수 있는 곳이었다. 화려하지 않아서 멋이 있는 동네라고 느꼈댜 실론살롱의 밀크티는 다른 데랑 다르게 깊은 진한 맛이었다. 달지 않지만 다크밀크티보다도 깊은 맛??? 익숙한 밀크티랑은 또 다른 맛! 가격은 양치고는 비싼 편이지만 가게에서 분위기를 같이 사는 걸로 치면 전혀 아깝지 않은 곳. 당근케잌과 마카롱도 맛있다고 한다. 2017-04-02

함냐함냐　지난 여름에 들렀던 곳! 당근케이크가 부드럽고 맛있었어요. 또 차를 예쁜 잔에 내어줘서 좋았구요. 고즈넉한 분위기가 마음에 들어 다음에 이동네 오면 또 들르고 싶어요. 2017-10-30

무스　… @ 아이스 카라멜 라떼 / 실론살롱 블렌드 아이스 / 실론살롱 블렌드 핫 @ 주말 오후 1시 / 복잡도 중 / 재방문의사 O@ 홍차베이스의 밀크티와 몇가지 커피, 수제 당근케이크가 유명한 빈티지한 분위기의 카페아이스 카라멜 라떼 달달하니 맛있네요 근데 정말 답니다^^ 사진처럼 하단부 한층만큼 카라멜이 들어가서 맛없을 수가 없는ㅋㅋㅋ 밀크티(실론살롱 블렌드)도 달더라구요 아이스 카라멜 라떼보다 달았어요 단맛을 싫어하시면 별로이겠지만 기분나쁘게 단맛은 아니라 디저트로 시원달콤하게 먹기 좋을듯 합니다. 2017-05-07

주소 **서울시 마포구 연남동 227-15** 연락처 **070-8742-3310** 영업시간 **13:00 - 22:00**

(37.48388, 127.0454)

😊 **떡볶이** ··· 생각지도 못했는데 뭔가 얻어걸린 느낌이었달까요 ㅇ.ㅇ 밥먹은 후에 1층으로 내려가서 주문 하려는데 줄서서 기다렸어요. 테이블이 많지는 않아서 먼저 자리잡고 주문하시는게 좋을것 같아 요. 아니면 서서 먹어야해요. 유기농 녹차 티라미수에 아이스크림 얹은게 아이스크림 티라미수인가 보더라구요. 그거 하나랑 요크셔골드 밀크티랑 아메리카노 먹었는데 아메리카노는 가격도 저렴한데 괜찮더라구요. 밀크티는 맛있어서 병으로 하나 더 샀는데 우유,홍차잎,설탕만으로 만든다고 써있어요. 밀크티 먹어보면 신선한 우유맛? 이 느껴져요! ··· 그나저나 여기는 그릇들이 까매서 사진빨을 잘받네요. 2017-01-05

😊 **Kristine.C♥** ··· 매봉 근처에 카페들을 줄곧 갔었는데 하얀색 천막으로 가려져 뭔가 생기나보다 했는 데 카페 진정성이 생기다니!! 김포에 있는 곳은 갈 엄두가 안났는데 집 근처에 생겼다고 해서 굉장히 부푼 기대감을 안고 방문했어요 :) 녹차 티라미수에 아이스크림을 추가, 밀크티를 시켜서 먹었는데 티 라미수 양도 많고 녹차 아이스크림도 맛있더라고요! 따뜻한 밀크티가 아닌 아이스로 시켰는데 밍밍하지도, 너무 달지도 않아 좋았어요! 라떼도 괜찮고~ 생각보다 자리가 많지 않지만 한 10 커플 정도 앉을 수 있어요! 늦은 오후 시간대에는 티라미수가 대부분 솔드아웃이니 꼭 참고하시길 바래요! (미리 전화해서 확인해보고 방문해봄도 좋고 요!) ··· 2017-01-05

😊 **맛난거먹쟈** 밀크티 맛있어요b 역시 유리병밀크티 열풍을 일으킨 주인공답네요. 사실 저번에 스트로베 리밀크티 먹고 충격이었어요. 맛이없진 않은데 달지 않은 딸기우유맛이었거든요. 오리지널 을 이럴리 없다며 다시 무조건 가봐야한다고 생각들었네요. 그래서 재방문에서 먹어본, 오리지널다크밀크티- 다크 라고 해서 덜 달다고 하셨는데 제 입맛에 적당히 단듯했어요. 밀크티에 바라는 개인적인 당도랄까- 이제까지 먹었 던 밀크티중에는 가장 맛있었던 기억. 언제든지 재방문의사있습니당~~ 2017-05-05

주소 서울시 강남구 도곡동 423-10 연락처 02-2135-7172 영업시간 12:00 - 20:00(월휴무)

유듸니

유듸니

뽀뉴

YEONLY

깡충랭가이드

(37.55774, 126.9388)

윌리엄 다행히 웨이팅 없는 시간에 들어가서 바로 앉을 수 있었어요 좀만 더 늦었으면 어마어마한 웨이팅 예약ㅠ 분위기가... 아주... 고상해요ㅋㅋㅋㅋㅋㅋ꽃무늬들이 많은 천들과 티세트 넘나 예뻐요 근데 여기 사장님이 할무니..? 연세...? 인거같더라구요 좀 놀랐어요! … 무튼 진저피치티와 허니밀크티+휘핑추가 해서 주문했어요! 메뉴 고르는데 고민을 했지만 고민할 필요가 없었던!!!! 너무 맛있어요ㅠㅠㅠㅠ … 그리고 허니밀크티에 휘핑을 꼭 추가해야해요.. 휘핑이 넘나 달달하고 홍차맛을 훅 느낄 수 있거든요ㅎㅎㅎㅎㅎ성공적인 카페였어요! 2017-10-03

이건영 요즘 분위기 좋은 카페들이 많지만 이곳의 분위기도 참 이국적이면서도 안락하다. 거리에서 건물 안으로 들어서면 색다른 구경을 하는듯 하다. 커피종류보단 차종류의 메뉴를 시키는 것이 더 맛있게 먹을 수 있는듯 하다. 다소 가격이 있지만 주변 사람과 함께 편히 쉴 수 있는 공간인듯 하다. 2017-04-13

이보나 신촌러가 되면 해보고 싶었던 것, 클로리스에서 과제하기 ㅋㅅㅋ 나름 로망~ 실천하러~ 방문~ … 신촌꺼는 꼭 90년대 소개팅할 것 같은 분위기... 과거로 돌아온 느낌이었다 +_+ 쇼파도 편안해서 좋구 무엇보다 *셀카가 잘나오는 조명*이라 좋다 ㅋㅅㅋ 음료는 홍차 아포가토 시킴! 홍차 아이스크림 꽤나 진해서 좋았구 커피랑 조합도 괜찮았다~ 사실 전체적으로 음료 가격대가 좀 있는 건 사실이다 ㅠㅠ … 그렇지만 분위기도 좋구.. 음료 시켜서 오래 앉아있을 거라면 값어치 하는 것 같당! 다음에는 케잌먹어봐야징 +_+ 2017-06-30

지현 홍차맛은 잘 모르지만 비주얼과 분위기가 정말 압도적이예요. 소녀소녀한 감성을 마구 뿜어내는곳! 달달한 디저트같은 파르페는 정말 행복했어요. 2017-01-16

주소 서울시 서대문구 창천동 13-35 연락처 02-392-7523 영업시간 13:00 - 24:00

티앙팡오후의홍차

(37.55826, 126.9461)

😊 **박지원**
베리베리베리 + 바닐라밀크티 밀크티를 접한 후로 항상 와보고싶었던 곳. 킴과 함께 갔는데 최고 존엄이라는 스콘이 품절이라 못먹었다 ㅠㅠㅠ 그러니까 다시 가야지! 대신 치즈케이크를 주문했 고 음료는 무수한 선택지 중에 잘나가는 메뉴들로 골랐다. 치즈케이크는 처음엔 좀 딱딱했지만 나중엔 정말 부드 러웠다. 음료는 흑 너무 맛있고 예쁘게 나오고 양도 생각보다 많고. 상큼한 베리베리베리와 진한 밀크티를 번갈아 마시며 계속 감탄만 한듯 ㅋㅋㅋ 사진은 킴이 찍어주었다. 다음엔 꼭 스콘을 먹으리 2017-11-08

😊 **요롤로잉**
이집은 새내기 일때 친구랑 김치찌게 왕창 먹고 간단한 후식이 먹고싶어 배부르지 않을 만한 곳 으로 갔다. 전문적이 찻집이다. 종류도 엄청 많고, 차에 대해 잘 아시는 분이 추천해주시기도 하 고, 직접 내려주시면서 먹는 방법을 설명해주신다. 차분한 분위기에 적절한 조명이다. 진지한 이야기. 사랑의 속삭임 에 적절한 곳. 역시 커플과 소개팅이 많더라... 이집에서 제대로 된 차를 마시고, 차의 세계에 입문했다. 2017-09-13

😊 **작약**
항상 궁금했던 곳이에요 주문한 건 오리지날 치즈케익과 애플시나몬 차이 티! 인도식으로 끓여나오 는 차이티라서 진하게 따뜻하게 먹을 수 있어서 좋았고, 케익은 딱 베이직해요. 모든 케익 종류가 항상 준비되어있는 건 아닌거같았고, wifi 는 있다고 하는데 자리에 따라 시그널이 안잡히는 곳도 있는듯해요 (오늘 제 자 리가 그랬네요) 그래도 커피 체인점과 다른 매력이 있어서 좋았어요 2017-08-23

😊 **머큐리**
브랜드별로 국가별로 분류된 많은 홍차와 곳곳에 숨어있는 섬세함이 큰 메리트!아이스에 준비되 는 장미모양 얼음이나 화장실에 미니타월에서 섬세함을 엿볼 수 있어요. 아쉬운 점은 사장님이 계실 때랑 안 계실 때 차이가 크단 점ㅠㅠ 스콘 크기가 확- 작아져서 섭섭해요 ..메뉴판도 너덜너덜 넘기기 힘들어 여.....ㅎ..... 2017-04-07

주소 서울시 서대문구 대현동 54-28 연락처 02-364-4196 영업시간 12:00 - 22:30

우유니아이스크림

JH

준영

JhY

코코아코

보람

(37.52303, 127.0213)

보람 욕심부리지 말아야 하는데 우유니에 가면 자꾸 욕심부려서 많이 시킴 지금까지 소금, 미숫가루, 코코아, 딸기, 바나나, 토마토 맛 봤는데 개인적으로 미숫가루와 토마토맛이 젤 맛났어요 우유니 사막이 하늘을 투명하게 있는 그대로 비추는 것처럼 먼가 재료들의 순수한 본연의 맛을 잘 살려낸 착한 우유니 아이스크림! 1스쿱만 먹어도 되는데 나는 왜 항상.... 2-3인분을 시키는 걸까.. 너무 많다 어케 다먹어 이걸 하면서 다 먹는 아이스크림이었어요 :)ㅋㅋ 2017-05-17

뿔뿔 아이스크림하면 초코밖에 모르던 나에게 새 지평을 열어준 우유니.. 소금맛과 자두맛 먹어봤는데 와 소금맛 너무 맛나요. 단맛이 강하지 않은데도 너무 맛났어요. 이런 담백한 맛 너무 좋아요. 가격도 너무 착하고 매장도 넓어서 좋았어요. 벽에는 이곳 아이스크림에 대한 설명도 적혀있는데 장인 정신 느껴져서 좋았어요. 역시 맛난 음식은 절로 나오는 것이 아님을 알았네요. 홍대였다면 자주자주 갈 수 있을텐데 가로수길에 있어서 갠적으론 아쉬워요.. 2017-07-20

준영 8시쯤 늦은 시간에 방문하니 가장 핫한 소금과 얼그레이는 똑 떨어져 있엇어요ㅜㅜ 직원분들도 같이 슬퍼해주셔서 뭔가 오묘.. 그다음으로 인기 많은 토마토를 주문하고 얼그레이 맛볼 정도는 있다길래 그렇게 받았는데 둘 다 너무너무 맛있었어요!! 얼그레이는 맛있지만 한입이라 그런건지 막 인상적인 정도는 아니라 그런건지 그리 기억에 남지는 않아요. 근데 토마토는 정말 부드러운 셔벗을 먹는 느낌! 젤로또를 상상하고 먹었는데 너무 부드러워서 놀랐네요ㅎㅎ 딱 꿀+토마토 맛이었어요. 다음에 소금 먹으러 꼭 재방문!!! 2017-09-04

subing 또 가고 싶은 곳!!!!! 소금이랑 토마토 주문했는데 둘 다 넘 맛난다.... 소금은 고소한 우유 베이스에 살짝 짭조름한데 소금 양이 딱 적당해서 단맛 극대화 bb. 토마토는 어릴 때 엄마가 직접 갈아서 설탕 넣어준 토마토주스가 떠오르는 맛. 인공적이지 않고 진짜 토마토 향이 향긋하고 살짝 달콤하다. … 2017-04-22

주소 서울시 강남구 신사동 529-6 연락처 02-544-9565 영업시간 월금 10:00 - 22:30, 토·일 10:00 - 23:00

아이스크림　　**일젤라또** (가로수길점)　　MP

(37.52417, 127.0241)

subing 여기 젤라또 정말 역대급 찐득..♡ 제 스타일이네용ㅎㅎ 아보카도 칵테일 - 아보카도가 들어가서 느끼하거나 난해한 맛일까봐 걱정했는데 새콤한 맛이었어요! 맛은 거의 청포도? 새콤한 과일맛이었어요! 인절미 - 미숫가루맛ㅎㅎ 고소한 미룻가루가 들어있어서 신기했어용 말차 - 가장 평범함. 너무 달지 않고 적당히 쌉싸름. 티라미수 - 티라미스라고 시트로 쓰는 빵?이 들어있어요ㅇㅂㅇ 커피맛이 꽤 강하고 빵가루가 느껴져서 새로웠어요ㅋㅋ ⋯ 2017-03-22

지슈 무슨 맛을 먹었는지 기억은 안나지만;;;왜 기억이 안날까아 ?ㅜㅋㅋㅋ그저 맛있게 먹었던 기억만ㅋㅋㅋㅋ쫀득한 텍스쳐는 아니었지만 괜춘했다두가지 맛이상 고르면 과자를 올려주는데일본식 센베 같았고 고소했당! 2017-11-28

클짱 처음 방문한 일젤라또! 맛있다는 얘기를 너무 많이 들어서 기대했는데 기대한만큼 맛있었다. 리조~~ 쌀 젤라또 1개 주문. 쌀알이 꽤 커서 씹는 맛이 있고 고소 담백하니 맛났음! 가로수길 갈때마다 방문하고 싶은 곳이다. 남은 메뉴들 한가지씩 다 먹어보아야지~ 2017-10-28

코코브루니 지나가다가 우연히 들른 일젤라또. 반갑게 맞이해주는 외국인 직원분이 뭔가 더 기대를 불어넣어줌 'ㅁ'ㅎㅎ ⋯ 요샌 젤라또를 한국에서도 종종 먹을수 있어서 좋다. 2017-04-22

Summer 젤라또는 어디서든 언제나 리조만 먹기때문에 잘 알진 못하지만.. 최소한 리조는 (ㅋㅋㅋㅋㅋ) 진짜 고소하고 달달하고 맛있당. 꽤나 씹히는 맛이 있는데 너무 져아.. 꼭 작은거 시켜서 순식간에 헤치우고는 아 하나 더 큰거 시킬걸 후회함. 암튼 맛있는 젤라또하면 그래도 여기가 제일 먼저 생각난다 2017-11-01

주소 서울시 강남구 신사동 550-9 연락처 02-511-1177 영업시간 12:00 - 22:00

허니꿀잼

아지

지은 (Jieun)

예랑

(37.50555, 127.0036)

맛난거먹쟈 초기랑 살짝 달라진 듯한 맛때문에 최근에 안가고 있다가 취향저격의 새로운 맛들이 생겨서 먹어봤어요! 흑당인절미+ 복숭아셔벗- 진짜ㅠㅠ 대박적이에요. 완전 취향저격 맛들.. 흑당인절미는 진짜 인절미색인데 확실히 인절미맛이 나면서 달달한 구수함을 느낄수 있어요. 복숭아셔벗은 복숭아 진짜갈린입자들이 씹혀지는것도 취향저격이었어요. 어쩜이럴수가..b 물론 좀 더 쫄깃한 식감이었으면하는 바람이 있지만 일단 맛자체가 취향저격이었음다 2017-08-14

이보나 솔티초코?랑 인절미 먹었다 둘 다 맛있다! 솔티초코는 단짠단짠이라 초딩입맛인 나에게 제격이었다 인절미는 생각보다 단맛이 거의 없고 진짜 콩고물맛이 진했는데 고소해서 맛있었다 2017-01-11

해나 이천쌀, 로얄밀크티 넘 맛있게 잘 먹었어요! 아이스크림 치곤 살짝 비싸지만 값어치 하는것 같아요 ㅎㅎ 이천쌀맛안에 진짜 쌀이 씹히더라구요~ 고소하고 좋았어용 2017-06-30

빵쥬 오랜만에 젤라띠 젤라띠! 여전히 맛있지만 기분탓인지 좀 작아진 기분 >_< ㅋㅋ 아쉽게도 좋아하던 누텔라 맛이 없어진건지 오늘 없는건지 메뉴판에 없었다ㅜㅜ 새로나온 솔티피넛카라멜 고소하고 맛있다 리지스 초콜렛 맛 2017-03-26

퐝뎅 여전히 맛있다. 특히 이천쌀은 언제먹어봐도 별미다. 쌀의 고소한 향이 나면서도 쌀맛이 꼬독꼬독 씹히는게 정말 독특하다. 젤라띠 이후에 다른 젤라또 집들도 리조 아이스크림을 판매하던데 이렇게까지 쌀과 아이스크림의 밸런스가 좋은 곳은 젤라띠만한 곳이 없다. 바닐라+쌀을 섞은 맛의 풍미가 엄청나다.. 밀크티 등의 다른 맛 역시 밀크티의 알싸한 향이 제대로 풍겨온다. 근데 역시 쌀 아이스크림이 엄지척.. 그리고 무엇보다 식감도 참 좋다. 솔직히 이탈리아에서 먹었던 젤라또보다 훨씬 맛있었다. 좀 더 밀키하게 딱 내 취향이랄까.. 암튼 한국의 보급형 젤라또 아이스크림집 가운데서는 젤라띠젤라띠가 원탑! 2017-12-18

주소 서울시 서초구 반포동 19-3 연락처 02-6282-3281 영업시간 11:00 - 21:30

펠앤콜(홍대점)

키다리아저씨

김모찌

프로홍일러

minimo

안종스

(37.54818, 126.9222)

😊 **구현진** 상수역 근처에 위치한 젤라또집. 색다른 맛의 젤라또를 맛볼 수 있는 곳이다. 맛마다 식감은 조금씩 다르며 다양한 풍미에 맞게 어느것은 셔벳 같고 어느것은 조금더 쫀득한 젤라또에 가깝다. 이날 내가 맛보았던 맛은 후추가 포함된 레드와인과 유기농 민트오일이 함유된 다크초콜릿. 와인은 역시나 소르베같이 상큼하면서도 부드러웠으며 약간은 스파이시한 후추의 향이 과하지 않으면서도 뒷맛을 깔끔하게 잡아주었다. 다크초콜릿은 쫀득하고 부드러운 식감이었는데, 민트 오일향이 인공미 없이 은은하게 초코향을 감싸줘 민트맛을 싫어하는 사람도 부담없이 먹을 정도. 사장님도 친절하시며 그를 닮은 귀여운 강아지도 언제나 상주한다 (문을 열면 짖긴 하나 사나운 강아지는 절대 아님). 애견용 아이스크림도 따로 판매하며 함께 방문도 가능하므로 애견가들은 한번 쯤 방문하면 좋을 장소. 다만 맛 자체가 독특한 맛 위주로 준비되어 있으므로 클래식한 젤라또의 맛을 좋아하는 사람보다는 색다른 맛의 젤라또를 먹고싶은 사람에게 더욱 추천하는 곳이다. 2017-03-28

😊 **Hot_duckku** … 잡지에서도 하도 칭찬하길래 저도 칭찬 한마디 거들러 들렸습니다. 14신데도 아무도 없던걸요 혼자 마싯게 먹고 갑니다!!!! 깻잎의 향과 깔끔한 뒷맛 레몬진저의 상큼함이 이 안에 감도는데 유지빙 함량이 높나요? 되게 진득하고 좋네요. 아 또먹어야지 계속 먹어야지 신난당 2017-08-06

😊 **김모찌** 상수역 근처의 펠앤콜. 꽤나 오래전부터 가보고 싶었는데 최근에야 가게됐네요:) 예전에는 압구정에도 매장이 있던걸로 알고 있는데 이제는 상수쪽 한군데 밖에 없대요ㅠㅠ 우유꽃맛을 시식하고 이 맛이 베이스가 된 터프쿠키를 주문했어요. 완전 제 스타일!! 딱 제 취향의 많이 달지 않고 쫀득쫀득한 젤라또에요ㅎㅎㅎ 넘나 맛있음o(〃'▽'〃)o 최근에 먹은 젤라또들이 완전 만족스럽지는 않아서 더욱 더 좋았던 것 같아요ㅎㅎㅎ 강남쪽이었다면 더 자주 갔을텐데 아쉽네요ㅠㅠ 맛은 매일 바뀌는데 인스타를 통해 안내된다고 하셨어요. 아 그리고 사장님이 매우 친절하세요! 2017-08-29

주소 서울시 마포구 상수동 310-11 연락처 070-4411-1434 영업시간 12:00 - 22:00

그릭데이 (이대점)

(37.55955, 126.9439)

혀니이 그 누구도 나의 그릭데이 사랑은 멈출 수 없을것! ㅋㅋㅋㅋ … 가게를 확장하시면서 요거트 생산을 몇배가까이 늘리신 걸로 알아요. 재료 떨어져서 닫는 일은 줄을 거라고 하시네요!! 앉아서 먹을 수 있는 자리가 생겨서인지 인기가 더 많아졌어요. 오픈날 갔는데 가게 터지는 줄 알았어요 ㅋㅋㅋㅋ 그래서 원하는 토핑 넣어서 먹으려면 꽤 기다려야 해요ㅠㅠ 그래서 빨리 사야하는 사람들을 위한 패스트팩도 준비되었고 콤비네이션 토핑도 구성이 더 풍부해졌어요! 사장님의 정성이 담긴 요거트와 그래놀라.. 뮤즐리.. 다 짱입니다 최고최고 저는 미디엄 허니에 그린토핑을 추천합니당 2017-03-29

subing 플레인 라지 사이즈에 딸기, 청포도, 아마/치아씨드, 그래놀라, 건무화과 토핑 추가해서 먹었는데 요거트가 진짜 꾸덕 꾸덕 해서 섞기도 힘들었어요ㅠㅠ 제가 욕심부린 탓이죠ㅋㅋㅋㅋ 전에 왔을 땐 줄이 너무 길어서 토핑 골라보지도 못하고 혀니이님 추천대로 그린토핑으로 주문했거든요..(세번째 사진이 그린토핑 미디엄사이즈) 그리고 넘나 맛있어서 재방문ㅎㅎ …상큼하고 고소하고 꾸덕!하고 만족! 근데 사실 토핑 양이랑 요거트 양 비율이 맞아야 맛있어서 먹고 싶은 토핑 다 때려넣는 거보단 추천 토핑 조합으로 주문하시는 게 더 맛있게 드실 수 있을 것 같아요^.^ 2017-04-20

밍도리 학교 앞에 있는 핫한 요거트 전문점! 저는 이제서야 가봤어용 ㅋㅋㅋ미디엄 허니에 바이올렛(그래놀라,딸기,블루베리) + 코코넛청크 추가 …! 바쁜 손님들을 위해서 바로겟팩이라는 게 있더라구요 줄 안 서고 바로 가져갈 수 있게 해놓았어요 내부는 좁긴 한데 앉아서 먹고 갈 공간은 있습니당 요거트가 우리가 편의점에서 사먹는 그런 요거트가 아니에요 꾸덕꾸덕해요 토핑도 엄청 많이 넣어주시구! 상큼달콤해서 맛있더라구요 특히 코코넛청크ㅠㅠㅠㅠ짱짱 코코넛칩 좋아하시는 분들은 꼭 추가하세요!!!!!!!!! 먹다보니까 느끼해서 좀 물렸어요 가격이 살짝 비싼감이 있긴 하지만 배가 든든하더라구요 재방문의사 있습니당 2017-05-19

주소 서울시 서대문구 대현동 34-40 연락처 02-363-9222 영업시간 08:30 - 20:30(일휴무)

꽁티드툴레아

(37.54138, 126.9909)

샤샤❤

샤샤❤ 꽁티드툴레아 다녀오고 자꾸자꾸 생각나서 또 가고싶은곳:) 여기를 왜 이제알았나싶고 내가 정말 애정하는 카페 비주얼은 물론이고 먹어보고 두번 세번 놀랬다. 어쩜 이렇게 맛있게 만드시는지ㅠㅠ 알고보니 연예인들두 많이 다녀갔다 나만 몰랐남..ㅋㅋ 꽁티에 안녕이랑 꼬모 실제로 보니 정말 세상귀엽고 순하고 얘네들두 또 보고싶어서 조만간 갈 예정이다! 가게밖,안 전부 다 예쁘구 사장님(형,동생)너무너무 친절하셨다. 테이블은 몇 안되지만 뷰가 너무 좋구 테이블이 너무 예뻤다. 사진만 찍었다하면 너무 예쁘게 담기는 곳 여기 웨이팅이 좀 상당히 긴 편인데 1시 오픈이라서 맞춰서 갔더니 이미 문은 열려있었고 이름 전화번호 적구 기다리면됐는데 이럴줄 알았으면 미리 갈걸ㅠㅠ 혹시 가시는 분들은 1시 좀 전에 가서 명단에 적구 오시길!ㅎㅎ 1시 맞춰서 가서 8번째였나.. 1시간 반정도 기다렸다ㅠㅠㅠㅠ담엔 일찍가야지 2017-03-26

Colin B 카페 입구가 보이는데 겁나 귀여운 강아지가 까치발을 들고 유리문에서 날 바라보고 있어서 대략 심쿵사하고 시작. 경리단 길 안쪽 깊숙이 위치해 상대적으로 인파가 적고, 채광이 잘 드는 실내는 참 아늑하다. 1층에 디퓨저 샵이 있고, 허브 향이 가득 퍼져있는 향기로운 공간이기도 하다. (조금은 향을 줄여도 좋을 것 같긴 하다. 은은하기 보다는 너무 대놓고 향기를 받아랏 하는 느낌) 아인슈패너도 좋았고, 트리플베리 요거트는 냉동이긴 하나 무슨 산을 쌓아 올려서 가져다 주시더라. 오늘은 햇살이 참 좋았다. 이 카페에 와서 더 좋았던 것 같다. 느긋하게 창가에 앉아 휴가의 여유를 즐겼다. 2017-08-03

요롤로잉 너무예뻐 아름다워 맛있어 가게 분위기 핵좋아 향기로워 이 공간이 힐링 그 자체 맛별로 다먹어보고싶다 가격도 합리적 2017-06-01

ANGELA 매장도 예쁘고 채광도 좋고 기분 좋은 향기도 가득하도 멍멍이도 있는데다가! 맛까지 좋은 꽁티드툴레아 다녀왔어요 :) 배불러서 케이크 먹으려다가 그래도 유명한 오픈샌드위치 먹어봐야 할 것 같아 주문했는데 정말정말 맛있었어요, 특히 아보카도는 눈이 팡! 트이는 그런 맛이라 배부른데도 다 먹고야 말았어요. 자몽주스도 신선해서 맘에 들었고요. 멍멍이들이 짖지도 않고 손님 응대를 정말 잘해서 ㅎㅎㅎ 공간이 채워지고 행복해지는 기분 느끼고 왔어요! 2017-05-21

주소 서울시 용산구 이태원동 260-117 연락처 070-8846-8490 영업시간 월-금 12:00 - 23:00, 토-일 13:00 - 23:00

(37.47919, 126.9534)

😊 **JH** 서울대입구역 샤로수길에 위치한 디저트 카페 "오후의 과일". 수플레 팬케이크와 요거트에 다양한 과일들이 함께 나와요. 맛있는데 건강까지 해버리고 난리인 느낌!! 좋아요 :) ···'계절과일 요거트'. 신맛이 강하지는 않지만 많이 달지 않아서 좋았던 요거트. 제철 과일은 체리였어요. 역시 여름엔 체리죠. 비쥬얼도 비쥬얼대로 최고였고, 밑에 체리 시럽이 깔려있어서 디저트로 즐기기도 좋았어요. 시리얼도 바삭한 식감이 마음에 드네요. 분위기 좋다!! 살짝 힙!해요. 흘러나오는 재즈음악도 좋고 하얀 천의 인테리어도 감각적이고. 그래도 사람이 많아서 전반적으로 웅웅거리는 시끄러움은 있더라구요. 친구와 수다 떨 때 적합한 카페. 들어갈 때는 웨이팅 없었는데, 나올 때는 많은 분들이 웨이팅하고 계시더라구요. 시간을 잘 맞춰야할 듯. 2017-06-23

😊 **:P** ··· 저녁 한...8시쯤 방문했는데 이미 만석에 웨이팅까지 있었다. 다행히 앞에 한팀밖에 없어서 우린 금방 앉을 수 있었는데, 우리가 다 먹고 자리에서 일어설 때까지(거의 10시) 계속 많은 사람들이 왔다갔고 웨이팅도 당연! 진짜 샤로수길 카페 중 제일 핫한 곳이라는걸 실감할 수 있었다. ··· 시리얼 요거트는 일단 비쥬얼이 최고!!!!!!!!!! 어쩜 저리 정갈하게 담겨져서 나올 수 있는지...계속 사진찍게 만드는 비쥬얼이었다. 맛은 플레인 요거트에 크레놀라, 치아씨드, 크랜베리, 바나나, 그 외 이름모를 씨앗들이 들어간거라 색다른 맛을 느낄 수 있고 그런건 아니지만 플레인 요거트를 넘나 좋아하는 나는 맛있게 먹었다. 그리고 오리지널 팬케이크 수플레는 완전 몽글몽글하게 보기만해도 느껴지는데 오리지널인데도 과일도 다양하게 나오고 정말 너무 맛있게 먹었다. 수플레 먹으러 또 가고 싶을 정도! 나오는데 오래 걸리지도 않았고 비쥬얼도 좋았고 맛도 좋았다. 2017-09-24

😊 **kkk** 진짜 너무추천... 가게 분위기도 정말 예쁘고팬케이크는 입에서 녹는다 요거트도 정말 맛있고 커피도!! 일단 비쥬얼이 다 엄청나서 사진찍고, 아늑한 분위기속에서 이야기 나누기에도 좋은 곳이다 다만 메뉴 하나 나오는데 엄청나게 오랜 시간이 걸린다는 단점이있다ㅠ 그래도 기다릴 가치가 있는곳! 2017-04-14

주소 서울시 관악구 봉천동 1599-4 연락처 02-877-5700 영업시간 일-목 11:00 - 23:00 금-토 11:00 - 24:00(화, 마지막 월휴무)

(37.49707, 127.0006)

😊 **맛난거먹쟈** 역시 여기만한 그릭요거트집이 없네요- 그릭요거트 먹고 싶을때 들르는 곳이에요:) 아보카도러블(리치크림) +레지나오치즈토핑추가- 이게 가장 최근에 먹은건데 이거 대박!!!!ㅠㅠㅠㅠㅠㅠㅠ 묵직한 그릭요거트에 숙성잘된 부드러운 아보카도와 오독오독 씹혀주 식감을 살려주는 퀴노아조합이 최고네요! 그리고 개인적으로 여기 토핑중 원탑을 달린다고 생각하는 레지나오치즈가 최고인거 같아요...투떰즈업. 코코그레이프- 코코넛칩인지 오트코코인지 모르겠는데 이것도 조합도 그렇지만 하나하나 토핑이 너무 맛있어요ㅠㅠ 넛츠페스티벌- 견과류가 와다다다다- 견과류 좋아하시면 안 좋아하실 이유가 없는 메뉴. 다만 처음가시거나 여기 갈일 없으신 분은 다른 거부터 드시는거 추천임니당 2017-04-15

😊 **MJ** 얼마전 첫 서래마을 방문하며 드디어 가본 팔러엠!! 평점도 높았고 원래 요거트도 정말 좋아해서 너무 궁금했어요- 아기자기하고 아담한 매장에 일단 기대 업업! 많은 분들이 추천하신대로 리치.. 에다가 시그니처로 주문! 계절이 계절인지라 블루베리 대신 딸기도 가능하다고 해서 딸기로 시켜봤어요 :3 오 정말 찐득 쫀득 맛있는 요거트!!! 그 위에 치즈 갈아주신 것이 정말 신의한 수 였네요.... ㅠㅠb 자극적이지 않은 맛이지만 계속 숟가락이.... 가격이 살짝 높긴 하지만 둘이서 한 그릇(?)해도 딱 좋은 양이어서 그 정도면 괜찮은 느낌..! 이 동네를 자주 갈 일이 없어 아쉽네요 거의 테이크 아웃에 최적화 된 매장이라 그건 조금 아쉽기도 했지만 종종 생각날거 같아요 봄되면 미개척지(?) 서래마을에 좀 더 적극적으로 놀러가봐야겠다는 :) 2017-03-29

😊 **이보나** 사랑한다 팔러엠... 최고의 요거트집. 식사대용으로 먹기에 살짝 부족할 수도 있지만 그래도 맛있음.. 맛있으면 된거야... 이번에는 코코그레이프, 요거트는 오리지널로 도전! 요거트는 오리지널, 리치, 저지방이 있다구 했는데 제 입맛에는 오리지널이 제일 좋았어요! 리치는 너무 꾸덕해서 요거트 먹는것보다 크림 먹는 느낌.. 오리지널이 딱 적당했던 것 같아용 ㅎㅎ 코코그레이프는 안에 코코넛칩, 아가배시럽, 포도, 하고 무슨 시리얼 같은게 들어가용! 맛있다.. 말해뭐해 그냥 맛있음 다른 맛도 먹으러 가야징 2017-10-21

주소 서울시 서초구 반포동 551-33 연락처 02-6407-1277 영업시간 07:00 - 19:00(일휴무)

😊 **투비써니** 사랑합니다. 매뉴팩트, … 저렴한 가격에 고소하고 풍미 좋은 넘 맛있는 플랫화이트! 위치가 애매해서 못가고 있었는데, 역시나 맛있네요.가까우면 자주 방문하고 싶은 곳! 평일 오후시간 대에 갔는데 앉을 자리가 딱 한자리 있을 정도로 여전히 인기 실감. 코스타리카 원두를 선물받은 지인도 굉장히 만족하네요. 2017-03-21

😊 **쫑크** 매뉴팩트 커피의 플랫 화이트는 입이 마르도록 찬양했다. … 우선 그 퀄리티가 이보다 높은 가격을 받으면서 우유 맛도 에스프레소 맛도 살리지 못하는 어중간한 카페들보다 훨씬 낫다. 이 정도면 확실히 어디 가서 '가성비 깡패'라고 이야기해도 되지 않을까? 상대적인 비교는 둘째치고, 내재적인 평가를 해보자. 플랫 화이트의 핵심 요소는 크게 두 가지다. 첫째, 밀크 폼의 부드러움이다. 이 점에서는 따뜻한 플랫 화이트건 아이스 플랫 화이트건 확실히 보장한다. 벨벳같이 부드러운 질감이, 입에 닿는 순간에나 폼이 입안에서 머무르는 순간에나 상당히 포근하다. 당연히 만족스러운 텍스처를 자아낸다. 둘째, 라떼에 비해서 강렬한 에스프레소의 맛이야말로 플랫 화이트라는 '장르'의 매력이다. 이 점에 있어서는 개선의 여지는 있다고 본다. 분명 에스프레소 캐릭터가 아주 미약하다고 까지는 말 못하겠다. 허나 최근에 라떼에서도 에스프레소 맛을 꽤나 강렬하게 앞세우는 스타일의 카페들도 제법 경험해봤는데, 그런 곳들에서의 경험과 비교해보면 매뉴팩트의 플랫 화이트는 플랫 화이트치고는 에스프레소의 주장이 충분히 강하지는 않은 것 같다. 예컨대 커피의 산뜻하게 신 뒷맛이 우유 맛의 뒤를 치고 올라온다든지 하는 매력이 좀 더 강화됐으면 한다. 하지만 그럼에도 여전히 다음과 같은 두 가지 지점에서 매뉴팩트 커피의 플랫 화이트는 자신의 장르가 지닌 미덕을 지킨다. 1)향에서는 확실히 에스프레소의 캐릭터가 느껴진다. 조금만 시간을 들여서 향에 신경을 써보면, 로스팅한 커피의 구수한 향과 시큼한 향이 우유 향 뒤에서 치고 올라오는 것이 잠시 느껴지는 데, 이것은 플랫 화이트의 미덕을 아주 잘 지킨 것이다. 2)아이스 플랫 화이트는 따뜻한 플랫 화이트보다는 어째서인지 그 커피풍미의 진함이 더 느껴진다는 점. 물론 경험해본 최상의 플랫 화이트라곤 말 못하겠다. 하지만 ~원대에 이 퀄리티? 다시 한번 말하지만 그러한 맥락에서는 유지가 된다는 것 자체가 제법 진기한 일이다. 이보다 좋은 플랫 화이트는 얼마든지 있을 수 있지만, 그것은 좀 더 (가격대에서도) 하이엔드인 카페에서 가능한 일이다. 2017-11-11

주소 서울시 서대문구 연희동 130-2 연락처 02-6406-8777 영업시간 09:00 - 18:00(일휴무)

알레그리아커피로스터스(건대CG점)

(37.54138, 127.0656)

JH 건대입구역 커먼그라운드에 위치한 "알레그리아 커피 로스터스". 커먼그라운드 3층 옥상에 위치해있어요. 날씨가 풀려서 야외에 앉았는데, 분위기도 좋고 날씨도 좋고 커피도 좋아서 그냥 다 좋았어요 :) '플랫화이트'. 오 맛있어요!! 꽤 묵직하면서도 진한 맛의 플랫화이트에요. 제가 딱 좋아하는 커피였어요. 라떼 아트도 예쁘고, 폼도 오밀조밀한게 아주 마음에 들었어요!! 맛있는 커피는 후딱 마셔버리는 편인데, 여기 커피도 맛있어서 나오자마자 다 마셔버렸네요ㅎㅎ 내부가 넓지 않아서 자리가 많지는 않았어요. 오히려 날씨 풀리면 야외에서 마시는 게 훨 나을 것 같아요. 친절하셔서 좋았어요. 전 몰랐는데 후기 보니 ~원에 아메리카노 리필 된다고 하니 놓치지 마세요~ 2017-03-15

songpyun 맨날갔던 커피집보다 새로운곳 가보고 싶어서 온 곳!!! 카페 분위기나 인테리어도 만족스럽당! 음료는 아포가토랑 플랫화이트 시켰는데 플랫화이트는 진하고 고소한맛~ …재방문 의사 있음!! 2017-05-20

키다리아저씨 커먼그라운드 오픈 이후부터 가끔씩 이용했던 커피집이 지금은 엄청난 평점으로 자리 잡고 있어서 놀랍다^^ 앉을 좌석이 여유로운 곳은 아니지만 느낌은 충만한 장소~ … 테이크아웃이 아니라면 매장에서 꼭!!! 리필해서 마시길~~^^ 어떤 커피의 메뉴를 마시던 리필은 ~원으로 아메리카노를 주니 아주 좋다^^ 그렇게 따지만 가격이 괜찮은 수준이 아닐까??~ 풍미도 진~하고 고소하지만 산미도 은은하게 느껴지니 좋다. 처음에 플랫화이트 & 바닐라라떼를 주문하고 마셨고~ 다마시고 난 뒤에 리필을 해서 아메리카노로 입안을 깔끔하게 정돈하였다^^ 하루평균 3-4잔은 기본으로 마시는 나이기에 커피맛도 중요한 편인데~ 여기의 커피 수준은 만족하는편이다. 주변에 플랫화이트를 처음 드셔 보신다는 어떤분이 먹어 보고는 이게 뭐야..윽~써;;맛없네...이러는걸 보니 참 안타깝게 느껴진다ㅠㅠ 사람들이 요즘 플랫화이트나 코르타도 같은 음료에 대한 리뷰나 정보들 때문인지... 말만 들어보고 그냥 주문하시는 경우에는 자신의 입맛과 안맞을 수 있으니 주의하셨으면 좋겠다. 2017-02-24

주소 서울시 광진구 자양동 17-1 연락처 02-2122-1266 영업시간 11:00 - 22:00

챔프커피(2작업실)

(37.5325, 126.9928)

SERA 여태껏 한국에서 먹어 본 밀크베이스 커피중 제일 맛있었어요!!! 예전에도 카페 찾다가 여기 왔었는데 사람이 바글바글해서 결국 못 간 집이였는데 다시 보니까 아~ 여기가 챔프였구나! 이랬어요 ㅎㅎ 자리가 정말 많지않아요 ㅠㅠ 그리고 손님이 많아요! 테이트아웃 하시는 분들이 많더라구요 - 챔프커피 - 아이스 '플랫화이트' 이고 '토크 블랜딩' 으로 정했어요. 컵 사이즈는 작지만 저한텐 딱 적당한 사이즈였어요. 우유맛보다 커피맛이 더 강했어요! 원래 우유가 좀 두꺼운 느낌인데 물처럼 얇은 느낌 나서 쉽게 쉽게 넘어갔어요. 고소하면서 쓰지도 않았어요! 너무나 맛있었어요!!! ⋯ 다시 생각나는 커피와 쿠키 ㅠㅠ 2017-09-28

치킨너만있으면 여기가 바로 그 플랫화이트 맛있다는 그 곳인가. 두근반 세근반 들어가서 커피 주문하려는데 일단 매장을 가득 채운 커피 향이 킁가킁가 좋음. 날이 더워서 아이스 챔프커피(토크블랜딩)으로 주문하여 텔아웃! 플랫화이트 잔을 받자마자 이건 맛있겠구나 싶었다. 그도 그럴것이 매장 밖으로 나와 한모금 하려는 순간 잔에서 은은하게 퍼지는 원두의 강한 향! 그리고 한 모금했을 때 퍼지는 그 풍미! 후회 없는 한 잔 이었다. 2017-04-24

맛난거먹쟈 요즘 챔프커피 더더 유명해지고 있는걸로 알고 있어요 챔프커피(플랫화이트)를 토크원두로 마시는데 향은 적당한 산미와 마실때는 고소하면서 적당한 바디감, 마시고 입에 남는 향이 정말 좋네요! 여기 원두쓰시는 다른 카페들의 커피를 마셨을때 너무 맛잇게 먹어서 궁금햇는데, 저의 개인적 커피 취향으로는 매우 만족스럽네요bb 2017-01-16

하요미 많은 분들이 인생커피로 꼽는 곳. 플랫화이트 엄청 고소하고, 특히 여기는 크랜베리쿠키가 진리. 초코쿠키는 안 먹어도 될듯! 근데 자리가 너무 좁아서 정말 커피만 마시고 나와야하는 곳! 나중에 또 이태원 간다면 재방문 의향 만프로! 2017-05-06

주소 서울시 용산구 이태원동 79-44 연락처 010-8899-4516 영업시간 월~토 10:00 - 21:00, 일 12:00 - 20:00

컴플리트커피

MP

띵시

띵시

이진쓰

진리지안

도순

(37.59827, 127.0566)

😊 **진리지안** 정말.....너무너무너무너무너무 맛있어요....아이스 플랫화이트 시켰는데 딱 첫 입 마시고 너무 감동적이어서 5초동안 벽을 멍하니 쳐다봤어요ㅋㅋㅋㅋㅋㅋㅋ 진짜 진하고 고소하고ㅠㅠ한 모금 한 모금이 소중했어요 그리고 아무래도 대학가라 그런지 비싸지 않아서 더더더 좋은 것 같아요!! 장소는 조금 좁은데 그래도 깔끔한 인테리어+ 꽤 편한 좌석과 꽤 널널한 테이블 간격 때문에 답답한 느낌은 거의 없어요! 조만간 꼭 다시 찾아갈거예요ㅠㅡㅠ 2017-05-18

😊 **이진쓰** 친구가 좋아해서 더욱 맛있게 잘 먹은 컴플리트 커피. 플랫화이트(아이스) 2잔과 티라미수를 시켰어요. 저는 브라우니with아이스쿠림을 먹고 싶었는데 재료가 소진되었다고 하셔서 티라미수를 시켰지요. 플랫화이트는 커피와 우유의 발란스가 좋았어요. 산미가 거의 없으나 그래도 이 정도의 꼬수움이면 성공성공~! 티라미수도 맛있었어요. 마스카포네 치즈크림이 특유의 달달함을 가지고 있었는데 예전 이딸리아 여행 때 먹었던 그 티라미수가 생각나는 맛이었어요. 이게 그냥 설탕 단 맛은 아닌데 뭐라 말로 표현을 못하겠네요. 시트는 적당히 커피로 적셔있었어요. 전 조금 더 커피가 흥건했으면 좋겠다는 생각을 했어요. 커피맛이 별로 안났거든요. 커피의 쌉싸름한 맛과 크림의 크리미함이 딱- 짱짱히 조화를 이루는 건 아니었지만 그래도 굳굳! 2017-05-29

😊 **마이구미** 띵시님 리뷰보고 찾아갔던 외대후문 카페. 플랫화이트 시켰는데 갠차났어요. 티라미수도 맛있고!! 생각보다 공간은 크지 않아요. 앞으로 후문 카페는 여기 가게될듯 2017-01-27

😊 **밍도리** 재방문했어요!!! 여기 라떼맛을 잊을 수가 없어서 다시 다녀왔답니다 진짜 꼬숩꼬숩꼬숩고 찐한 라떼예요 플랫화이트로 먹었다가는 기절할 수도 있음(너무 꼬수워서) ㅋㅋㅋㅋㅋㅋㅋㅋㅋㅋ너무 맛있어요 2017-04-04

주소 서울시 동대문구 이문동 264-302 연락처 070-8873-0419 영업시간 월-금 08:00 - 23:00, 토·일 11:00 - 23:00

(37.56314, 126.9257)

프로홍익러 · 허니이 · 취향저격수 · 미농이 · 허니이

이진쓰 비엔나커피에 빠지게 한 곳! 너무 맛있었어요. 눈 튀어나오는 맛이어서 너무 감동했네요. 그 순간을 잊지 못해요. 한 겨울에 먹었던 그 달달하고 부드러운 씁쓸함.... 그냥 그 계절과 분위기도 한 몫한 것 같아요. … 아는 분은 여기 코코아?초코 비엔나커피를 좋아한다면서 추천해주셨는데 다음엔 그거 먹어보게요. 겨울에 방문했던 데라 사진이 음네...ㅠ ㅋㅋㅋㅋ 2017-10-21

정진관 비엔나커피 / 초코비엔나커피 친구가 추천해서 와보게된 연남동 카페..! 인테리어가 아기자기하다 ㅋㅋㅋㅋ 내부를 둘러보니 남자는 나뿐이라 뭔가 주눅... 내가 먹은 초코비엔나커피는 진짜 딱 내취향이었다 ㅋㅋㅋㅋㅋㅋㅋ 산미가 있는 커피인데 윗층의 초코크림이 싹 잡아줘서 산미가 크게 느껴지지않는 맛이었다..! 달달하고 먹는족족 살이찔거같은 맛이었다 ㅋㅋㅋ 크림도 나름 쫀쫀한게 괜찮았다 이걸먹고 그냥 비엔나커피를 먹으면 무맛이 날거같지만 그정돈 아니었다 ㅋㅋㅋ 비엔나커피의 크림도 달달했고 쫀쫀해서 맛있었다..! 꼭 재방문하고싶은맛 2017-08-27

프로홍익러 연남동 중국 식당들이 모여있는 사거리 쪽에 위치한 카페. … 비엔나커피가 유명한 곳인만큼 초코 비엔나커피(아이스만 가능)랑 아이스초코를 맛 봄. 비엔나커피는 위에 쫀쫀하면서 달달한 초코 생크림과 쌉싸래한 아메리카노가 잘 어울렸고 아이스초코는 무난했다. 가게는 산뜻한 화분들과 원목 가구로 아늑한 분위기인데 사람이 많을 때는 정신없다. 테이블 간 간격이 좁아서 주변 대화가 들리는데 단점. 2017-12-06

지현 초코비엔나커피 / 비엔나커피 초코비엔나커피라는게 초코맛이 커피에서 나는 줄 알았지만 크림이 초코였다!!!!! 특색있었고 달았다. 적당히 대화하기 쾌적한 공간에 담요도 준비되어 있다. 2017-09-11

주소 서울시 마포구 연남동 228-9 연락처 070-4244-2289 영업시간 13:00 - 22:00

(37.56908, 126.9862)

😊 **영구빵** 전부터 계속 가고 싶은 집이었는데 근처에 간 김에 바로 ㄱㄱㅋㅋㅋㅋ!! 삼층부터 카페인데 분위기 느무 조음 앤틱한 분위기 너무 맘에 들었어요. … 지금 모습이 훨씬 좋았어요ㅎㅎㅎㅎㅎ 비엔나랑 무슨 히비스커스 에이드 시켰는데 둘 다 맛있었음ㅋㅋㅋㅋㅋ 비엔나는 크림이 정말 와나 산미만 좀 덜 했으면 더 좋았을텐데 크림이 진짜 달고 너무너무 맛있음!!!!!! 반쥴 비엔나 진짜 짱짱 :):) 갠적으로는 커피스트 비엔나보다 맛있었음 … 2017-07-09

😊 **우주** 종로에 왔는데 근처에 있으면 꼭 들르는 카페. 알게 된 지도 오래 됐고 이것 저것 많이 마셔봤는데 티, 커피 모두 만족스럽다. 분위기도 번잡스럽지 않아 좋고 아지트 같은 느낌이라 자주 찾게 되는 곳.
2017-05-09

😊 **이건영** 비엔나 커피 주문. 커피가 막 맛있다 이런건 아니지만 여긴 분위기 때문이라도 와 봐야 할 곳. 메뉴도 상당히 다양하고 특히 차 종류도 많다 좋다. 2017-03-22

😊 **깹이** 대낮부터 막걸리에 취해 쉴 곳을 찾던 차, … 문을 열면 기분 좋은 향과 특이한 풍경이 눈에 들어온다 여러가지 수집품들이 참 많은데 열심히 살펴 보았지만 수집 기준은 도무지 모르겠다 낭만주의 화풍그림부터 지극히 동양적인 골동품까지 그게 참 매력적이다 차 맛 역시 괜찮았다 조금 시끌하긴 했지만 종각 쪽에서 이정도라면 만족한다 2017-05-07

😊 **감자고동** 분위기 굿 커피향 굿굿응답하라에 나왔던 곳이라 가면 많은 분들이 비엔나커피를 드시고 계셔요 ㅋㅋ 꿋꿋하게 아 아 먹었습니당 유명한 메뉴를 못먹어봐서 맛 평가는 잘 못하겠지만자리별로 콘센트가 3개씩 있고 의자가 편하다던가 하는 세심한 배려가 좋았습니다 저녁 때는 위층에서 공연하고 계시더라구요 나올때 음악소리가 둥둥둥사진 찍어도 너무 예쁘게 나와요 2017-05-21

주소 서울시 종로구 관철동 12-16 연락처 02-735-5437 영업시간 월-토 10:00 - 22:30, 일 11:00 - 22:00

코코아코

박지원

유디니

빵뚜아네트

이보나

(37.55595, 126.9036)

😊 **MadMaxMarMan**　무릎이 건강한 분만 입장 가능한 곳. 언제나 최소 30분 이상 웨이팅 기본. 클래시컬을 항상 들을 수 있는 곳. 창도 없는 지하에 위치하여 공기가 좋지 않아 오래있을 수 없고 너무 오래 기달려 기본적으로 아몬드모카자바와 아인슈페너 두 잔씩은 먹고 가는 높은 회전율로 엄청난 매출을 일으키는 망원동 카페 중 맛과 매출의 일등 카페. 무엇보다 여긴 커피가 너무나 맛이 좋다. 아인슈페너의 차갑고 달콤한 휘핑크림 속에 따스한 드립커피를 그대로 마실 때 완성되는 냉기와 온기의 조화 속에 어우러진 진한 커피향과 이상적인 당도는 지금껏 경험해보지 못한 새로운 세계. … 웨이팅이 무서우면 테익아웃도 가능하며 주차는 망원시장공영주차장을 이용. 2017-01-19

😊 **미루**　맛있는 커피의 기준ㅋㅋㅋ 커피가게동경! 여기 커피 먹고나믄 다른데는 뭔가 맛없게 느껴진다는 단점이 있다….. 글고 어느때가든 손님이 너무 많음.. 진짜 애매한 시간에 갔는데 웨이팅 잠깐하고 바 자리에 앉았다 여기서는 커피를 정성껏 내리는 장면을 볼 수 있어서 좋다!! 아인슈페너랑 아몬드모카자바 주문 맨날 아이스만 마시다가 따뜻한거 첨 먹어봤당 예쁜잔에 주시니 기분이 좋고! 역시나 맛있음.. ㅜㅜ 진하고 쌉싸름하고 고소하고 난리난리ㅋㅋ 진짜 맛있어서 약간 여운이 남는것 같다 아 근데 가까운데 왜케 잘 안가지는지ㅜㅜ 2017-04-07

😊 **박지원**　아인슈페너 + 아몬드 모카 웨이팅이 어마어마하다는 글을 워낙 많이 봐서 구경이나 해볼까하고 갔는데 자리가 있어서 얼떨결에 마시게 되었다 ㅋㅋㅋ … 일단 아인슈페너는 드립커피임에도 커피 맛이 굉장히 진하고 크림은 약간 달짝지근하면서 계속 구미를 당기는 맛. 만드는 과정을 직접 보는데 정성이 정말 가득 담긴다는 생각이 들었다. … 식기류도 다 너무 예쁘고... 소장하고 싶다.. 또 마시고 싶다 .. 2017-06-07

😊 **맛집사냥꾼**　아인슈페너 먹었어용! 커피가 산미없구 고소해서 너무 맛있었구 크림도 짱짱..! 웨이팅은 왠만하면 생각하셔야할거같아여 밥을 너무 일찍먹어서 1시 오픈이라 줄서서 기다렸는데 40분?쯤갔는데도 이미 5팀 정도 줄서서 기다리구 계시더라그여 ㅜㅜ 있는내내 웨이팅이 있어서 오늘 을어온게 행운이구나 해써요.. 2017-04-22

주소 서울시 마포구 망원동 410-1 연락처 010-8223-8213 영업시간 13:00 - 22:00(월,일휴무)

커피스트

(37.57279, 126.9694)

띵시 · 띵시 · 이야영 · 띵시 · 띵시

😊 **영구빵** 광화문에서 갈만한 카페가 없다고 생각될 때 가기 좋은 곳. 사람이 너무 많아서 자리잡기 어려운 게 흠이라면 흠이지만 그래도 계속해서 또 가고 싶은 집이당. 비엔나 커피를 시켰는데 컵이 너무 예뻐서 감ㅋ덩ㅋ 한모금 마셨는데 맛도 너무 좋아서 또 감ㅋ덩ㅋ 생크림이 진짜 맛있음 위에 꽃모양처럼 올려주신 것도 너무 예뻐서 한참 쳐다보다 마셨음 힝 방금 마시고 왔는데 또 마시고 싶당 … 산미나는 커피 별로 안 좋아하는데도 너무 맛있게 마셔서 기분이 너무 조타 아무래도 꽃힌듯 2017-01-23

😊 **쌤J** 성곡미술관 옆에 조그맣게 위치한 커피스트. 역시 유명해서 사람이 계속 꽉차있더라구요. 커피를 주문하면 매우매우 정성스럽게 만들어주시는데, 그래서 굉장히 시간이 오래걸려요. 드립베리에이션인 비엔나커피와 프렌치 카페오레를 시켰는데 비엔나가 정말 명불허전입니다. 진짜 비엔나에서 먹었던것보다 맛있었어요! … 2017-01-20

😊 **준영** 먹은지 좀 돼서 기억이 가물가물한데 정말 맛있게 먹었었어요! 비엔나 커피 마셨는데 크림도 적당히 달고 커피도 아마 살짝 산미 있어서 되게 좋아했던 것 같아요. 커피 잘 몰라서 이렇다저렇다는 못하지만 광화문에 온다면 꼬박꼬박 들르고 싶은 카페ㅎㅎ 2017-03-01

😊 **Hot_duckku** 비엔나커피가 일품임! 산미없는 커피가 너무 좋아요 ㅠㅠㅠ 부드러운 목넘김을 자랑하는 아메리카노는 요즘과같이 날씨좋은 대낮에 길바닥에 앉아서 먹기 제격!!!!!!!!!!!!!! * 성곡 미술관 전시보고 바로 가시면 베리 굿 2017-04-06

😊 **Capriccio06** 커피가 유명한 집인데 저녁 늦게 방문해서 처음으로 다른 음료를 마셔보았다. 크게 기대하지 않았는데 핫초코도 진하고 애플 시나몬티도 사과를 그대로 갈아넣은 것 같이 풍부한 맛이 나서 신기했다. 초코 케이크도 진한 초코 필링이나 적당히 부드러운 시트지 조합이 괜찮았다. 커피가 더 특별한 집이긴 하지만 카페인 없는 음료가 필요할때 선택할 만한 음료들도 괜찮은 것 같다. 2017-01-22

주소 서울시 종로구 신문로2가 1-335 연락처 02-725-5557 영업시간 월~토 10:00 - 23:00, 일 12:00 - 22:00

나무사이로

(37.57469, 126.971)

구현진 광화문 세종문화회관 뒷길에 위치한 오래된 한옥 카페. 심플한 외관과 달리 안쪽은 한옥으로 이루어져 있는 곳으로 분당에는 규모가 큰 카페도 가지고 있다. 이곳에 오면 먹는 커피는 드립인데, 매번 드립 커피 메뉴는 맛을 상상하기 어려운 예쁜 이름으로 지어져 있으며 주기적으로 바뀐다. (비록 설명이 메뉴판에 쓰여있음에도 불구하고) 내가 갔을 때 마셨던 드립커피는 그나마 예측 가능하다 믿었던 하이브리드 펄시. 정말 신기했던게 단순히 원두의 향미가 아닌 꽃과 열매의 향이 너무나 가득해서 상큼하고 향긋했던 커피. 커피맛이 너무 놀라워 함께 시킨 케이크는 딱히 임팩트 없었다. 분위기도 좋지만 카페의 연식 덕분인지 다양한 손님들의 방문도 마음에 들었던 곳이다. … 커피 머신으로 뽑아낸 커피가 아닌 스펙터클한 커피맛을 맛보고 싶다면 추천한다.
2017-10-03

써머칭구 한옥을 개조한 카페라 예쁘다 ! 핸드드립도 맛있었다 산미 적은거 추천해달라해서 '숲' 마심. 아이스아메리카노는 산미가 강했고 당근케이크는 그냥그랬음 ㅜㅜ 지금보니 별로라는 리뷰가 있네 역시 잘 읽고 시켜야하나봄 ㅠㅠ 밖에선 되게 작아보였는데 내부로 들어오면 은근 자리가 있다. 사람이 많았음에도 별로 안 시끄러워서 대화하기 좋았당 2017-08-31

DD 직접 볶은 신선한 원두의 커피를 맛볼수 있는곳. 전문가가 아니니 커피맛을 논할수는 없지만 맛있게 마셨다. 무엇보다도 분위기가 너무 좋고 이야기 나누기도 더없이 좋았다. 또 가고싶다. 2017-02-18

별이 누구나 좋아할 아늑한 그런 공간. 밖에서 보기엔 그냥 그런 카페처럼 보이지만 안으로 들어가보면 새로운 공간이 펼쳐진다. 들어가기 전에는 모르는 공간이. 어릴적 읽은 소공녀동화에 나오는 것 같은 작은계단을 신을 벗고 올라가면 다락방같은 공간이 나온다. 사방이 트여있어 답답하지않고 바닥엔 시원한 나무마루가 깔려있다. 살갗에 닿는 나무의 온도가 선풍기를 틀어놓고 여유로이 누워자는 한숨 낮잠이 그리운 촉감이다. 리뷰와 판매하는 원두를 보니 광화문일대에서 커피로 유명한듯하다. 커피맛을 잘 평하지 못하는 나는 무난한 아이스 콜드브루를 마셨다. 커피도 좋았지만 공간이 주는 아늑한 맛이 더 마음에 들었던. 2017-05-22

주소 서울시 종로구 내자동 196 연락처 070-7590-0885 영업시간 10:00 - 22:00

(37.54656, 127.0416)

😊 **키다리아저씨** 저번에는 라떼 종류를 먹어서 괜찮았지만~ 이번에는 스페셜티 중 k-72 선셋 게이샤커피를 주문하고~ 기본 아메리카노와 맛을 비교하며 마셨다. 확실하게 비교 될 만한 향과 맛 ~ 무화과 비슷한 향이 은은하게 나면서 산뜻하고 질감도 너무 가볍거나 무겁지 않게 적정한 느낌이였으며~ 약간의 산미와 신맛단맛을 적절하게 느끼기 좋아서 만족스럽다. 개인적으로 센터커피에 가게 되면 스페셜티 종류로 주문해야할듯!!^^ 2017-05-13

😊 **준영** 이렇게 산미 짱짱한 커피 너무 그리웠어요ㅜㅜ 예가체프 싱글 오리진으로 마셨는데 만족스럽네요ㅎㅎ 같이 올라오는 향이 뭔가 오묘하긴 하지만 그래도 좋아요~ 빵은 어떻게 사오는건지 몰라서 못먹었어요...헝 옆가게에서 사오는 것 같기도 하고... 다음에 또 먹으러 오겠죠..? 날씨가 좋아서 그런지 사람이 엄청 많네요! 2017-05-19

😊 **Kristine.C♥** 지난주 주말 오후에 갔는데 센터커피엔 생각보다 사람들이 바글거리지 않아 좋았어요! 라떼도 맛있었구요~~ ··· 센터커피에도 간단한 디저트 있으면 좋을텐데 생각했어요! 센터커피만의 굿즈도 꽤 다양했는데 심플하고 모던한 스타일! 에코백이 크고 좋았는데 가격대는 좀 있더라는~~ 2층 야외보다 전 서울숲이 바로 보이는 하이테이블 자리가 명당이라고 생각되요! 채광도 잘 들고 넘나 좋았어요 여기 2017-05-04

😊 **MJ** 서울 숲 근처의 핫한 곳 센터커피!! 근처 갤러리아 포레에 전시보러 가는 길에 들려봤습니다 :) ··· 커피는 라떼시켜봤는데 좀 비싸고 양이 적어서 아쉬웠지만 맛은 좋더라구요! 추천하시는 베이직? 원두 골랐더니 산미가 좀 있는 편이었는데도 맛있어서 잘 마셨어요! 근데 양이 적어서 ㅠㅠ 커피 리필 되면 좋을텐데 아쉬워용.... ··· 근데 뭐니뭐니해도 여길 다시 찾는다면 무엇보다 공간 때문일듯 해요! 붐비지 않는 평일 오후에 이층 바자리에 앉으니 바로 창문 아래로 서울 숲이 내려다보이고 막 매미소리도 들리고 해서 엄청나게 기분이 좋아지더라구요 ㅠㅠ 약간 더운날이었지만 창문 다 개방해두신 것이 전 오히려 좋았어요 어쩐지 바람도 좀 불고 공기도 신선한 느낌이랄까요..! 초록의 효과 ㅋㅋ 콘센트도 넉넉해서 작업하기에도 좋았구.. 머무르는 동안 정말 좋은 시간 보냈어요! ··· 2017-05-04

주소 서울시 성동구 성수동1가 685-478 연락처 070-8868-2008 영업시간 10:00 - 21:00

(37.54583, 126.9184)

😊 **JH** 합정에 위치한 카페 "앤트러사이트커피로스터". '무연탄'이라는 뜻의 이름답게 공장공장한 느낌이에 요. 빈티지한 힙!의 공기로 가득한 공간. 실제로 합정점은 신발공장을 개조한 걸로 유명하지요. 좋아요 :) '아이스 아메리카노'. '나쓰메 소세키' 원두로. 앤트러사이트는 자체적으로 로스팅을 하는 로스터리 카페면서 블 랜딩도 해요. '도련님'(안 읽어봄), '나는 고양이로소이다'로 유명한 일본의 소설가 '나쓰메 소세키'의 이름을 가져 왔네요. 에티오피아, 콜롬비아, 과테말라 원두의 블랜딩. 신선하고 경쾌하지만 마냥 가볍지는 않아요. 산미가 꽤 강 한 편이었는데 개인적으로 즐겁게 마셨어요. 앤트러사이트 원두는 다른 카페에서도 보이곤 해서 몇 번 마셔봤는 데, 요 분위기에서 마시니 또 느낌이 다르네요ㅎㅎ '레몬 마들렌'. 앤트러사이트 한남점에서의 몇 번의 베이커리 실 패로 기대를 전혀 하지 않아서인지 생각보다 괜찮았어요. 달콤한 아이싱으로 코팅된 마들렌 글라세였는데 상큼해 서 커피와 잘 어울려요. 천장도 나름 높고 내부도 넓어서 좋았어요. 컨베이어 벨트를 인테리어 소품으로 사용한 건 정말 감각적이네요. 회색회색한 우중충한 전체 분위기와 강렬한 빨간색 드리퍼의 대비도 돋보여요. 점심 시간 조 금 지나니 사람도 엄청 많아지네요!! 2017-04-26

😊 **지슈** 묘한 느낌의 창고형 카페창고를 개조한 카페인데 분위기 정말 좋다 원두 종류도 다양해서 원하는 걸 골라서 마실 수 있다 윌리엄 블레이크 아메리카노 - 쓰지 않고 고소한 맛이 강했다 아메리카노 써서 안좋아하는 사람도 무난하게 잘 마실수 있을 것 같네! 완전 골목 안에 있어서 찾아가기 좀 복잡하지만, 분위기 정말 좋고 맛도 좋아서 여러모로 들려서 즐기기 좋은 곳 같당ㅋㅋ 2017-11-17

😊 **준영** 예전에 방문했었을때는 자리도 없고 왠지모를 기에 눌려 다시 나왔었는데 이번에는 햇빛도 쨍쨍하 고 사람도 거의 없어서 좋았어요! 다른 카페에서 몇번 시도해본 버터팻트리오로 베이비라떼 주문했 어요. … 역시 근원지?매장?에서 먹는건 너무너무 맛있네요!! 산미가 강하게 느껴지는건 아니지만 쓴맛도 없이 정 말정말 꼬수워요! 플랫화이트는 항상 맛있을수록 양이 적게 느껴져서 슬프네요... 레몬 휘낭시에도 주문했는데 기 대를 안해서 그런지 꽤 맛있었어요!! 상큼한 글라쎄는 항상 옳아요:) … 문닫아서 갑자기 간 곳이지만 그래도 정말 만족스러웠어요! … 2017-05-14

주소 서울시 마포구 합정동 357-6 연락처 02-322-0009 영업시간 월-토 11:00 - 24:00, 일 11:00 - 23:00

(37.54103, 126.949)

😊 **쌤J** 분위기도 좋고 커피, 빵 모두 맛있었던 프릳츠. 한옥느낌의 카페인데, 들어가보면 감각적으로 인테리어를 잘해놓으셨다 원래 산미가 강한 커피를 좋아하지 않는 편인데, 이곳은 산미가 나면서도 희한하게 엄청 맛있었다! 기분 나쁜 산미가 아닌 뭔가..상큼한 맛이라고 해야하나? 라떼도 부드럽고 좋았다. … 주말에 가면 사람이 너무너무 많던데, 조금 한적한 시간에 가면 훨씬 더 기분좋은 시간을 보낼수있을것 같다~ 2017-02-11

😊 **JENNY** 프릳츠, 프릳츠 말하고 듣기만 했다가 드디어 다녀왔어요. 프릳츠는 공간이 차암 멋진 것 같아요, 앤티크하면서 힙해요. 이미지를 참 잘 만든 것 같아요. 너무 귀여운 프릳츠 바다사자..(?) 요기 "아이스라떼" 너무 맛나요~ 우유가 들어가서 그런가 산미가 그리 느껴지진 않았고, 고소하기도 하고 발란스가 좋았어요. 그에 반해 "아이스 아메리카노"는 산미가 꽤 세네요. … 2017-07-22

😊 **MJ** 넘나 유명하고 넘나 귀여운 프릳츠... … 와 근데 평일 낮인데도 사람이 어찌나 많은지;; 문가 자리에 겨우 앉아서 자리 나기를 한참 기다렸네요 ㅠㅠ 요기 매장은 오랜만에 방문했는데 뭔가 더 귀여워진 느낌입니다 역시 프릳츠는 마스코트가 반은 한다?!? 물론 커피도 맛있게 마셨습니다 ㅋㅋ 원래는 고소한걸 더 좋아하지만 이 곳의 산미가 있는 라떼도 맛있었어요! 마들렌도 먹어봤으나 평범하였음... 옛날 합정에 있던 오븐과 주전자 빵집 사장님이 거기 접으시고 여기 베이커리로 들어오셨다고 들었는데 그때 좋아하던 빵들 허니 고르곤졸라 이런거 너무 먹고 싶다..... 이 날 비가 왔는데 건물 특유의 분위기며 오픈된 키친에서 달그락 달그락 치익치익 일하시는 공기가 전해져서 뭔가 아늑하고 포근한 느낌이었습니다 예상치 못했던 뜻밖의 노스탤지아를 느끼며.... ㅋㅋ 이젠 테라스에 앉아도 좋은 계절이겠네요! 조만간 또 가야겠다는 :) 2017-08-29

😊 **망고푸딩** 빵이란 빵은 다 맛있다. 점심시간이 지난 시간에도 사람들로 북적이는 빵카페 블루베리파이는 달짝 지근한 블루베리가 넉넉히 들어가 달콤하면서도 풍미가 느껴졌다. 버터도 맛있고해서 하나 더 주문해서 먹었다. 올리브가 통으로 들어간 치즈빵도 맛있을수밖에 없는 조합이었다. 초코스콘도 맛있었다. 이집은 버터가 유난히 맛있어서 그런지 다 맛있었다. 크로아상빵에 햄치즈 조합도 판타스틱했다. 아메리카노와 카페라테를 주문했고, 이제 커피도 적응을 해나가고 있다. 머하튼 간만에 신나게 빵빵거리며 빵부림을 한듯하다. 2017-09-25

주소 서울시 마포구 도화동 179-9 연락처 02-3275-2045 영업시간 월~금 08:00 ~ 23:00, 토·일 10:00 ~ 23:00

(37.54616, 126.9198)

 쾅뎅　1.인생라떼 2.훈훈한 바리스타 …‥. - 1.라떼가 인생급이다. 자칭 커피 잘 모르는 '커알못'인데 여기 라떼는 정말 내 인생에서 제일 맛있었다. 원두도 정말 다양해서 고를 수 있는데 라떼와 잘 맞는 원두를 추천해줘서 먹어봤는데 진짜 맛있다. 라떼가 우유와 커피가 꼬소할뿐 아니라 어딘가 카카오..쵸콜렛향이 난다. 보통 원두 설명서에나 카카오향이 난다는거 보긴 했는데 정말 맛으로 느껴지니 정말 신기했다. 산미도 있으면서 부드럽고 고소하다. 2.바리스타가 훈훈하다. 거기다가 낮은 중저음 목소리에 손님과 도란도란 얘기까지 잘 한다. 그래서인지 그 좁디 좁은 카페..거기다 의자까지 불편한데 온통 여자손님들이 들어앉아 나올줄 모른다. 바리스타 오빠..(내양심 안녕..)가 여자손님들 한명한명과 도란도란 얘기하는 장면이 마치 아이돌 팬미팅 현장 같았다. 나역시도 그 안에 뒤섞여 간만에 흐뭇하게 심신을 정화하고 옴..(남편미안..) 남자들도 많이 왔는데 다 테이크아웃하고 갔다.....; 3.가격이 정말 착하다.... … 아마 지금 카페가 원두 쇼룸의 형태고 정식 카페가 아니어서 그런듯 싶다. 그리고 장소도 협소해 자리도 6자리? 정도밖에 없어서 그렇지 않을까 싶다. 결론은 상수오면 꼭가보세요...ㅋㅋㅋㅋ
2017-04-03

 김모찌　커피 넘 맛있는데 가격까지 저렴해요!!!!! 단점은 자리가 잘 안난다는 것 … 들어가면 바리스타가 취향을 물어보고 추천해주세요. 그리고 원두의 설명이 적힌 카드까지! 여기는 라떼도 맛있고 그냥 더치도 아메리카노도 맛있네용. 간만에 맛있는 커피 마셔서 두 잔 먹고 그 날 잠 못잠(ㅎ_ㅎ) 제가 올해 마지막 Hunkute라는 원두 마셨어요. 1년은 지나야 다시 나올거래여ㅎㅎ 균형적인 맛에 약간 산미가 있는데 맛있었어용. ~마지막 주인공 나야나~ 워낙 사근사근 친절히 설명해주시고, 얼핏 보니 자주 오는 단골고객은 다 외우시는듯 하니 여자손님이 많을 수 밖에...! 작지만 복작복작할 수 밖에 없는 공간이네용 2017-10-06

 subing　끄앙 맛있다. 오랜만에 내 취향 커피 마셨다ㅠㅠ 화이트/블랙 두가지 있는데 부드러운 라떼가 땡기는 날이어서 화이트로. 꼬소하고 약간의 산미가 있는데 밸런스가 너무 좋다ㅠㅠ 완전 부드럽고 그 와중에 또 진해서 부족한 게 없었다! 바리스타분도 너무 친절하게 둑스원두에 대해 설명해주셨다. 약간 훈남 st. 공간은 작지만 위치도 그렇고 아직 소문이 덜 났는지 손님은 한 분? 난 자주 가야지! 2017-02-18

주소 서울시 마포구 당인동 24-11 연락처 02-333-2121 영업시간 월~금 08:00 - 17:00, 토 11:00 - 17:00(일휴무)

테일러커피 (서교2호점)

혀니이

프리즘

박지원

subing

퐁끄

(37.55388, 126.9276)

지슈 취향저격♥ 코코넛 프레도 - 코코넛 좋아하는 사람은 정말 좋아할 맛이다!! 코코넛 밀크에 에스프레소 쉐이킹이 올라간 음료. 첫입은 코코넛 밀크의 달달함과 진한 풍미?가 느껴지면서 에스프레소랑 섞이며 고소하고 기분 좋아지는 기분 좋아지는 달콤한 라떼로 변신한당ㅋㅋ 요즘같이 더워서 짜증지수 높을때 이 거 마시면 스트레스가 사르르 녹을것 같당ㅎㅎㅎ 동굴같이 깊은 보이스의 직원분이 친절히 종류별로 설명해주셨 고, 추천받아서 코코넛 프레도로 주문했다! 완전 대성공!!!ㅋㅋㅋㅋ 매장 분위기도 정말 좋고, 바리스타분들의 섬 세한 손길을 보고 있자니 전문가 느낌 마구 뿜어져 나온다.테이크 아웃하면 할인해줘서 짱좋았다! 아인슈페너, 크 림모카 등 유명메뉴들도 많아서 다 마셔보러 또 가고싶다!! 2017-07-26

지원쓰 2호점이 분위기가 제일 좋다고 해서 여기로 방문. 분위기는 좋았으나 생각보다 자리는 많지 않 았다. 평일 2시쯤이었고 웨이팅은 없었다. … 가장 기억에 남는건 코코프레도. 신기한 맛이었는 데 코코넛 향이 너무 잘 어울림....ㅠㅠ 친구가 다른 것도 궁금하다고 크림모카 주문했는데 생각보다 많이 달지 않 고 진해서 좋았다. 하지만 최고는 코코프레도 ㅎㅎㅎㅎ 나중에는 코코프레도 테이크아웃해서 먹을거당 ㅎㅎㅎㅎ 2017-03-28

eksk@.@ 원샷커피. 테이크아웃 추천. 내부가 굉장히 복잡하고, 사람이많고, 화장실은 하나고, 테이크 아웃을 하면 할인된다니! … 고소한커피를 좋아한다면 추천이닷 나름의 향미도 있는데 강 하지않아서 호불호 잘 안갈릴듯한 맛. … 다음엔 크림모카와 카푸치노와 아메리카노와 음음... (친구가 사준대서 다 못먹어보고왔다 혼자왔음 두잔이상은 마셨을것. 재방문해야지~.~) 2017-01-22

지현 드디어 테일러커피를 와봤다. 이 근처에서 방탈출을 하러 오다가 한 시간정도 기다릴 곳이 필요해 테 일러커피로 들어옴. 오픈 시간이 11시 반이랬는데 11시 20분에 도착해서 문을 슬쩍 열고 혹시 들어 갈 수 있나요? 하고 들어와 기다렸는데 손님이 우리밖에 없었다! 10분 뒤에 유명한 크림모카와 아메리카노 진한 거..를 주문! 크림모카는 미쳤다! 차가운 크림과 달콤쌉싸름한 모카가 입안에서 미쳐날뛴다. 와 이건 미쳤다! 아인 슈페너도 먹고싶었지만 크림모카 완전 취향저격 ㅠㅠㅠㅠ 존맛탱 ㅠㅠㅠㅠ 2017-08-03

주소 서울시 마포구 서교동 338-1 연락처 02-334-0355 영업시간 11:30 - 23:00

(37.55377, 126.9323)

구현진 신촌역 7번출구에서 10분정도 걷다보면 주택가 골목에 자리잡아있는 커피집. 커피집이지만 '은 파피아노' 라 적혀있어 처음보면 잉? 하고 헤깔릴 수 있다. 드르륵 문을 열고 들어가면 하나의 공간에 커피 바가 왼쪽 귀퉁이에 자리잡고 있고 하얀 공간에는 중간에원두와 물잔을 놓아둔 테이블 외에 어떠한 테이블도 없이 사람들이 벽 쪽에 둘러앉게 되는 구조. 그 덕에 홀로 와서 커피를 마시는 사람이 꽤나 많다. 좋은 스피커 속에서 노래가 공간 가운데로 울려퍼져 고요하고 웅장한 느낌도 든다. 자, 이제 커피맛. 아이스 라떼를 시켰는데 무겁게 파고들지 않으며 적당히 맛있게 가벼웠고 약간의 산미가 느껴졌던 맛. 놀랄만큼 맛있었던 커피는 아니었지만 양도 그란데 수준만큼 크고 가격도 ~원 밖에 하지 않아 만족스러웠다. 원두도 구입 가능. 2017-09-13

JENNY 오랜만에 가서 "아이스 라떼" 마셨어요, 역시나 맛있어요, 커피! 산미없는 꼬소한 스타일의 라떼에요. 컵 다 안 채워주시는데, 다 채워주셨으면...너무 맛나니깐요ㅋㅋ 오랜만에 가도 음악은 좋고, 훈훈한 직원분들이 계시네요 ⋯ 2017-09-12

정진관 아이스 라떼 생각보다 저렴해서 놀랐고 앉는 자리가 겁나 불편해보여서 두번 놀랐다ㅋㅋ 우유를 많이 넣어주시는지 완전 부드러웠고 원두는 약간의 산미가 나는 것을 쓰는 느낌이었다 라떼는 우유가 들어가기때문에 원두의 산미를 우유가 어느정도 잡아줘서 좋은것같다! 양도 되게 많고 맛도 있어서 좋지만 홀더는...ㅎㅎㅎ 다른걸로 바꾸시면 뭔가 더 좋을거 같다는 생각이 든다 2017-05-03

허니이 인생 라떼라 하면 여기일 듯! 주택가 골목 속, 피아노 학원 간판에 테이블도 없고 LP 턴테이블에서 노래가 나오는 세상 힙한 ㅋㅋ 카페. 사실 큰 기대 없었는데 넘 맛있게 마셨어요. 한 입 딱 마셨는데 카푸치노인 줄! 밀크폼이 깊고, 기포도 없이 쫀쫀하네요. 바리스타님 스킬이 대단하신 듯. 커피도 산미 없고 부드러웠어요. 손님도 많지 않아서 여유로운 느낌의 카페였고 가격도 넘 착해.. 자주 갈 것 같네요! 날이 추워지만 ^^; 경의선숲길 산책 올 때 가면 좋을 것 같아요. 2017-11-10

주소 **서울시 마포구 창전동 2-47** 연락처 **070-4108-3145** 영업시간 월금 **08:00 - 18:00**, 토·일 **11:00 - 18:00**

(37.53032, 126.997)

😊 **참조기**　한창 라떼를 좋아하던 때에 찾아간 곳. 무시무시한 이름과 달리 내부는 생각보다 아기자기하고 아늑했다! 약간 험상궂...게 생기신 바리스타분이 직접 테이블에 에스프레소와 스팀밀크를 가져오셔서 라떼아트를 해주신다. 그것도 사랑스러운 하트를 그려주신다...♥ 그리고 무조건! (사진도 찍지말고)입부터 갖다대라고 하신다. 솔직히 이 포인트에서 매우 감동이 밀려옴. 개인적으로 카페 알바를 좋아했던 이유중 하나가 스팀밀크를 바로 먹는 재미때문이었는데... 그래서 따뜻한 라떼를 바로 먹지 않는 사람들을 보면 안타깝고 그랬는데..!!! 그 마음이 딱 느껴지니 바로 들이켰다. 촘촘하고 부드러운 우유폼이 생크림보다도 달게 느껴진다. 진짜로.ㅋㅋㅋ 그리고 또 다른 대표메뉴인 융커피를 먹었는데, 글쎄, 라떼와 드립커피같은 부드럽고 밸런스 좋은 커피를 좋아하는 나로써는ㅜㅜ 특이하고 개성은 뚜렷한데, 취향이 좀 아닌 것 같았다.ㅎㅎ 커피의 모든 맛을 낱낱이 파헤쳐 물에 풀어둔 것 같은 맛? 분위기, 커피맛, 서비스 등으로 또 가고싶은 카페. 다음에 가면 또 라떼를 먹을것이다!
2017-07-05

😊 **마요가지**　라떼, 아이스카라멜마끼아또, 티라미수 별점에 기대해서 갔는데, 예상외의 소박함과, 불친절함과, 의문의 강황??냄새와... 그 셋을 극복해내는 라떼맛에 놀라고 왔습니다. 일단 이태원 가구거리 쪽에서도 꽤 들어가야합니다. 가게도 작은편이고요. 하지만 특유의 분위기가 있어요. 미드에 나오는 예술뽤 넘치는 사람들 여럿이 차고에 작업실을 만들면 이런느낌이지 않을까 하는 분위기에요. 헬라떼와 라떼중 고민했는데 헬라떼가 더 진하다하셔서 그냥 라떼로 주문했습니다. 근데 주문 잘한거같아요. 일반라떼도 충분히 진합니다. 라떼에 폼이 없이 나오는데 우유가 폼인가 싶을정도로 부들부들 고소해요! 카페가면 라떼 핫만 시키는 남친도 만족! 꼬소오오오오꼬소꼬소오 'ㅅ'~~ 이런느낌이래요. 여튼 라떼의 부드러움에 만족했어요! … 리뷰에서도 친절하다 불친절하다 말이 갈리는데 제가 갔었을때는 불친절하셨습니다 ㅎㅎㅎ...ㅠ 2017-07-11

주소 서울시 용산구 보광동 238-43 연락처 070-7604-3456 영업시간 월-금 08:00 - 22:00, 토-일 12:00 - 22:00

(37.54579, 127.0731)

😊 홍초 여긴 개인적으로 유명해지지 않았으면 할 정도로 완전 소중한 건대 맛집인데 최근에 너무 입소문을 타서 사람이 바글바글하다ㅠㅠ 우선 위치가 뭐 이런곳에 있지? 싶을 정도로 눈에 안띄는데 막상 들어가면 넓고 편한 자리와 조용하고 깔끔한 분위기에 감동받는다. 그래서 대부분 조용하게 이야기 나누거나 공부하러 혹은 데이트하러 오는 손님들이 많음! 음료의 종류가 굉장히 다양한데 특히 마가 들어간 쉐이크가 색다르고 굉장히 맛있었다. 물론 다른 차종류나 커피도 어디가서 꿀리지 않을 정도로 맛있음! 차를 시키면 서비스로 주시는 미니약과 덕분에 기분도 좋아진다. 식사류도 판매하는데 카페에서 파는 밥이라기엔 너무 맛있고 퀄리티도 좋으니 한번 시도해보는 것도 좋을듯하다! 건대 카페 중 나만 알고 싶은 카페 1위ㅠㅠ 2017-03-11

😊 함나함냐 아카시아꽃차를 마셨어요! 처음 마셔보는데 꽃향이 진하지 않고 라벤더차 비슷하니 좋네요. 심심풀이로 주는 미니약과도 잘 어울리구요^^b 입구는 좀 오래된 고시원 건물이라 그런지 썩 쾌적하지 않지만 내부 인테리어가 상대적으로 굉장히 아늑해요. 재미있어 보이는 책들이 여러가지 많이 진열되어 있고 배경음악은 감미로운 피아노 재즈연주 같은 노래가 나옵니다. 조명은 그리 밝은 편이 아니라 공부나 일하기는 어려울거 같고 얼굴보며 하는 다정한 대화하기 좋은 공간 같아요~ 2017-12-09

😊 퐝뎅 정말 감성적인 분위기의 다방이다. 달콤한 선곡, 취향의 책들, 느낌있는 그림들까지 빠짐없이 감성을 자극한다. 거기에다 새까지 키우시는.. 왠지 모르게 동화책 한장면 같은 느낌의 카페란 생각이 들었다. 주인분도 엄청 푸근하게 맞아주시고.. 처음와본 카페인데 여러번 와본 카페같은 느낌이다. 여기서 유명한 메뉴는 수정과빙수,마셰이크 등 전통재료를 응용한 카페메뉴인데 마셰이크가 어디서도 볼 수 없는 메뉴라 독특하여 시켜보았다. 맛은 진짜 마에 우유를 갈아넣은 맛인데 부담없이 먹기 괜찮다. 막 달콤하지는 않지만 적당히 몸에 좋고 허기를 채울 수 있는 셰이크 느낌. 서비스로 준 미니약과도 곁들여 먹으니 굿굿. 근데 왠지 느낌이 건대미대생들의 과방인듯한 이곳..-_-ㅋㅋㅋ.. 모두 다 기말과제중.. 코드들도 많아 노트북 갖고와서 느긋하게 작업하며 빙수먹고 싶은 아늑한 카페다. 2017-12-18

주소 서울시 광진구 화양동 94-7 연락처 02-466-4778 영업시간 13:00 - 23:30(화휴무)

미댕

땡시

정은주

미댕

Alex★

(37.57331, 126.9861)

김별 반짝반작 빛나는 친한 지인의 추천을 받아. 예전부터 가고싶던 카페였는데, 우연찮게 들르게 되었다. 카페의 위치는 인사동이고, 카페의 메뉴와 분위기, 카페의 방향성이 인사동의 분위기와 매우 걸맞았다. 팥빙수 팥을 직접 삶는다고 들었는데, 정말 맛있다. 나는 팥을 싫어하지 않지만, 같이 간 지인은 원래 팥을 싫어하는데 이건 나쁘지 않다고 하였다. 빙수의 결고 곱고 우유로 만들어서 밍밍함이 없고 고소함과 깔끔함이 어우러졌다. 먹어보면 연유. 팥. 우유 만을 이용해 만든 것 같은데 기본적인 베이스로도 맛있는 팥빙수를 만들 수 있다는 갈 보여준다. 유자스무디 입자가 정말정말곱다. 단점이 있다면 그만큼 빨리 녹는단 것? 유자스무디가 생소해서 고민했지만., 생각했던것 보다 유자와 스무디는 잘 어울렸고 향이 좋아서 만족스러웠다. 구운인절미 이 곳에 와서 한번쯤 꼭 먹어보라 추천하고 싶은 메뉴이다. 왜? 그정도로 맛있나..? 라고 물어본다면 그건 아니지만, 독특하고 맛보기 힘든 메뉴기 때문이다. 집에서 구우면 될 것 같은데, 인절미 안에 공기를 포집한 듯. 공갈빵을 형성하는 모양으로 전혀 집에서 만들 수 없는 비주얼이다. 부드럽고 찍어먹는 조청도 맛있다. 먹을때는 엄청 맛있다고 생각하지 않았는데, 먹고 난 후 가끔가끔 생각나는 간식거리다. 집 앞 편의점에서도 팔면 좋으련만... 이거 먹으러 다시 가봐야 할거같다ㅠ 반짝반짝 빛나는에서는, 한국스러운 디저트를 만날 수 있다. 그래서인지 다른 카페보다 좀 더 정이 가고 꾸준히 잘 되었으면 하는 마음이 크다. 또 이런 걱정을 안해도 될 정도로 맛있고 메뉴 하나하나마다 애정이 담긴, 특징이 있었다. 아마도 한동안 쭉 잘될 유명한 맛집일 것 같다. 2017-11-29

구현진 인사동 거리에 있는 전통 찻집. 2층에 위치해 있으며 테이블석과 방안의 좌식석을 고민하다 좌식석에 앉았다. 주문했던 차는 매실차와 모과차. 당연할수도 있겠으나 전통 찻집이라 그런지 모든 차의 청들은 직접 담근 깊은 맛을 가지고 있었다. 매실은 너무 달지 않고 오히려 집에서 만든듯한 쌉싸름함을 동반하였고, 모과차도 얇게 썬 모과가 푸짐히 들어가 한 잔 다 마시고 물을 리필해서 슴슴하게 먹는 맛도 꽤나 괜찮았다. 음료 가격대가 싼 편은 아니지만, 중년 여성분들의 친절한 응대도 좋고, 인테리어와 소품들도 소소하게 예쁘다. 게다가 2층의 양쪽 모든 공간을 사용해서 좌석도 넉넉하므로 붐비는 인사동에서 소란스럽지 않은 곳에서 휴식을 취하거나 대화를 나누고 싶을 때 방문하면 좋다. 2017-10-29

주소 서울시 종로구 관훈동 6 연락처 02-738-4525 영업시간 10:00 - 22:30

허니골든 / 띵시 / 띵시 / 띵시 / 띵시

(37.48175, 126.9835)

MJ … 사당 근처의 보물 같은 곳이죠- 예전에 한번 가본 이후 마음에 들어서 여러번 갔었는데 이 날 오랜만에 차 사진을 찍었네요 연말의 주말이었는데 사람이 별로 없더라구요! 그래서 친구랑 전세낸 듯 한~참 있으면서 차를 무려 두 잔씩 마셨던 ㅋㅋㅋ … 주문은 겨울 스페셜 음료에서만 해봤는데요, 이름을 다 잊어버렸네요 ㅠㅠ 처음에 마셨던건 마치 뱅쇼같은 느낌이 나는 ㅋㅋ 몸을 따뜻하게 덥혀주는 차였어요- 시나몬 스틱을 담가주셔서 겨울 느낌 물씬! 친구는 밀크티 종류중에 시켰는데 초코렛을 담아주셔서 자연스레 녹으면서 섞였어요.. 그리고 제가 두번째로 주문했던 차는 사진 속 노엘이라고 적힌 예쁜 통안의 저 차였는데... 무려 은색깔 가루가 보였던.. 차 색깔도 오묘하니 예쁘죠? … 티에리스 진짜 너무 좋아요 ㅠㅠ 2017-01-11

Seo Suyeon 1년 만에 재방문한 티에리스. … 피치블러썸 허니소다는 복숭아향과 단맛이 살짝 나는데 백차 베이스라 깔끔한 맛이었고, 다크나이트 아이스밀크티 역시 보이숙차에 흑당을 추가해 약한 단맛과 자극적이지 않은 계피맛이 깔끔한 음료였어요. 여기 음료들은 많이 달지 않고 깔끔해서 입안이 텁텁해지지 않는 게 좋네요. 다음에 디저트나 애프터눈티세트를 노리고 다시 와야겠어요:3 2017-08-28

songpyun … 나는 엄청 유명한거같아서 꽤 큰 까페인줄 알았는데 작고 아담한 카페이다 ㅋㅋㅋ 그리고 엄청 골목에 있음 ㅋㅋㅋㅋㅋㅋㅋ 그래서 좀 놀램 ㅋㅋㅋ 메뉴판 보니까 차 종류가 엄청 많아서 선택장애가 왔다 @.@ 진짜 엄청 많음 ㄷㄷ 밀크티(무슨 밀크티인지 기억이 안남)홍차(이름뭔지 까먹음) 루이보스 민트티 시켰는데 오 역시 차를 전문적으로 취급하는 곳이라 그런가 밀크티도 정말 깔끔하게 맛있었고 나머지 차도 다 맛있었어 그리고 다기랑 디저트 나오는 그릇도 이뻐서 보는 즐거움도 있었당 ㅋㅋㅋㅋ … 크으 유명한데는 이유가 있었다 옆 테이블에선 애프터눈 티 세트 먹던데 개마싯서 보였다 ㅠ 나도 돈 많이 벌어서 애프터눈 티 세트 먹어야지 다음에는 ㅠㅠ 2017-09-24

주소 서울시 서초구 방배동 456-2 연락처 02-6013-8899 영업시간 12:00 - 22:00(화휴무)

(37.5268, 127.041)

😊 **스텔라 정** … 예쁜 인테리어에 눈길이 가서 발견하게 된 카페 자리가 없어서 몇번이나 그냥 돌아와야 했었는데 9시가 넘어서 갔더니 간신히 빈 자리 하나가 있어 들어가보았어요. 안에 들어가니 밖에서 예상했던 것과 달리 리조트처럼 자유롭게 배치된 가구인테리어가 눈길을 끌었어요. 진열된 다기 등은 전부 판매가능한 것이라고 하네요 차는 종류를 선택하면 전통방식 그대로 말린 찻잎을 넣고 팔팔 끓인 다음 서브되는데 아주 고소하고 맛있는 세작을 맛볼 수 있었어요. 상큼한 유자프룻티, 자몽주스도 모두 다 좋았어요. 다음 방문엔 요거트와 스콘에 도전해볼 예정입니다. 2017-08-06

😊 **김모찌** 차알못이라 차잘알 친구 꼬셔서 다녀왔어요!!ㅎㅅㅎ 저는 세작차 아이스를 마셨는데 뭔가 고급진 녹차맛…! 녹차의 풍미가 강해여 특유의 그 씁쓸한!! 차는 정말 1도 몰라서 이정도가 제 한계.... 요거트는 꿀넣어 먹으면 맛있어요ㅎㅎ 과일도 신선하고 요거트도 맛있고! 건강해지는 기분이 들어요~.~ 친구가 마신 감잎차는 홍차느낌이 약간 나면서도 새롭대요. 치즈케이크는 크기가 크고 치즈맛이 굉장히 진한데, 막 꾸덕하진 않아요. 위에 올려진 요거트하고도 잘 어울려요! 제 사진은 안예쁘지만 플레이팅도 예쁘고 분위기도 좋아요:). 2017-06-01

😊 **JENNY** 오랜만에 너무 맘에 드는 곳이에요!! 또또 가고픈 곳~♥ 공간이 크진 않지만, 정갈해요 전시되어 있는 푸드랑 식기 다 예뻐서 눈 돌아가요ㅋㅋㅋㅋ 큰 창이 있어서 날 좋을 때 가면 햇살을 느끼면서 차 마시기 딱 좋죠 근데 사실 비오는 날도 좋을 것 같아요, 통창으로 빗방울 보면서 따뜻한 차 한잔~^^ "호박차" - 베스트 메뉴 중 하나래요 처음 마셔봤는데, 호박차 구수~하니 좋더라구요, 차게 마셨는데도 향이 아주 좋게 올라오네요 "세작" - 녹차인데 적당히 씁쓸한 맛이 느껴지는 게 좋았어요 쪼꼼더 묵직해도 좋았을 것 같아요 저는 "요거트 치즈케이크" - 치즈케이크와 요거트를 같이 먹을 생각을 왜 그동안 못해봤을까요?! 이렇게 잘 어울리는 조합을!! 이마 탁 치고 갑니당ㅋㅋ 거기다 꽃 장식해서 보기에도 너무 예뻐요 치즈 케이크 자체는 평범해요, … 차도 넘 좋았구, 푸드가 만족스러웠고 종류도 꽤 되서 다음에 또 가려구요! 사람이 계속 꽉차있어서 공간이 조금만 더 넓었으면 하는 맘 ?? 2017-09-29

주소 서울시 강남구 청담동 84-21 **연락처** 070-8888-2259 **영업시간** 월·토 11:00 - 22:00, 일 11:00 - 20:00(세번째 월 휴무)

2018 망고플레이트 서울맛집 200

초판 1쇄 발행일 2018년 1월 1일

엮은이 망고플레이트
펴낸이 허주영
펴낸곳 미니멈
디자인 황윤정

주소 서울시 종로구 부암동 332-19
전화 · 팩스 02-6085-3730 / 02-3142-8407
등록번호 제 204-91-55459

ISBN 979-11-87694-07-6 13980

가격은 뒤표지에 있습니다.
잘못된 책은 바꾸어 드립니다.